GISで学ぶ日本のヒト・自然系

GIS Map Book
for
Japanese Humanity and Nature

「宇宙船地球号」というフラー博士の素晴らしいフレーズにより、私たちの地球環境への認識が大きく進化しました。そして、40年後の現在、もうひとつの小さな宇宙船を迎える時代になろうとしています。それは「流域」という宇宙船。

地球の生態系が急速に崩れだした現代、ヒトと自然のバランスをはかる「環境容量」というエコモデルと、地理情報システム・GISの助けをかり、日本の適正ラインを探り、ライフスタイルを進化させましょう。

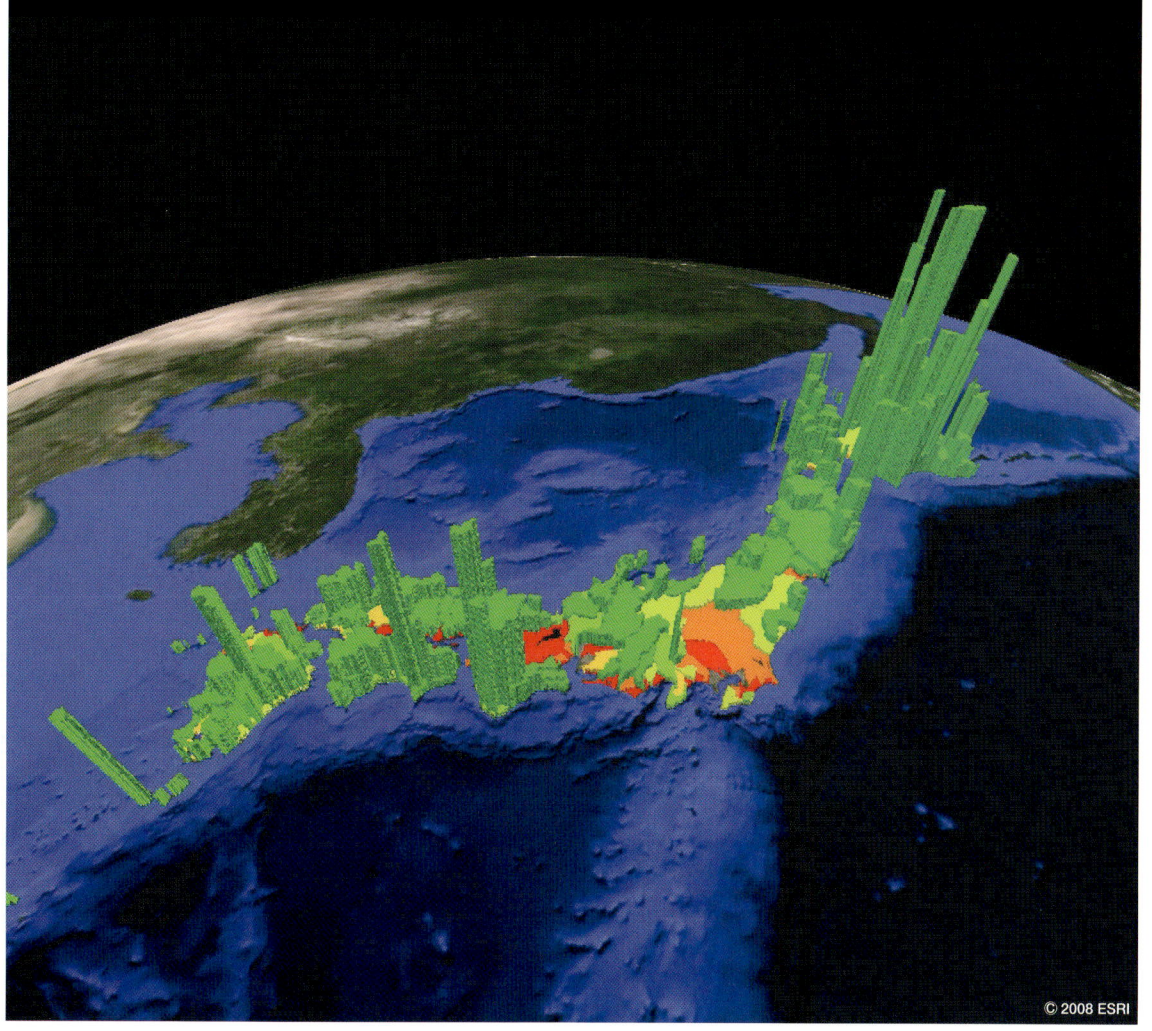

© 2008 ESRI

はじめに

　ヒトと自然の関係の重要性が言われ久しいですが、私たちはこのことをどれほど理解できているのでしょう。環境問題には、地球温暖化、海面上昇、水資源、食糧資源、森林資源などの地球規模から、都市のヒートアイランド、人口問題、ゲリラ豪雨のような地域レベルのものまで様々なものが存在します。基本的には、ヒトの活動の巨大化と自然のシステムとの相互作用の中での矛盾の現われと考えられます。現在では地球環境の保全が急務となっていますが、意外にも、住む環境におけるヒトと自然との関係を正確に把握することがおろそかになっています。本当はこのことは不可欠で、環境について考えるスタートラインなのではないでしょうか。

　本書はこのヒトと自然の関係の解明に正面から挑み、解析し、情報発信することを目指しています。地理情報システム（GIS）を用い、ヒトと自然のバランスを環境容量という視点でとらえ試算し画像化しています。日本全国のヒトと自然の関係を、5つの環境容量のエコモデルを用い、GISで解析しビジュアルなマップを作製しています。これらのGISの画像は、私たちのヒトと自然の関係の基本に戻り、住む環境に対する認識を深め、多くの環境現象の要因やメカニズム、また相互関係をクリアにし、私たちが未来へのマイルストーンを置くためのベースマップになるものです。

　急速な社会変化のなかで、私たちを取り巻く風景も変わりつつあります。ヒトと自然のバランスを示す環境容量という指標をにより、目には見えにくい風景の変化に潜むいわば「環境の構造域」について、視覚的に分かりやすい情報発信を目指しています。また、従来の都道府県、市区町村という行政区分のみならず、ヒトのすみか・ハビタットであり、生態系・エコシステムとして重要視されている日本の流域を単位とした環境再考、さらに道州制のベースにもなる地方区分の視点をもりこんでいます。

　環境を学ぶキーワード、エコモデル、そしてGISマップにより、住む環境について、自然生態系と人間生態系の視点からヒトと自然の関係を改めて概観したいと思います。ヒトの属性と自然の存在意義についての環境認識が向上し、私たちのライフスタイルも進化すれば、現代の複雑に絡み合った状況に、ヒトと自然の適正ラインも引けるのではないでしょうか。

大西文秀

GISで学ぶ日本のヒト・自然系

目次

はじめに ……………………………………… 5
本書の使い方 ………………………………… 8

第1章
ヒトと自然を学ぶキーワード ……… 13
ヒトと自然を学ぶ6つのキーワード

1）生態系のなかの「ヒト・自然系」 ………… 15
2）自然のまとまり「生態系・エコシステム」… 16
3）環境をトータルにとらえる「流域」 ……… 17
    （1）日本の流域…109の1級水系
    （2）日本の行政区分…地方区分、都道府県区分、自治体（市区町村）区分
4）ヒトと自然の適正ライン「環境容量」 …… 20
5）地球を救う「ライフスタイル」 …………… 21
6）データと科学を統合する「地理情報システム・GIS」 ……………………………………… 22

第2章
ヒト・自然系を学ぶエコモデル …… 27
ヒトと自然を学ぶ5つのエコモデル

1）日本のCO_2固定容量 ……………………… 30
2）日本のクーリング容量 …………………… 32
3）日本の生活容量 …………………………… 34
4）日本の水資源容量 ………………………… 36
5）日本の木材資源容量 ……………………… 38

第3章
日本のヒトと自然のキャパシティ … 45
地方区分で学ぶ

1）北海道地方を学ぶ ………………………… 47
    （1）CO_2固定容量
    （2）クーリング容量
    （3）生活容量
    （4）水資源容量
    （5）木材資源容量
    （6）北海道地方からのイメージ

2）東北地方を学ぶ …………………………… 55
    （1）CO_2固定容量
    （2）クーリング容量
    （3）生活容量
    （4）水資源容量
    （5）木材資源容量
    （6）東北地方からのイメージ

3）関東地方を学ぶ …………………………… 63
    （1）CO_2固定容量
    （2）クーリング容量
    （3）生活容量
    （4）水資源容量
    （5）木材資源容量
    （6）関東地方からのイメージ

4）中部地方 ①北陸・甲信越を学ぶ ………… 71
    （1）CO_2固定容量
    （2）クーリング容量
    （3）生活容量
    （4）水資源容量
    （5）木材資源容量
    （6）北陸・甲信越地方からのイメージ

5）中部地方 ②東海を学ぶ …………………… 79
    （1）CO_2固定容量
    （2）クーリング容量
    （3）生活容量
    （4）水資源容量
    （5）木材資源容量
    （6）東海地方からのイメージ

6）関西地方を学ぶ …………………………… 87
    （1）CO_2固定容量
    （2）クーリング容量
    （3）生活容量
    （4）水資源容量
    （5）木材資源容量
    （6）関西地方からのイメージ

7）中国地方を学ぶ........................ 95
　　　　（1）CO_2 固定容量
　　　　（2）クーリング容量
　　　　（3）生活容量
　　　　（4）水資源容量
　　　　（5）木材資源容量
　　　　（6）中国地方からのイメージ
　　8）四国地方を学ぶ........................ 103
　　　　（1）CO_2 固定容量
　　　　（2）クーリング容量
　　　　（3）生活容量
　　　　（4）水資源容量
　　　　（5）木材資源容量
　　　　（6）四国地方からのイメージ
　　9）九州地方を学ぶ........................ 111
　　　　（1）CO_2 固定容量
　　　　（2）クーリング容量
　　　　（3）生活容量
　　　　（4）水資源容量
　　　　（5）木材資源容量
　　　　（6）九州地方からのイメージ

第4章
環境変動の舞台裏 125
環境はなぜ変動するのでしょう
　　1）1人当たり排出量や需要量の変化 127
　　2）変動パターン 128
　　3）環境容量の消滅年数の予測 130
　　4）環境容量の階層構成 132

第5章
エピローグ：環境容量から学ぶ
未来へのメッセージ 141
環境容量から学ぶ未来へのメッセージ
　　1）都市域と自然域、流域の上流域、下流域、
　　　そして階層性 143
　　2）宇宙船地球号と Think Globally、
　　　Act Locally、そして流域 144
　　3）環境性と資源性、環境は相互作用環 145

　　4）環境の変動パターン、新しいシナリオ、
　　　そしてゴール 146
　　5）地球と地域をつなぐ流域 147

3D-GIS 全国9流域 環境容量マップ 149
　　1．3D-GIS 全国9流域 CO_2 固定容量 150
　　2．3D-GIS 全国9流域 クーリング容量 152
　　3．3D-GIS 全国9流域 生活容量 154
　　4．3D-GIS 全国9流域 水資源容量 156
　　5．3D-GIS 全国9流域 木材資源容量 158

本書によせて 24
　Jack Dangermond（ジャック・デンジャモンド）
　正木千陽　訳

環境コラム
　立本成文　地球環境学と地球研 41
　秋道智彌　生態学と経済ネットワーク 42
　渡邉紹裕　地球地域学 43
　日高敏隆　未来可能性・Futurability 120
　中尾正義　氷河と人とオアシスと 121
　吉岡崇仁　フィールド科学と環境教育 122
　関野　樹　環境意識プロジェクト 123
　松岡　譲　土木技術者と地球温暖化 136
　大野秀敏　近代の次の世界 137
　中村　勉　大地の都市 138
　槇村久子　地球時代のライフスタイルと環境デザイン
　　　　　　 139

環境エッセイ
　あそびを通じた環境再考 54
　お父さん、お母さん、先生へ、
　総合的な科学学習のすすめ 62
　都市に住む私たち 70
　カヌーからの自然観 78
　アウトドアマンの役割 86
　行政や環境計画に携わる人々へ 94
　ヒトと自然、そして、科学の未来 102
　ばくぜん先生の思い出 110
　明日の地球と子どもたちへ！ 118

参考文献 160
謝辞 165
あとがき 166

本書の使い方①

●本書の構成

本書は、1章から5章で構成しています。1章にはキーワード、2章にはエコモデル、3章にはGISマップ、4章には舞台裏、そして、5章にはメッセージを示しています。また、各章には、GIS序文、環境コラム、環境エッセイをもうけています。全体構成は下図のようになります。

第1章 キーワード
- ヒト・自然系　生態系　流域
- 環境容量　ライフスタイル　GIS

第2章 エコモデル
- CO_2固定容量
- クーリング容量　水資源容量
- 生活容量　木材資源容量

（本書によせて／環境コラム）

第3章 GISマップ
- 北海道地方　東北地方　関東地方
- 北陸・甲信越地方　東海地方　関西地方
- 中国地方　四国地方　九州地方

（環境エッセイ）

第4章 舞台裏
- 1人当たり量　変動パターン
- 消滅予測　階層構成

（環境コラム／環境コラム）

第5章 メッセージ
- 都市域と自然域、上流域、下流域、階層性
- 宇宙船地球号と流域
- 環境性と資源性、環境は相互作用環
- 新しいシナリオ、ゴール　地球と地域をつなぐ流域

3D-GIS環境容量マップ

本書の使い方②

第2章 エコモデル

2章の環境容量の考え方については、5つのエコモデルを見開きページで示しています。それぞれ、●背景、●試算のしくみ、●試算結果、●改善へのステップの4項目で構成しています。

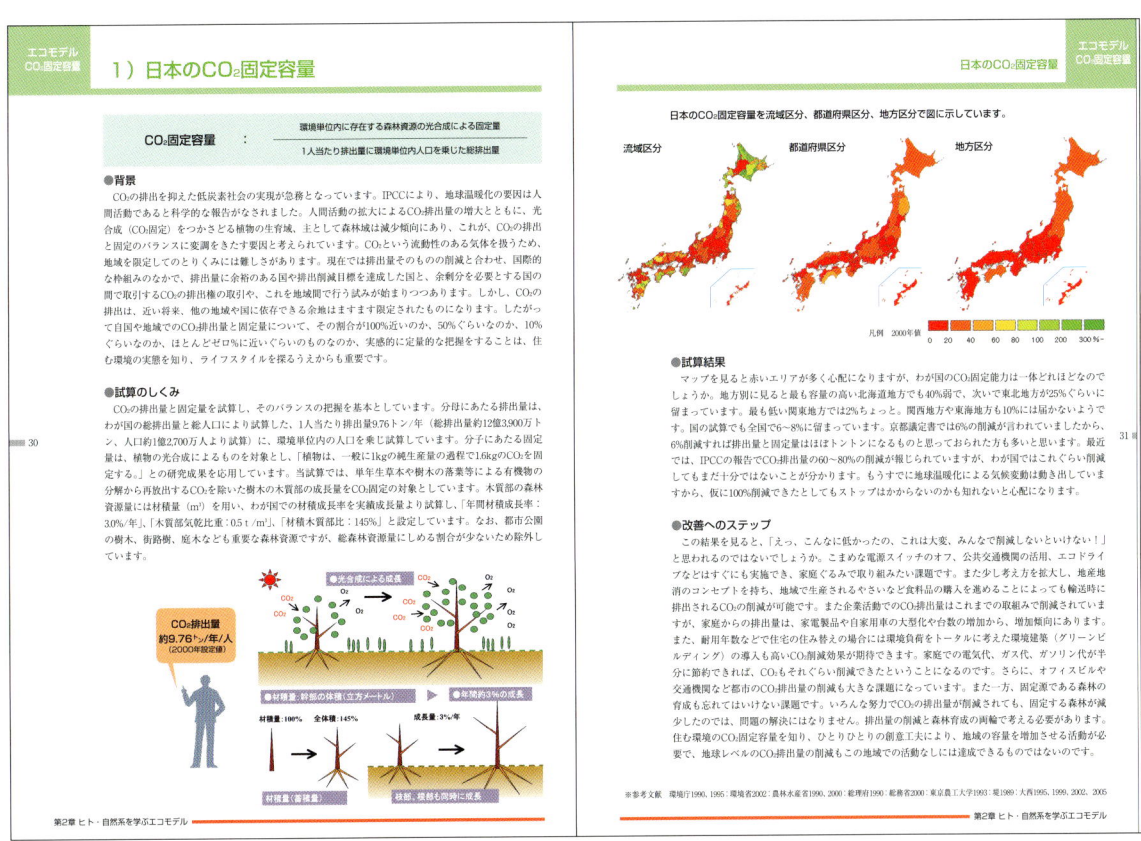

●**背景**では、そのエコモデルを設定したきっかけや、社会的な背景について説明しています。

●**試算のしくみ**では、どのような考え方でエコモデルを試算するのかを示しています。

●**試算結果**では、GISを用いたエコモデルでの試算結果を、流域区分、都道府県区分、地方区分の3階層の異なった空間区分で、日本の全国スケールでマップ表示し、概観を解説しています。

●**改善へのステップ**では、試算結果により確認できた課題について、改善していくための方策を探っています。

本書の使い方③

第3章 GISマップ
●地方の概要と主要流域

3章では、9地方に分けた地方区分により、環境容量の状況を詳しく示しています。各地方を、●地方の概要と主要流域、●CO_2固定容量、●クーリング容量、●生活容量、●水資源容量、●木材資源容量、●地方からのイメージの7項目で説明しています。

4）中部地方　②東海を学ぶ

GISマップ 東海

都道府県区分

流域区分

●地方の概要と主要流域

東海地方は岐阜県、静岡県、愛知県、三重県の4県で構成され、総面積は約2万9,300km²、総人口は、約1,478万人、人口密度は、504.0人/km²です。日本の総面積（約37万7,800km²）の7.8%、総人口（約1億2,700万人）の11.6%、平均人口密度（336人/km²）の150.0%にあたります。

東海地方には14の1級水系があります。また、1,500km²以上の面積を持つ流域は、
・富士川（ふじがわ）　　3,990km²
・天竜川（てんりゅうがわ）　5,090km²
・矢作川（やはぎがわ）　1,830km²
・木曽川（きそがわ）　　9,100km²
などの4流域です。

最大流域の木曽川（きそがわ）水系は、9,100km²の流域面積をもち、全国5位の面積をもっています。木曽川水系は、揖斐川、長良川、木曽川、（飛騨川）、により構成され木曽三川と呼ばれています。流域内人口は木曽川が約170万人、長良川が約83万人、揖斐川が約60万人を有しています。人口3万人以上の都市では、岐阜市、大垣市、各務原市、桑名市、可児市、関市、犬山市、羽島市、尾西市、中津川市、美濃加茂市、恵那市、穂積町、養老町、木曽川町などが立地しています。流域内人口では、約1010km²の1級水系である庄内川が約250万人の大きな人口を有しています。

※参考文献　国土交通省2007：総務省2000

第3章 日本のヒトと自然のキャパシティ

●地方の概要と主要流域

地方の概要では、構成する都道府県や面積、人口、人口密度や、国土全体に対する割合などを示しています。

主要流域では、地方を構成する1級水系や大型流域、最大流域について概要を示しています。

本書の使い方④

●環境容量の現状

●CO_2固定容量、●クーリング容量、●生活容量、●水資源容量、●木材資源容量をそれぞれ1ページで構成し、「自治体区分×流域区分」、「流域区分」、「都道府県区分」、「3D自治体区分×流域区分」の4種類のGISマップにより、階層的に各地方の環境容量を示しています。また、それらのまとめとして、●地方からのイメージでは、各地方の現況より、その課題や改善の方向を探っています。

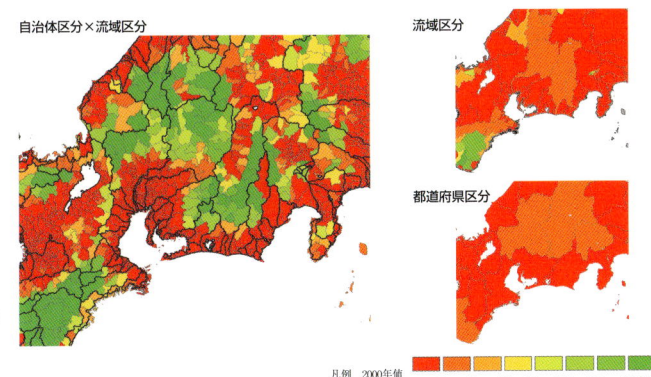

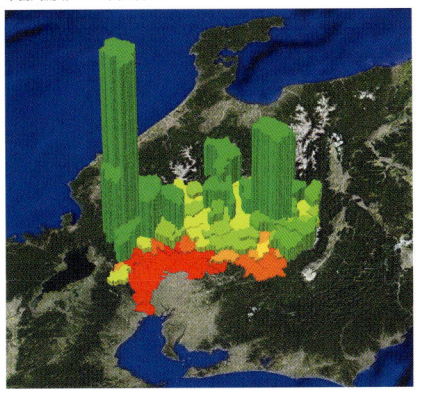

「自治体区分×流域区分」のGISマップにより、自治体単位での環境容量と、所属する1級水系の流域を示しています。

「流域区分」のGISマップにより、流域単位での環境容量を示しています。

「都道府県区分」のGISマップにより、都道府県単位での環境容量を示しています。

「3D自治体区分×流域区分」のGISマップにより、各地方における最大流域の環境容量を、構成する自治体単位で、3D表示しています。

View Point 1

Key Words for Humanity and Nature

第1章
ヒトと自然を学ぶキーワード

ヨセミテ国立公園・カリフォルニア

先人の偉業をふり返り、
地球にこれ以上の負担をかけないヒトであるための
キーワードを探しましょう。

ヒトと自然を学ぶ6つのキーワード

　ヒトと自然の全体像をざっくりと読む、そして「環境」の基本的なメカニズムへの理解も進めたい、というのが本書のねらいです。そのために、分野を横断する6つのキーワードをあげています。次章からのエコモデル、GISマップへのイントロダクションにもあたります。まずこのキーワードを示すことになった背景について少しお話しましょう。

　これまでの様々な分野での研究のおかげで、専門分野の成果蓄積は目を見張るものがあります。1970年前後に言われだした地球環境問題で地球有限論を提唱したローマクラブのレポート「成長の限界」やB.フラー博士の「宇宙船地球号」以来、生態系・エコシステムについての研究、CO_2固定や森林についての研究、水循環や水資源についての研究、多くの生きものや生物多様性の研究、地球温暖化や温室効果ガス、また海面上昇の研究、ガバナンスやライフスタイルについての研究、そしてそれらの英知を結集してまとめられたIPCC（気候変動政府間パネル）のレポートなど、人類が保有している科学的ロジックやデータの蓄積は膨大なものです。しかし地球環境問題は専門家の研究だけで解決するものではないのです。地球上のヒトみんなが被害者であり、みんなが加害者であるとも言われる特徴があるからです。例えば、エンジニアの努力で、テレビのブラウン管が液晶へと進化し、インチ当たりの消費電力が低減されたにも関わらず、大型化や家庭当たりの台数の増加、また核家族化も拍車をかけ消費電力は上昇しています。また、バイオ燃料化は素晴らしい試みですが、地球の生態系を支えるアマゾンの熱帯雨林や、コムギ畑がトウモロコシ畑に急変し、穀物市場に金融資金が流れ、世界的な食糧問題へと発展するという悲しい状況にあります。

　またこうした世界規模で発生してしまう現象にヒト個人ができる対応には大きな限界があります。しかし、様々な研究成果のおかげで、環境をトータルに把握することが可能になり、ヒトの活動が巨大化した現代、そうすることが急務な時代を迎えようとしています。素晴らしい要素技術や知識を統合し、地球の生態系へのいたわりを実践するための環境認識とトレーニングが必要になりつつあります。本書ではヒトと自然の再考、再生を基軸と考え、原点ともいえる、次の6つの視点をキーワードとしてあげています。

1) 生態系のなかの「ヒト・自然系」
2) 自然のまとまり「生態系・エコシステム」
3) 環境をトータルにとらえる「流域」
4) ヒトと自然の適正ライン「環境容量」
5) 地球を救う「ライフスタイル」
6) データと科学を統合する「地理情報システム・GIS」

1）生態系のなかの「ヒト・自然系」

キーワード
ヒト・自然系

●ヒト・自然系

　地球の生きものたちが織りなす大きな営みを総称して生態系・エコシステムと呼んでいます。もちろん私たちヒトもその一員で、その恩恵を受け生活しています。しかし現在、私たちヒトと自然の関係である「ヒト・自然系」の混乱が起因し、永く安定性を維持してきた地球の生態系に大きな変調が起こり始めています。

　私たちのみならず、多くの生きものにも、その影響がおよぼうとしています。自然生態系と人間生態系の関係を図に示しています。縦軸は自然生態系の安定性や恒常性や生物多様性のレベルを示しています。横軸は時間軸です。大きい丸枠は自然生態系で、そのなかの小さいのは人間生態系、言わば人間社会を示しています。人間生態系には、都市やそれを構成する人工物も含めて考えても良いでしょう。自然生態系に占める人間生態系の割合が低くければ安定性も恒常性も高いレベルを維持できますが、図のようにこれが増え続けると、どんどん低下していきます。

　現在はまさにこの状況であり、この関係改善を図るため、自然生態系にやさしい人間生態系のあり方を探ることが急務になっています。そのためには、ヒトと自然の関係を定量的に解明し認識するプロセスが必要になり、複合領域を統合した学際的なアプローチが不可欠となります。そして、最終的には、専門家による成果を、私たちひとりひとりのライフスタイルに還元し、ヒトと自然の関係を向上させることをイメージしなければならないと思います。

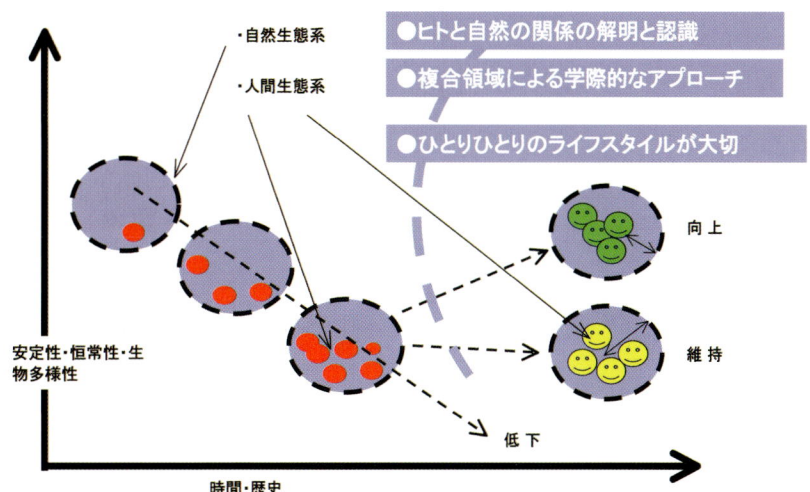

●自然生態系と人間生態系

・自然生態系の安定性や恒常性の低下を防ぐ、人間生態系のあり方の模索

※参考文献　吉良1971：Odum1971：大西1977、1995、2002、2005

キーワード
生態系

2）自然のまとまり「生態系・エコシステム」

●サブシステムで構成されるトータルな系

　生態系（エコシステム）についてひと言で説明するのは難しいのですが、生態系のはたらきを、ひとつの「システム」として見ることがポイントと考えられます。ここでは、私たちヒトと自然の関わりの視点から、生命や生物活動の永続性をはかることを目的に、多様なサブシステム群により構成された場・系と考えてみることにします。またサブシステムについては、無数の環境構成要素（エレメント）により構成され、特定の機能を目的としたシステムであり、機能としての容量（キャパシティ）という概念をもつものと考えてみます。前項で示した「ヒト・自然系」もこのサブシステムのひとつと考えています。エコシステムとヒトのよりよい関係の実現は、生態学をはじめとする基礎科学での研究を基本に、応用科学の分野に展開され、さらに環境計画や私たちの生活へ還元されることが社会的な要請となっています。

●階層性と容量

　生態系の環境観、自然観の特性を概念的に示すには、「樹木」や「器」を模式的に用いるとエコシステムとしての環境を理解しやすいと思います。樹木タイプは、葉、枝、樹木全体をそれぞれ異なったスケールの空間単位と考えることにより、部分としての生態系と、全体としての生態系の関係を示すことができ、エコシステムの空間的階層構造を表現することが可能になります。また、器タイプは、お皿のようなものも、深い器のような特性のものもあり、器の形状と中の液体の量により、潜在量と現存量、また、需要量と供給量の関係を示すことができ、環境容量や環境特性の概念を表現することが可能になると思われます。

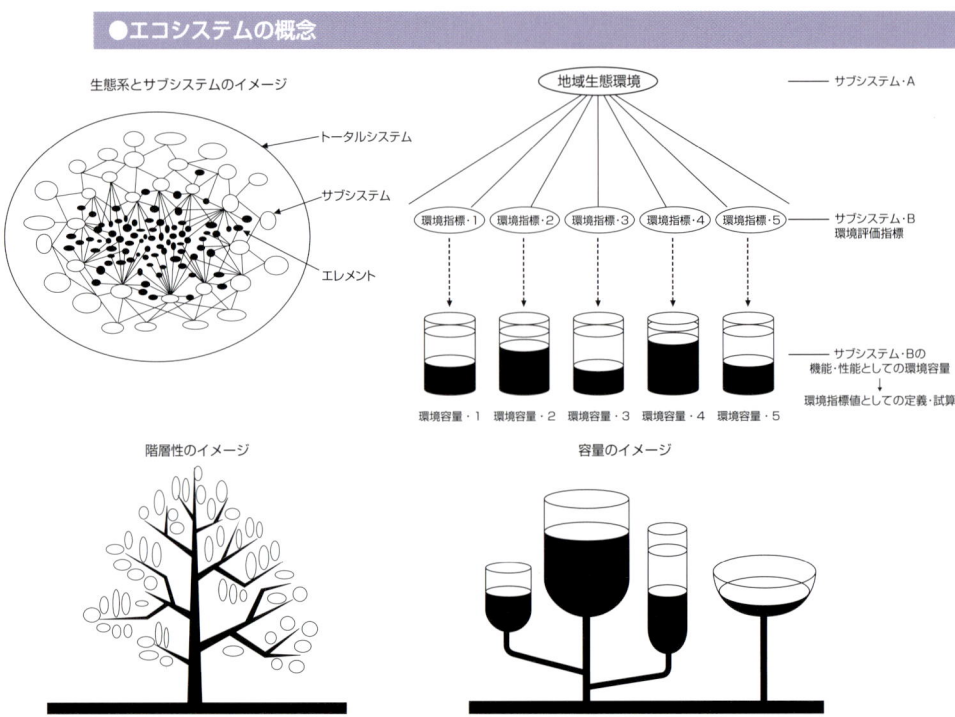

●エコシステムの概念

※参考文献　大西1995、1999、2002

3）環境をトータルにとらえる「流域」

キーワード
流域

● 流域はヒトのハビタット

　河川の流域は従来からひとつの環境単位だと言われてきました。近年では、流域は1つの生態系・エコシステムであり、そのなかのヒトと自然の関係が、地球環境の質に大きな影響を与えるのではないかと考えられています。エコシステムの重要な働きである水の循環に対しても、流域・集水域は、雨や雪などの降水を受け止め、淡水を蓄え、海に戻すという役割を持ち、また、森林や生きものなどの自然の営みの舞台です。そして、ヒトのハビタット・生息域であり、最もヒトと関わり深い生態系としての空間単位です。そのため、地球規模の環境問題の発生源域にもなっています。流域のヒトと自然の関係を適正化することが地球環境の持続化につながると考えられます。

● エコロジカルな単位としての流域

　流域は、峰線に囲まれた景観のまとまりを形成することからも国土管理の基本単位としても重要です。従来、自然地形等とのかかわりのなかで生活空間が形成され、近代以前の「国境・くにざかい」にみられる流域界の役割は大きく、生活空間の基本的な質が保たれてきました。しかし、近年の空間区分は「行政界」が主になり、エコロジカルな空間単位とは必ずしも一致せず、活動の巨大化にともない、環境への基本的な影響は、気象調整、エネルギー消費、資源消費などの多岐にわたり、最終的にわれわれの生活空間の質的悪化をもたらしています。こうした傾向は、他の地域や国への依存型空間への移行を強め、水、食料など生活の基本物質の自給や供給という基本機能をも低下させ、生活空間の質と同時に、自立性の低下をまねき、災害などの急激な環境変化に対する安全性や適応力の低下も大きな問題となっています。このようなことから、河川の流域をとらえ直すことが重要になっています。

● ヒトのハビタットとしての流域

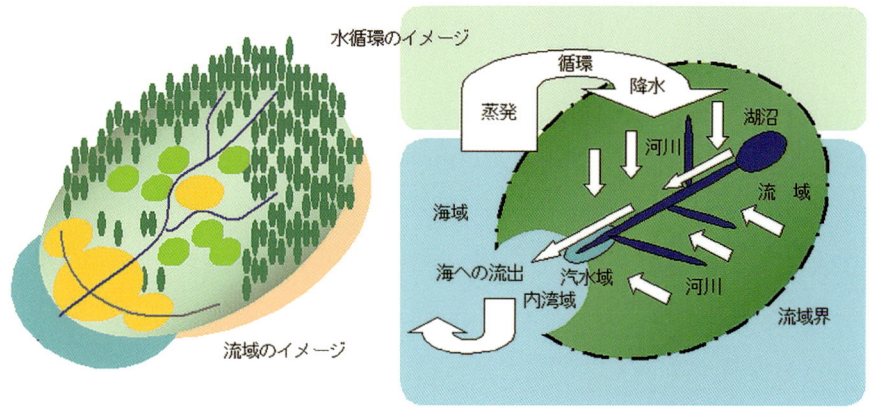

※参考文献　吉良1971：Odum1971：Mcharg1969：大西1977、1995、1999、2002

3）環境をトータルにとらえる「流域」

（1）日本の流域……109の1級水系

●流域区分

わが国にはたくさんの川があります。その川の本流や支流をまとめ水系と呼んでいます。そのなかで、地域社会や国土管理にとって重要な水系として109水系が1級水系に定められています。またそれぞれの水系は流域を持っています。

図には国土数値情報とGISを用いて描いた日本の流域区分と1級水系の流域を示しています。本書では1級水系の流域や、その中でも面積が1,500km²以上の流域を視点に話を進めます。

日本の流域区分と1級水系

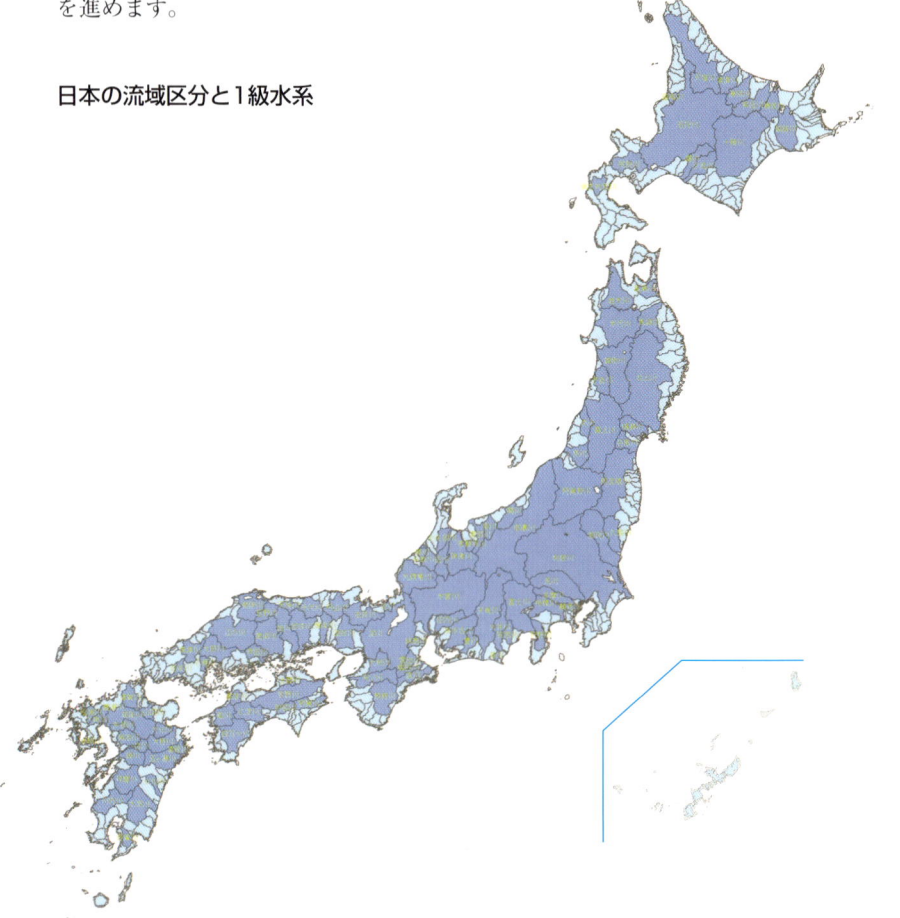

1級水系　・天塩川・渚滑川・湧別川・常呂川・網走川・留萌川・石狩川・尻別川・後志利別川・鵡川・沙流川・釧路川・十勝川・岩木川・高瀬川・馬淵川・北上川・鳴瀬川・名取川・阿武隈川・米代川・雄物川・子吉川・最上川・赤川・久慈川・那珂川・利根川・荒川・多摩川・鶴見川・相模川・富士川・荒川・阿賀野川・信濃川・関川・姫川・黒部川・常願寺川・神通川・庄川・小矢部川・手取川・梯川・狩野川・安倍川・大井川・菊川・天竜川・豊川・矢作古川・庄内川・木曽川・鈴鹿川・雲出川・櫛田川・宮川・由良川・淀川・大和川・円山川・加古川・揖保川・紀ノ川・新宮川（熊野川）・九頭竜川・北川・千代川・天神川・日野川・斐伊川・江の川・高津川・吉井川・旭川・高梁川・芦田川・太田川・小瀬川・佐波川・吉野川・那賀川・土器川・重信川・肱川・物部川・仁淀川・四万十川・遠賀川・山国川・筑後川・矢部川・松浦川・六角川・嘉瀬川・本明川・菊池川・白川・緑川・球磨川・大分川・大野川・番匠川・五ヶ瀬川・小丸川・大淀川・川内川・肝属川

※参考文献　国土交通省2007

3）環境をトータルにとらえる「流域」

キーワード
流域

（2）日本の行政区分……地方区分、都道府県区分、自治体（市区町村）区分

自治体区分

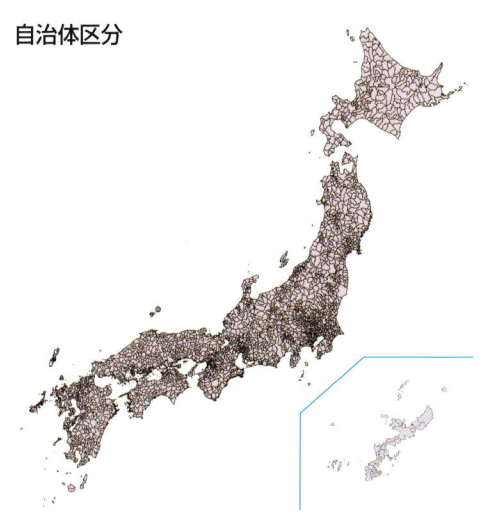

都道府県区分

地方区分

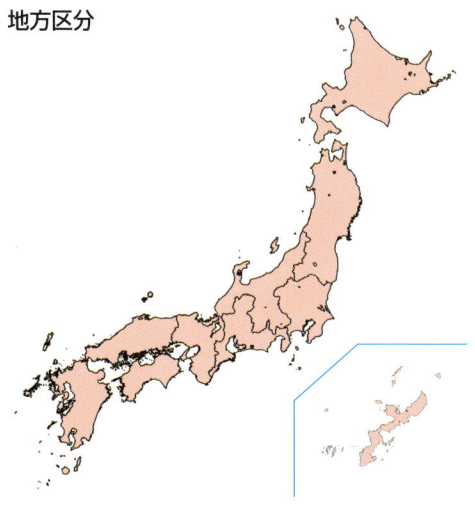

●行政区分

　私たちが日常よく使っている行政区分も重要な環境区分です。社会、文化、歴史、自然の総体としての地域区分と考えられます。本書では、まず○○市や、○○町、○○村という自治体区分を設定しています。2009年1月現在1781の市町村（783市、805町、193村）があります。図にはマップ化のための2000年時の自治体区分（3364市区町村区分）を示しています。本書での試算値や自治体の名称は、この2000年時点のものを用います。次に、それらをまとめた都道府県単位があります。現在47都道府県（1都、1道、2府、43県）があります。そして、さらにそれらをまとめた地方区分があります。地方区分にはいくつかの分け方がありますが、本書では北海道地方、東北地方、関東地方、北陸・甲信越地方、東海地方、関西地方、中国地方、四国地方、九州地方の9地方区分を用います。地方区分は、近年話題にあがる、新しい国土政策のための道州制とも関連している国土区分です。

●4階層の環境区分

　このように私たちの生活空間には様々な環境区分があります。本書ではエコロジカルな環境単位である流域区分を視点に、ながい歴史を持つ自治体区分、都道府県区分、地方区分の4階層の異なったスケールで構成する階層モデルでヒトと自然の関係を探り、基本単位としての身近な地域や、それらを総合した地方のよりよいあり方を見つけたいと思います。

※参考文献　総務省2000、2009：大西1977、1995、1999、2002

キーワード
環境容量

4）ヒトと自然の適正ライン「環境容量」

● 環境容量

　環境は、ヒトと自然が織り成す中でかたちづくられていく現象結果です。ヒトと自然の関係を同時に定量的に捉えることが必要となっています。これはヒトの活動やその集積も自然の包容力に比べ小さい時代には必要なかったことかも知れませんが、現在ではヒトの活動が自然の容量を超えつつあり必要不可欠となっています。そのための考え方のひとつとして「環境容量」があります。環境容量は、「ヒトの活動の集積」と「自然が持つ包容力」の関係を示す、文理融合した指標として設定しています。分母にヒトの活動量、分子に自然の包容力をもつ関数としての概念を持ち、そのバランス状況を見ることができます。複数の環境容量のエコモデルにより、ヒト・自然系をモデル化し、ヒト・自然系の全体像を概観することが可能です。

● 環境容量の5つのエコモデル

　エコモデルは、CO_2固定容量、クーリング容量、生活容量、水資源容量、木材資源容量の5つを設けています。これにより、地球温暖化、水資源、食糧資源、森林資源などの地球規模から、都市のヒートアイランド、人口問題、ゲリラ豪雨のような地域レベルのものなど、地球環境保全のうえで重要視される現象に対応しています。また、ヒトの生活のなかでその改善への対応が可能と考えられるものや環境の構成要素のなかで、高位に位置し、その改善により、多面的な効果が期待できるものを対象にしています。さらに、指標間の相互関係の理解が進むことにも配慮し設定しています。詳しくは次章でそれぞれについて示しています。

● 環境容量：Environmentel Capacity

● 環境容量の役割
　・ヒトと自然の関係の定量的解明
　・ヒトの活動の集積と自然が持つ包容力の定量的関係の解明
● 「ヒト・自然系モデル」
　複雑な「ヒト・自然系」を5指標を用いモデル化
　　CO_2固定容量，クーリング容量，生活容量，水資源容量，木材資源容量

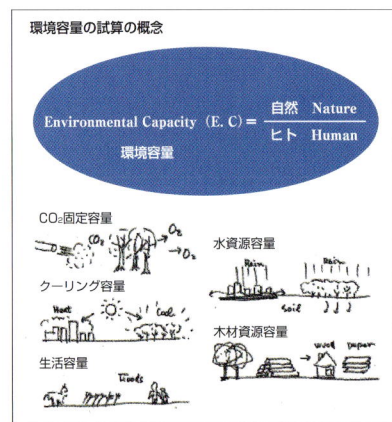

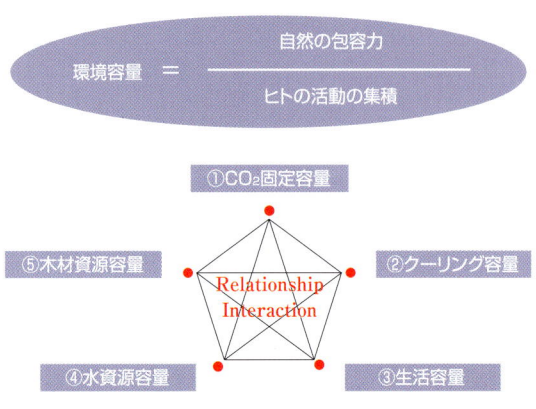

※参考文献　大西1995、1999、2002

5）地球を救う「ライフスタイル」

キーワード
ライフスタイル

●環境認識
　環境のあり方を左右するのは私たちの環境認識であり、意思決定による行動やライフスタイルでしょう。環境認識の形態も進化し、ヒトを中心にした周辺を対象にしたものから、ヒトが生活する環境、さらに、群としてのヒトと環境・エコシステム間の構成についての認識、さらにグローバルな認識も可能になりつつあります。

●社会とライフスタイルの高度化
　人類の貴重な資産である「環境知識・Science」と「環境情報・Data」の「統合・Integrate」が何よりも必要です。情報と知識の集積を、持続可能な環境創造のために活用したいものです。「基礎科学の高度化」から、「応用科学の高度化」、さらに、「産業界での応用・実用化」などのサイクルとしてのプロセスを意識したたえまない努力により私たちの社会やライフスタイルも進化するのです。

●あらたな価値観・自然館・生活観
　私たちのライフスタイルも、生命や人間活動の永続性を目標にしたいものです。CO_2の排出や、資源消費の削減、地表改変の減少や再生、汚染物質の放出の減少と回収などを盛り込んだものになります。このままでは、地球の生態系より先に私たちの文明は崩壊するでしょう。ダメージを負った地球は、ヒトの新しいライフスタイルを求めているのです。ヒトと自然と科学に想いを馳せることにより、ヒトの新たな価値観や発見も芽生え、地球の生命活動も持続するのではないでしょうか。

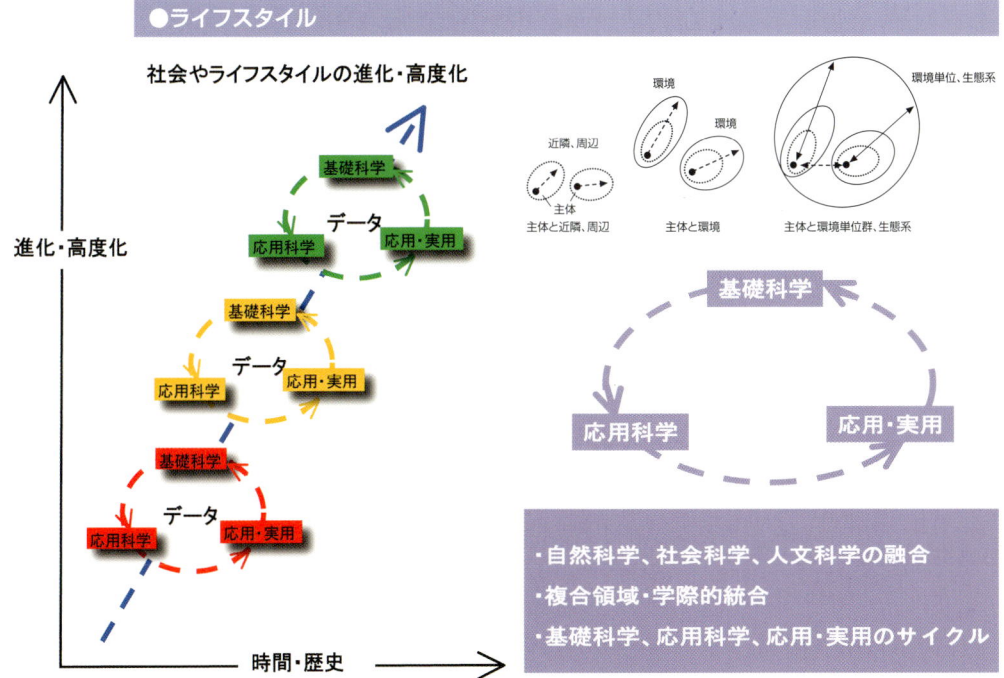

※参考文献　Lewin1951：大西1995、1999、2002

キーワード
GIS

6）データと科学を統合する「地理情報システム・GIS」

●地理情報システム・GIS

「地理情報システム・Geographic Information System (GIS)」を用いると、私たちの周りに存在する様々な環境現象について、その構成要素ごとに情報を管理することや再統合（演算や解析）することができ、多様なシミュレーションが可能です。また、位置情報（緯度、経度、高度など）や時間軸を持つ、面（ポリゴン）、線（ライン）、点（ポイント）などの空間情報で構成され、マップ（地図）形式の出力スタイルを持つため、視覚的に理解しやすいという特性を持っています。

●GISによる分かりやすい情報発信

住む環境におけるヒトと自然の関係は、重要な指標ですが、環境の構造域のようなものであり目には見えず認識が困難です。このようなデータをGISで解析することにより、見えるかたちで表示でき、わかりやすい情報発信が可能になります。私たちのライフスタイルにもよい影響を与えるのではないでしょうか。また合意形成のための情報のコミュニケーションツールとしての活躍が期待できるのではないでしょうか。

●環境情報と科学知識を統合するGIS

本書では、ヒトと自然の関係を、流域というエコシステムとしての自然空間単位を解析単位とし、環境情報と科学知識の統合により、ヒトの活動の集積と自然が持つ包容力のバランスである「環境容量」として捉え、見えるかたちで情報発信しています。このような情報発信により、ヒトの環境認識や、ライフスタイルを進化させる。この結果、持続可能な環境の創造、都市や流域圏、国土の再生を実現できるのではないかと考えています。GISはまさに地球環境の未来をひらくツールなのかも知れません。

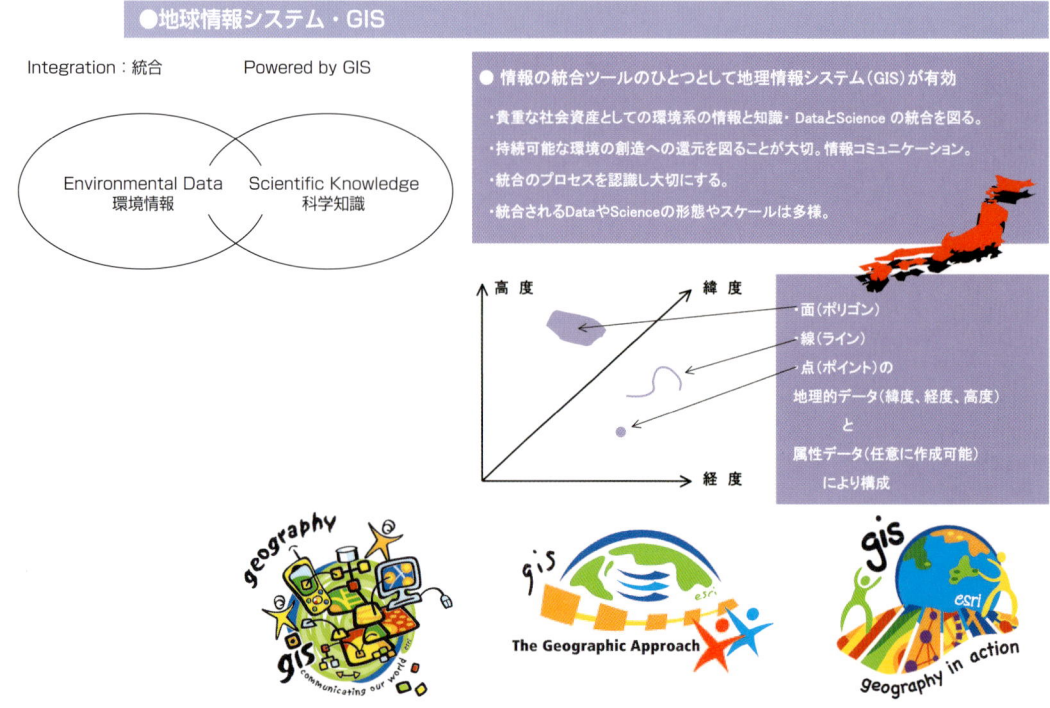

●地球情報システム・GIS

● 情報の統合ツールのひとつとして地理情報システム（GIS）が有効
・貴重な社会資産としての環境系の情報と知識・DataとScience の統合を図る。
・持続可能な環境の創造への還元を図ることが大切。情報コミュニケーション。
・統合のプロセスを認識し大切にする。
・統合されるDataやScienceの形態やスケールは多様。

※参考文献　Steinitz and Rogers1970：Star and Estes1990：ESRI2006、2007、2008：大西1995、1999、2002

GIS FOREWORD

本書によせて

Dr. Jack Dangermond President, ESRI
ジャック デンジャモンド ESRI 社長

It is a pleasure for me to contribute this Foreword to Dr. Fumihide Onishi's new book.

I founded my company, Environmental Systems Research Institute (ESRI) in the United States of America in 1969. Some five years later, Takenaka Corporation, with whom Dr. Onishi works, became one of the first organizations in the world to install ESRI's geographic information systems (GIS) technology. It is apparent from this book that both Takenaka Corporation and Dr. Onishi are continuing to make good use of GIS in their work.

This book has grown out of Dr. Onishi's long time interest in the relationship between the environmental capacity of Japan's natural world and the growing demands made on that capacity by the Japanese people. He has analyzed this relationship by using Digital National Land Information for Japan in a geographic information system. The analysis is performed at various geographic scales from that of individual communities to large watersheds. He performs the analysis by means of hierarchical computer models, with the smaller units nested inside of the larger ones. Then he combines these models to create Watershed Environmental Capacity models.

This is a logical approach to dealing with the extremely complex set of environmental problems that Japan faces, and that every other country in the world also faces. It is also a pioneering approach to these problems. This approach, using hierarchical GIS modeling, will require further effort and refinement, probably over many years. As our understanding of the functioning of the natural world and of the human made world improves, these hierarchical models will also improve.

35 years ago, my company, ESRI, began to work in Japan. We supplied GIS technology to assist in the environmentally sensitive site planning of developments. We used GIS to analyze the natural geographic variables of the site like soil type, existing vegetation, elevation, slope, aspect, and drainage. The result was a set of maps showing the capabilities of each site to support various human activities. These maps helped planners identify those areas of the site that were most suitable for development. Most of our work at that time--both in Japan and elsewhere--was on quite small sites.

正木千陽　ESRIジャパン 社長（和訳）

大西文秀博士のこの新しい本に執筆するという形で貢献できることを大変嬉しく思っています。

私は1969年に、米国でEnvironmental System Research Institute（ESRI）を設立しました。それから5年後、大西氏が所属される竹中工務店は、世界に先駆けて初めてESRIの地理情報システム（GIS）技術を導入した企業のひとつとなりました。この書籍からも分かるように、大西氏を始めとし竹中工務店はGISをより巧みに活用し続けています。

大西氏は、長い間、日本の自然の受容力と増え続ける環境負荷の関係に関心を持ち続け、その成果としてこの書籍が誕生しました。大西氏は、GISで日本の国土数値情報を活用し、この関係を解析したのですが、この解析は、個々の地域から広範囲な流域圏まで、さまざまな空間スケールで行われています。そこでは、小さいモデルが大きいモデルの中に凝縮されているような、階層コンピュータモデルが用いられています。そして、大西氏は、これらのモデルを組み合わせることにより、流域圏の環境容量モデルを構築しました。

これは、今日、日本やその他すべての国が直面している、たいへん複雑に絡み合った環境問題を取り扱うための論理的かつ先駆的なアプローチであります。この階層GISモデルを使用したアプローチは、これから何年もかけて、より一層の努力や改善を進めていくことになるでしょう。自然界や人により創造された世界の働きについての理解が深まるとともに、これらの階層モデルもさらに進化することになるでしょう。

私の会社であるESRIは、35年前に日本でビジネスをスタートしました。当時の私たちは、とりわけ環境的に繊細な敷地での開発計画を支援するために、GIS技術を提供しました。その敷地の土壌タイプ、植生、傾斜角、傾斜方向、排水などの自然の地理的特性を分析するためにGISを使用しました。その結果、多様な人間活動を支える個々の敷地の受容力を表示した、一連の地図が作成されました。これらの地図は、プランナーが開発に最も適した地域を識別するのに使用されました。しかし当時の日本や世界での私たちの活動は、とても狭い敷地に限られていたのです。

Dr. Taeko Matsuda, then president of Nippon Homes, was an early supporter of this vision and of ESRI. Nearly half of ESRI's work at that time was in Japan. I think that was because Japanese clients clearly perceived, often before their counterparts in the West, the importance of maintaining harmony between the human and the natural worlds. I think it was also because she as well as the Japanese people in general, long before Westerners, strongly desired to live in harmony with nature. At the same time Japanese firms, like Takenaka Corporation, recognized the growing importance of modern technologies--like GIS--in fostering this harmony. This recognition, more common today, was unusual in those early years.

Now, 35 years later, GIS technology is being applied--all over the world--to planning at every scale, including the national and even the global scale. Nevertheless, we are still in the infancy of comprehensive and environmentally focused efforts like Dr. Onishi's. Computer technology itself is only perhaps 70 years old. GIS technology is only some 50 years old. Collecting the data needed for analyzing complex natural and human systems is still extremely expensive and time-consuming.

These environmental systems are extremely complex. We have only been studying them scientifically for a short time. We have been making computer models of them for only a few decades. There is much that we do not know about them. Much of what we think we know about them is almost certainly wrong. While we have come a long way in understanding the relationships between the natural and human-made worlds there is much further to go.

Yet the same tools that Dr. Onishi is using are increasingly being used for planning by individuals, non-governmental organizations, businesses and governments throughout the world.

When they use computer models, planners are forced to think hard about the environmental problems facing us all. And they must do that thinking in an explicit and quantitative way. By forcing us to deal with environmental problems scientifically and quantitatively, I believe these modeling efforts perform a great service.

当時、日本ホームズの社長であった松田妙子博士は、その頃からESRIや私たちのビジョンを支援してくれていました。ESRIの半分近くの活動は日本で行われていました。それはおそらく、日本の方々が、西洋諸国の人々よりももっと早くに、自然と人間との調和を保つことの大切さに気付いていたからではないかと思います。また、松田氏同様に日本のみなさんが自然と共存することを強く願っていたからではないかと思っています。同時期、竹中工務店のような日本企業もまた、こうした自然と人間の調和を育むためのGISのような近代技術の大切さを認識していました。そのような認識は、現在こそ当たり前のように思われがちですが、当時としては珍しいことでした。

そして35年経った今では、GIS技術は世界の至る所で、国家規模、さらには地球規模で計画立案のために利用されています。しかしながら、包括的でかつ環境に焦点を当てた大西氏のような試みは、まだ始まったばかりです。コンピュータ技術自体、70年ほどの歴史しかなく、GISに関して言えば50年程の歴史しかありません。今でも、複雑な自然や人間のシステムを分析するために必要なデータを収集するのには、大変な費用と時間を費やさなければなりません。

これらの環境システムはとても複雑です。私たちが、科学的に環境システムを学び始めてから日は浅いのです。コンピュータモデルを構築し始めてからは、ほんの数十年間しか経っていません。私たちが環境システムについて知らないことは、未だにたくさんあるのです。私たちが知っていると思っていることの多くは、多分間違っていることでしょう。私たちはこれまで、自然や人間により創造された世界の関係を理解するよう努めてきましたが、これから学ばなければいけないことは、まだたくさんあるのです。

しかしながら、大西氏が使用しているのと同じような手法は、計画立案のために世界中の人々、NGO、企業、そして政府により多く使用されるようになりました。

コンピュータモデルを使用する際には、計画立案者は、私たち全員が直面する環境問題について懸命に考えざるをえません。加えて、彼らは明瞭にまた定量的に考えなければなりません。科学的に、そして定量的に環境問題に取り組むことにより、これらのモデル化の努力は大きな役割を果たすのだと、私は考えています。

It is important that we as human beings maintain our love of nature and work to preserve and sustain nature. But we must move beyond just talk and emotion. We must find practical ways, in all our actions, to live harmoniously with the natural world. The environmental choices that we must make in doing this are often difficult and expensive. The consequences of these choices may not be apparent for decades or even centuries. Too often we make these environmental choices for the wrong reasons: emotional arguments, the cost of alternatives, political expediency, or personal interest. But the hope is that with the assistance of modern science and technology--including GIS technology--we can make better choices. The hope is that science and technology will permit us to better accomplish our aims for both human society and the natural world that surrounds us.

Scientists believe there has been life on earth for more than three billion years. They believe that as human beings we have occupied a place on earth for only a few hundred thousand years. In the last two hundred years human influence on the natural world has grown to the point that we can severely damage that world. Our recognition of the extent of this human influence on the natural world is quite recent. A broad consensus that we need to do something about it is even more recent. Finally, the development of scientific and technical tools to actually do something about it has only begun to occur in the last three decades.

So we live in a time unique in human history: we and those who came before us have created environmental problems that we now recognize and that we are beginning to have the means to cure. What is required of us is that we now meet our responsibilities to both the human race and the natural world--past, present and future.

Efforts like Dr. Onishi's are moving us in that direction. I applaud his efforts, and the efforts of all those who are rising up to meet the environmental challenges our world faces. I think we must all support efforts of this kind. Too often pioneers-in every field of human effort-are isolated and unrecognized. They need our support as they show us the way forward.

The publication of this book provides the occasion to recognize Dr. Onishi's work; I hope it will be widely read.

人として自然を愛し、そして自然を守りながら持続させることは重要です。しかし、それを言葉や感情だけではなく、行動に移すことはそれ以上に重要です。自然と共存するために可能な限り実践的な方法を見つけださなければなりません。また、環境を考慮した選択は、通常、難しく、経済的負担も大きくなります。これらの選択の結果は何十年もの間、または何世紀もの間、明らかにならないかもしれません。

たびたび、私たちは、感情的な議論、経済的コスト、政治的便宜、または個人の利益といった、間違った理由から環境上の意思決定を行ってきました。しかし、現代科学とGISを含めた技術は、私たちがより良い意思決定をするための希望でもあります。私たちをとりまく自然や人間社会にとって適切に目的を達成することを、科学や技術が可能にしてくれる、という希望です。

科学者は地球上に生命が誕生したのは30億年以上前だと考えています。そして私たち人間が地球に住み始めたのは、わずか数十万年にしかすぎないと考えています。それなのに過去200年の間で、人間の影響力は、自然界に対し重大な被害をもたらすほどに高まりました。私たちが、人間が自然におよぼす影響の範囲を認識するようになったのは、つい最近のことです。そして、何かしなければならないという共通認識が芽生えたのは、さらに最近のことです。そして、科学や技術の進歩により、実際何かをするようになったのは、この30年間のことに過ぎません。

そういう意味で、人間の歴史の中でも、私たちは前例のない時代に生きています。私たちや、私たちの以前に生きた人々が生み出した環境問題を、いまようやく認識し、それに対処するための手段を持ち始めたのです。私たちにとって必要なのは、私たちひとりひとりが今、過去・現在・未来における人間および自然に対して責任を持つことです。

こうした中、大西氏の成果は、私たちをその方向に導いてくれることでしょう。私は、大西氏の努力、そしてまた、世界が直面している環境の課題を克服しようと立ち上がっている、すべての人たちの努力を賞賛しています。この様な努力はまた、全ての人に支援されるべきでありますが、どの分野においても、多くの場合、このような先駆者たちは孤立し、評価されぬままとなっています。彼らは、私たちに将来への道を示しながらも、私たちの支援を必要としているのです。

本書の出版により、大西氏の研究は大きく評価されることとなるでしょう。私は、本書がより多くの人に読まれることを願ってやみません。

Eco-Models for Human-Nature System

第2章
ヒト・自然系を学ぶエコモデル

熊野川

ヒトや自然とは、いかなる存在なのでしょう。
流域という小さな宇宙船のヒトと自然の関係を科学知識とデータの統合により、
環境容量として捉えてみましょう。

ヒト・自然系を学ぶ5つのエコモデル

　本章では前章で取り上げた環境容量の5つのエコモデルについて解説します。この5つの指標は、1) CO_2固定容量、2) クーリング容量、3) 生活容量、4) 水資源容量、5) 木材資源容量です。これらは、地球温暖化、海面上昇、水資源、食糧資源、森林資源などの地球規模から、都市のヒートアイランド、人口問題、ゲリラ豪雨・洪水のような地域レベルの現象に密接に関連し設定しています。

　CO_2固定容量とは、森林資源がもつCO_2固定量と人間活動による排出量の関係で、主に地球温暖化に関する指標です。クーリング容量は、本来、森林により覆われた地表面がもつ冷却量と現在の地表面がもつ冷却量の関係で、主にヒートアイランド現象に関する指標です。また、生活容量は、生存に必要な都市や生産緑地面積から試算した、自給可能人口と現人口の関係であり、食料自給や人口問題に関する指標です。水資源容量は、降水の地中浸透量による利用可能水資源量と人間活動による水需要量との関係で、水資源問題や洪水に関係する指標です。また、木材資源容量は、森林の成長量から試算した可能木材供給量と人間活動による木材需要量との関係を示しています。そして、これらを試算するためエコモデル式を設定しています。

　また本章では、GISを活用し、日本の全国スケールでの試算結果をマップ化し示しています。試算単位には、エコシステムとしての流域を自然空間単位とした「流域区分」、「都道府県区分」、「地方区分」という3階層の環境単位を設定し階層的な環境解析を進めています。

　自治体（市区町村）区分を含めた詳細な試算結果は第3章で地方別に見ていきますが、本章では、5つのエコモデルを設定した動機や背景、その考え方、そして、それぞれの試算結果の概要を示すとともに、この日本の現状から何が見えてくるのか、その課題と対策などを改善へのステップとして示し、明日の日本をひらくためのきっかけを探ります。

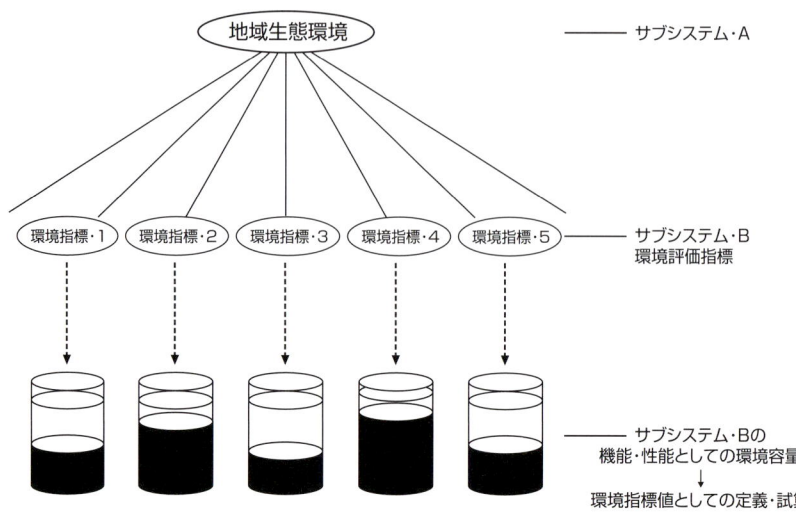

$$\text{環境容量} = \frac{\text{自然の包容力}}{\text{ヒトの活動の集積}}$$

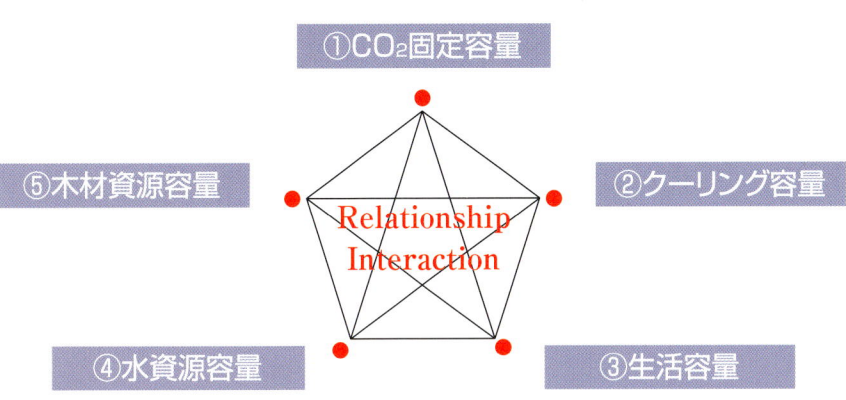

① CO₂固定容量
② クーリング容量
③ 生活容量
④ 水資源容量
⑤ 木材資源容量

Relationship Interaction

1. CO₂固定容量 : 環境単位内に存在する森林資源の光合成による固定量 / 1人当たり排出量に環境単位内人口を乗じた総排出量

2. クーリング容量 : 地表面の形態の変化による冷却容量の現況量 / 環境単位が本来森林に覆われた状態で有した冷却容量

3. 生活容量 : 1人当たりの必要面積をもとに求めた環境単位での自給可能人口 / 環境単位での現況人口

4. 水資源容量 : 環境単位での潜在的な水資源量 / 1人当たり水需要量に環境単位内人口を乗じた総水需要量

5. 木材資源容量 : 環境単位内に存在する森林資源の成長による供給量 / 1人当たり木材需要量に環境単位内人口を乗じた総木材需要量

● このような包括的な環境のモデル構築には、つねに多くの課題が残ることも忘れてはいけません。第1章の高度化でのお話や、ジャックさんの本書によせてでも述べられていましたように、基礎科学、応用科学、応用・実用のフィードバックシステムやサイクルシステム、さらに、文理融合を認識した、進化や高度化に向けた、絶え間のない努力が必要になります。詳しくは、学会への掲載論文をまとめた「もうひとつの宇宙船をたずねて」（大西文秀2002）をご覧ください。本書では概要をシンプルに示します。

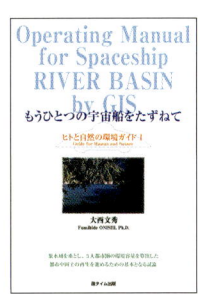

※参考文献　大西1995、1999、2002、2005

1）日本のCO_2固定容量

CO_2固定容量 ： $\dfrac{環境単位内に存在する森林資源の光合成による固定量}{1人当たり排出量に環境単位内人口を乗じた総排出量}$

●背景

　CO_2の排出を抑えた低炭素社会の実現が急務となっています。IPCCにより、地球温暖化の要因は人間活動であると科学的な報告がなされました。人間活動の拡大によるCO_2排出量の増大とともに、光合成（CO_2固定）をつかさどる植物の生育域、主として森林域は減少傾向にあり、これが、CO_2の排出と固定のバランスに変調をきたす要因と考えられています。CO_2という流動性のある気体を扱うため、地域を限定してのとりくみには難しさがあります。現在では排出量そのものの削減と合わせ、国際的な枠組みのなかで、排出量に余裕のある国や排出削減目標を達成した国と、余剰分を必要とする国の間で取引するCO_2の排出権の取引や、これを地域間で行う試みが始まりつつあります。しかし、CO_2の排出は、近い将来、他の地域や国に依存できる余地はますます限定されたものになります。したがって自国や地域でのCO_2排出量と固定量について、その割合が100％近いのか、50％ぐらいなのか、10％ぐらいなのか、ほとんどゼロ％に近いぐらいのものなのか、実感的に定量的な把握をすることは、住む環境の実態を知り、ライフスタイルを探るうえからも重要です。

●試算のしくみ

　CO_2の排出量と固定量を試算し、そのバランスの把握を基本としています。分母にあたる排出量は、わが国の総排出量と総人口により試算した、1人当たり排出量9.76トン/年（総排出量約12億3,900万トン、人口約1億2,700万人より試算）に、環境単位内の人口を乗じ試算しています。分子にあたる固定量は、植物の光合成によるものを対象とし、「植物は、一般に1kgの純生産量の過程で1.6kgのCO_2を固定する。」との研究成果を応用しています。当試算では、単年生草本や樹木の落葉等による有機物の分解から再放出するCO_2を除いた樹木の木質部の成長量をCO_2固定の対象としています。木質部の森林資源量には材積量（m³）を用い、わが国での材積成長率を実績成長量より試算し、「年間材積成長率：3.0％/年」、「木質部気乾比重：0.5 t /m³」、「材積木質部比：145％」と設定しています。なお、都市公園の樹木、街路樹、庭木なども重要な森林資源ですが、総森林資源量にしめる割合が少ないため除外しています。

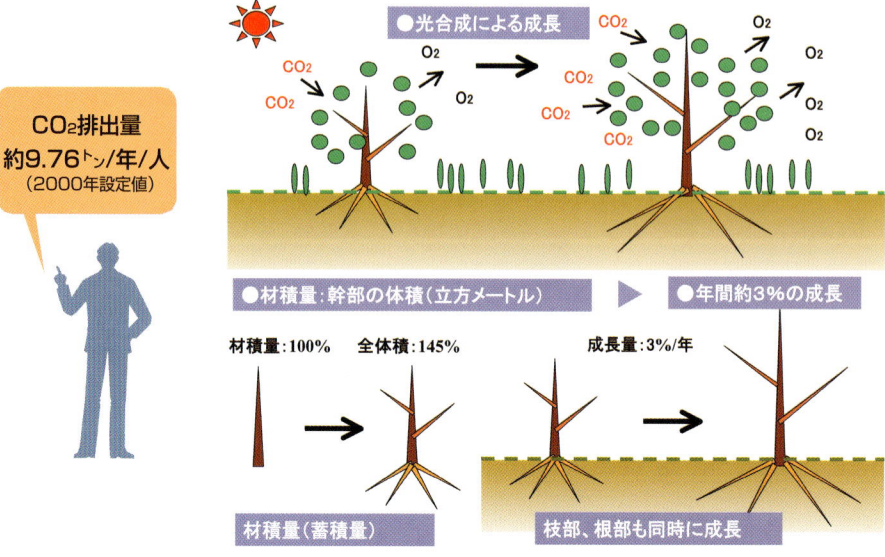

日本のCO₂固定容量

日本のCO₂固定容量を流域区分、都道府県区分、地方区分で図に示しています。

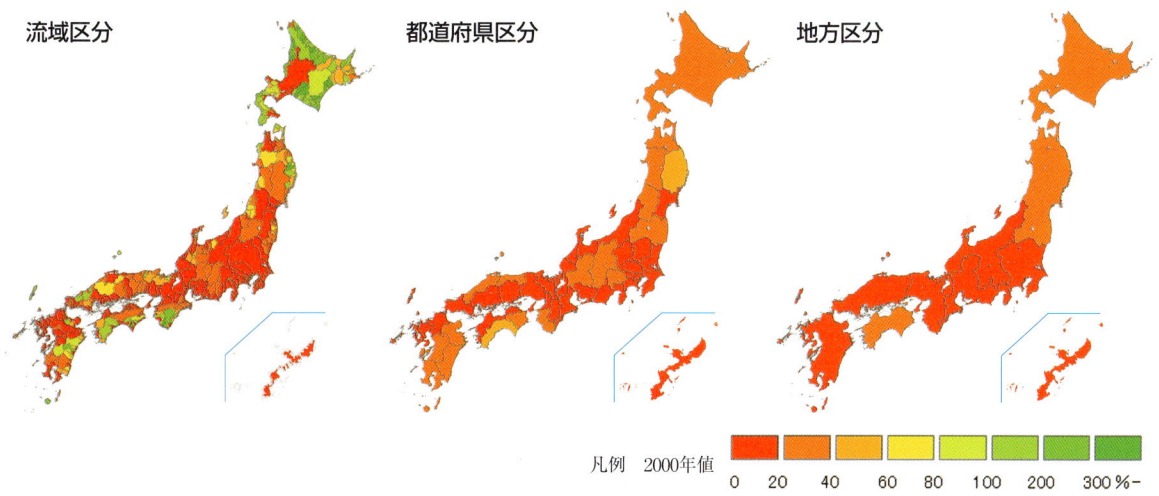

●試算結果

　マップを見ると赤いエリアが多く心配になりますが、わが国のCO₂固定能力は一体どれほどなのでしょうか。地方別に見ると最も容量の高い北海道地方でも40％弱で、次いで東北地方が25％ぐらいに留まっています。最も低い関東地方では2％ちょっと。関西地方や東海地方も10％には届かないようです。国の試算でも全国で6～8％に留まっています。京都議定書では6％の削減が言われていましたから、6％削減すれば排出量と固定量はほぼトントンになるものと思っておられた方も多いと思います。最近では、IPCCの報告でCO₂排出量の60～80％の削減が報じられていますが、わが国ではこれぐらい削減してもまだ十分ではないことが分かります。もうすでに地球温暖化による気候変動は動き出していますから、仮に100％削減できたとしてもストップはかからないのかも知れないと心配になります。

●改善へのステップ

　この結果を見ると、「えっ、こんなに低かったの、これは大変、みんなで削減しないといけない！」と思われるのではないでしょうか。こまめな電源スイッチのオフ、公共交通機関の活用、エコドライブなどはすぐにも実施でき、家庭ぐるみで取り組みたい課題です。また少し考え方を拡大し、地産地消のコンセプトを持ち、地域で生産されるやさいなど食料品の購入を進めることによっても輸送時に排出されるCO₂の削減が可能です。また企業活動でのCO₂排出量はこれまでの取組みで削減されていますが、家庭からの排出量は、家電製品や自家用車の大型化や台数の増加から、増加傾向にあります。また、耐用年数などで住宅の住み替えの場合には環境負荷をトータルに考えた環境建築（グリーンビルディング）の導入も高いCO₂削減効果が期待できます。家庭での電気代、ガス代、ガソリン代が半分に節約できれば、CO₂もそれぐらい削減できたということになるのです。さらに、オフィスビルや交通機関など都市のCO₂排出量の削減も大きな課題になっています。また一方、固定源である森林の育成も忘れてはいけない課題です。いろんな努力でCO₂の排出量が削減されても、固定する森林が減少したのでは、問題の解決にはなりません。排出量の削減と森林育成の両輪で考える必要があります。住む環境のCO₂固定容量を知り、ひとりひとりの創意工夫により、地域の容量を増加させる活動が必要で、地球レベルのCO₂排出量の削減もこの地域での活動なしには達成できるものではないのです。

※参考文献　環境庁1990、1995：環境省2002：農林水産省1990、2000：総理府1990：総務省2000：東京農工大学1993：堤1989：大西1995、1999、2002、2005

2）日本のクーリング容量

クーリング容量 ： $\dfrac{\text{地表面の形態の変化による冷却容量の現況量}}{\text{環境単位が本来森林に覆われた状態で有した冷却容量}}$

●背景

近年、ヒートアイランド現象により、主として都市域での熱の滞留現象が問題になっています。これは、都市機能を支える交通機関や空調施設が消費するエネルギー排熱によるものと、太陽熱や放出熱をコンクリートやアスファルトなどの人口構造物が吸収し、蓄熱し、放熱することにより発生するものとされています。もちろんこの認識はまちがいではないのですが、しかし本来的には、むかし樹木におおわれていた地表面が都市化され冷却量が減少したと考えるのが、よりシンプルではないでしょうか。この発想からクーリング容量という指標は生まれましたが、環境単位が本来の森林（潜在自然植生）におおわれた状態でもっていた冷却容量（冷やす力）が、その地表形態の変化、耕地化や都市化により、どのような変化をきたしているのか、冷却容量の変化について考えることが、熱環境の把握のスタートラインであると考えられます。

●試算のしくみ

この試算には、「緑の排熱吸収効果についての研究成果」を応用しています。樹木領域で63.0（Kcal/m²・h）、池の領域で31.6（Kcal/m²・h）の排熱吸収力があり、市街地領域や芝生領域では反対にそれぞれ52.0～58.0（Kcal/m²・h）、18.8（Kcal/m²・h）の排熱放出力があるとの報告がなされています。本試算では、上記の4分類の土地利用に環境単位を構成する土地利用を対応させることにより、クーリング量の現況値を試算しています。また、潜在値については、耕地化、都市化以前の全域が潜在自然植生におおわれた状態を想定し、樹木領域の63.0（Kcal/m²・h）を設定しています。また、市街地領域は、測定値の平均をとり、55.0（Kcal/m²・h）としています。また試算する環境単位が排熱域となった場合、試算値がマイナス値となりますが、他の指標と整合をとるため、全域が森林域の場合（平均吸熱が63.0（Kcal/m²・h）の場合）を100％、全域が市街地域の場合（平均排熱量が55.0（Kcal/m²・h）の場合）を0％とする対処を施しています。

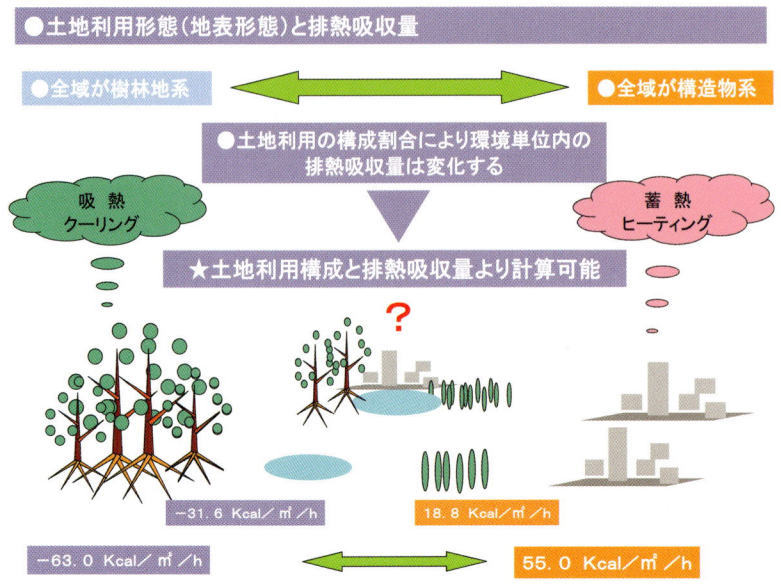

日本のクーリング容量

エコモデル
クーリング容量

日本のクーリング容量を流域区分、都道府県区分、地方区分で図に示しています。

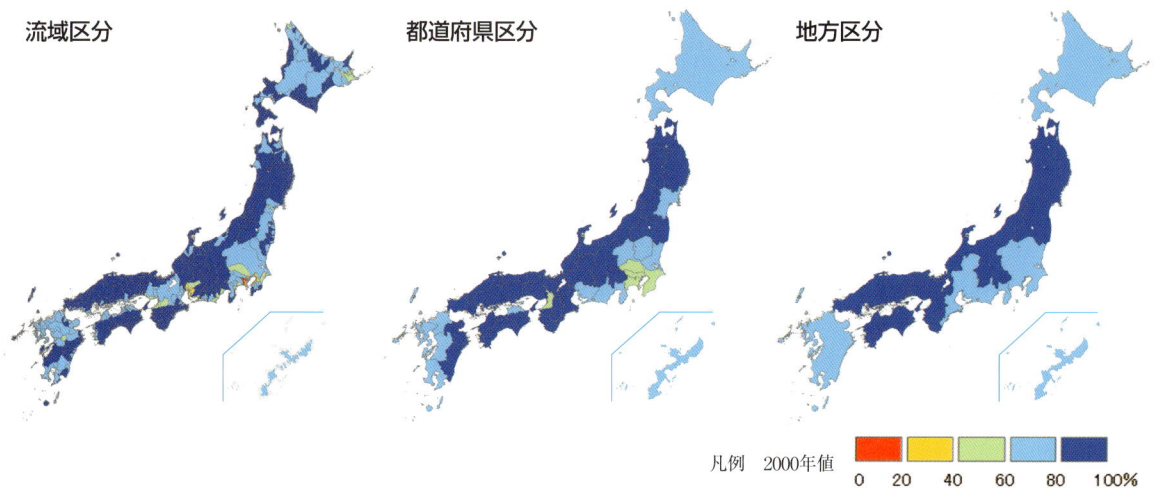

凡例　2000年値　0 20 40 60 80 100%

●試算結果

　マップを見るとやはり3大都市圏に属する流域や都道府県で冷やす力が低くなっており、東京都、大阪府、神奈川県が極めて低い状況です。次いで、埼玉県、千葉県、次いで、茨城県、愛知県、福岡県、沖縄県などが続いています。そして、驚いたことに、地方単位で見ると、北海道地方や九州地方もそう高くないことがわかります。両地方とも緑の大地を思い浮かべ、クーリング容量は高い印象をもちますが、生産緑地や牧草地などの緑が多いからかも知れません。ご存知ない方も多いと思いますが、厳密にいうと冷やす能力がある地表面は、森林と水面だけなのです。おなじ緑でも草本系の緑は、アスファルトやコンクリートが多い都市地域よりは蓄熱量は少なく改善効果を期待できますが、ほんとうに冷やすところまでの能力はないようです。都市部の屋上緑化もヒートアイランドやエネルギー負荷の低減に効果は大きいためその普及を進めなければなりませんが、ほんとうに冷やすところまでの力は持っていないので過剰な期待はできません。CO_2の6%削減と同様に、「みどりだからOK！」と思いこまないようにしたいものです。

●改善へのステップ

　このようなメカニズムから「都市が熱いのは当然なんだなあ。」と思われる方も多いと思います。最近、ヒートアイランド現象の緩和策として「打ち水」のイベントや社会実験よく行われ、涼しくなったことが報告されています。基本的には水分が蒸発できる樹林地や水面などの地表面を増加させることが必要になります。個人のガレージや庭も必要以上に舗装してしまわないことが重要で、都市部では、屋上緑化の導入をはじめ、遊休地などについては、舗装面から、できるだけ草本系の地表に移行させる、もちろん畑などの生産緑地にすれば、食糧自給率のアップにも寄与できベターです。またできれば、樹林地や森に移行させ、本来の樹林で被われ、高い冷やす力を持っていたころに近い状態に戻したいものです。このように、冷やす力を持つ土地利用を少しずつでも増やしていくことにより、ヒートアイランド現象などの都市の熱環境は着実に改善されるのです。

※参考文献　宇田川1991：大西1995、1999、2002、2008

エコモデル
生活容量

3）日本の生活容量

生活容量　：　1人当たりの必要面積をもとに求めた環境単位での自給可能人口 / 環境単位での現況人口

●背景

　日本の人口は減少に転じましたが、食糧自給率の低さと高い人口密度が、わが国の環境問題の根源のような印象を持っています。自給可能人口はどれぐらいで現人口はその何倍ぐらいなのでしょうか。こんな素朴な疑問から生活容量の指標が生まれました。近年のわが国の食糧自給率は、カロリーベースで40%を切っています。2002年では、フランスが130%、アメリカで119%、ドイツが91%、イギリスが74%、韓国で49%などで、異例ともいえる低さです。また、同年の穀物自給率（重量ベース）では28%と極めて低く、EUの110%、アメリカの119%、ロシアの114%、中国の101%、インドで91%と大きな隔たりがあります。また、世界的な水資源問題と関連し、食料の輸入元や原産国での水資源の消費、いわゆるバーチャルウォーターも大きな問題であり、食糧自給率のアップが進められつつあります。また視点を変え、生物としてのヒトのテリトリー（なわばり）を考えると、その最小面積は、食糧自給可能面積を下まわることはないと考えられます。したがって、この試算は生物にとって大切な神秘的な意味をもつ生息面積の最小値によるものでもあり、興味深い指標ではないでしょうか。

●試算のしくみ

　この試算は、自給可能人口と、現況人口とのとの関係を究明することを基本としています。ヒト1人当たりの必要生産緑地面積と都市空間面積の視点から、その空間容量を算出することを基本にしています。試算には、著名な生態学者である吉良竜夫先生が「地球に定員はあるか」で示した一人当たり数値を、地域レベルに適応させています。吉良先生の研究によると、1人当たり必要な生産緑地面積は、ヒトの必要年間食料のカロリー換算値である約100万Kcalと植物がもつ太陽エネルギーの固定メカニズムより、稲作地として9.25a/人、また肉も食べたいということで食肉用の家畜用草地として2.25a/人が必要であるとされています。また、必要な都市空間は、米国東海岸の都市と東京都のほぼ平均をとり、5a/人とされています。本試算では、生産緑地と都市空間に対応する可耕地面積と可住地面積の土地利用については、わが国の地形や都市化の特性をふまえ、森林および水面を除いたものを対象として設定しています。

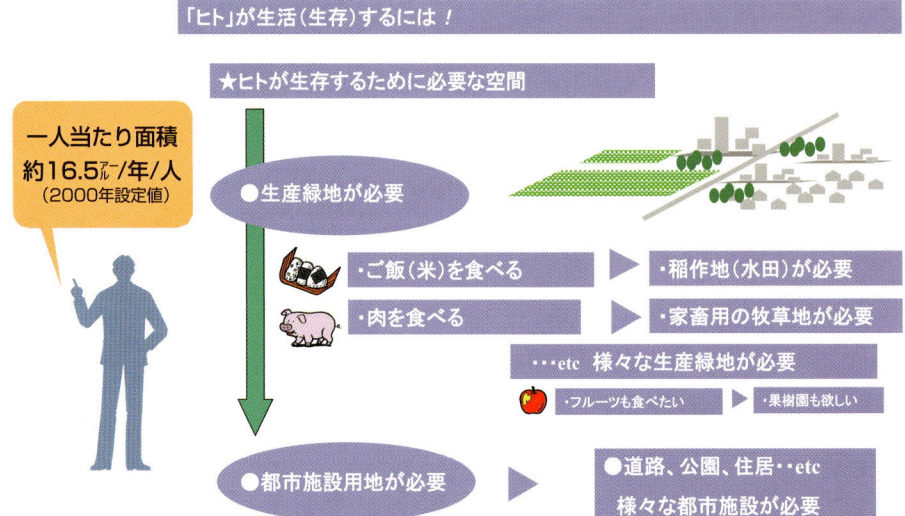

第2章　ヒト・自然系を学ぶエコモデル

エコモデル
生活容量

日本の生活容量

日本の生活容量を流域区分、都道府県区分、地方区分で図に示しています。

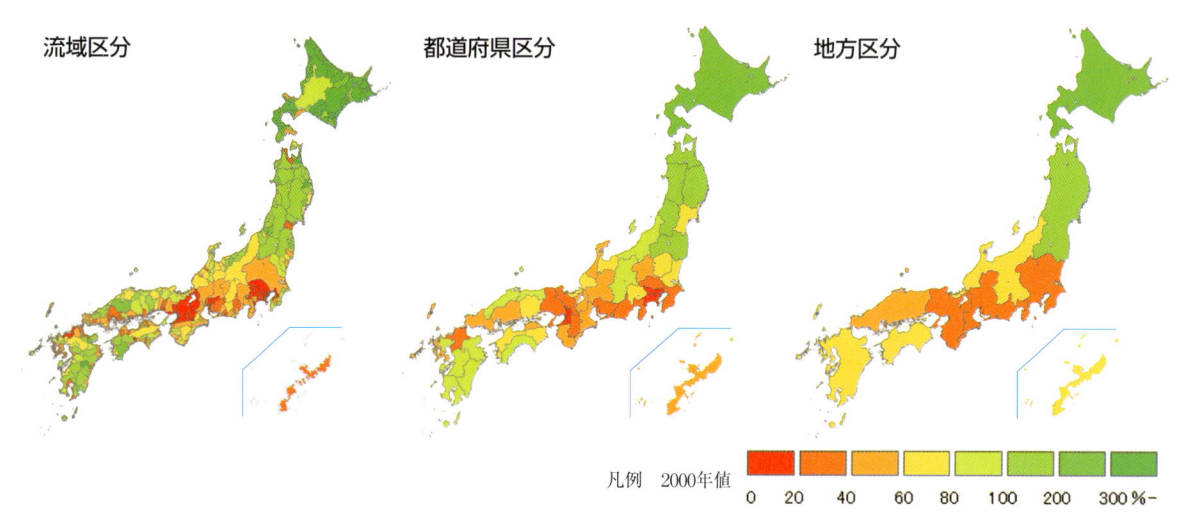

流域区分　　　　都道府県区分　　　　地方区分

凡例　2000年値　0　20　40　60　80　100　200　300％-

● 試算結果

　マップを見ると、やはり関東地方、関西地方、東海地方が低く、約20〜35％になっています。この数値は現人口は自給可能人口のおよそ3〜5倍だということをあらわしています。予想通り高密度のようです。しかし、北陸・甲信越地方、中国地方、四国地方、九州地方では80％弱〜60％弱の容量値であり、自給はできないけれど2倍までの密度はないようです。そして何と、北海道地方、東北地方では自給が可能な水準にあるのです。北海道地方は240％、東北地方では110％あり、北海道地方は現人口の2.4倍まで居住が可能なようです。自給自足と考えられる江戸時代の鎖国時の人口が約3000万人で、現人口はその4倍ほどですので、試算値は鎖国時の人口と整合しているようです。わが国は人口密度が高く、現在の食糧の自給率も約40パーセントとかなり低い状況ですが、人口減少に転じたことからも、地域別に見れば改善の余地もあるのではないでしょうか。しかし、田畑などの生産緑地を支える1次産業の向上への社会システムの変換が必要不可欠であることは言うまでもありません。

● 改善へのステップ

　近年、食の安全やモラルについても大変混乱した状況が勃発しており、自給率の低い日本に、複雑な深刻な問題が顕在化してきています。これらの問題も食糧の自給率が向上すれば、ある程度は同時に解決できることであるのですが、1次産業の縮小や、後継者や就労者の不足などで、食糧の自給率の向上は現在の日本にとって大変な難題になっています。しかし、都会でサラリーマンだった家族が田舎へ帰って農業をはじめるというのは時々聞く話ですが、現在の日本の低い自給率から考えれば、このような個人での試みだけで解決されるものとは到底考えられません。生活容量の地方別の現状は次章でお話しますが、大都市圏での低い容量に反し、比較的容量の高い地方や地域も存在しており、全くどのように考えても解決不可能という状況でもなさそうです。前提となる産業バランスの改善を図るには、こうした地方区分レベルぐらいでの生活容量の特性を生かした、日本版グリーン・ニューディール政策ともいうべき、国レベルでの長期政策が立案されるべきでしょう。日本における食糧自給率のアップは最大の課題と思われますが、これを向上させるプロセスのなかで、解消される環境問題や社会問題も多いと考えられます。

※参考文献　吉良1971：農林水産省2008：総理府1990：総務省2000：大西1977、1995、1999、2002、2006

第2章 ヒト・自然系を学ぶエコモデル

エコモデル
水資源容量

4）日本の水資源容量

水資源容量 ： 環境単位での潜在的な水資源量
1人当たり水需要量に環境単位内人口を乗じた総水需要量

●背景

　世界人口の急激な増加や地球規模での気候変動により、多くの国や地域で水資源の不足が発生し、食糧生産や自然生態系の維持、また健康で衛生的な生活用水の利用に大きな影響を及ぼしています。一方、近年におけるわが国の食糧自給率や木材資源の自給率は極めて低く、海外からの輸入に頼っています。これら資源の生産には輸入元での膨大な水資源が消費されているという仮想水・バーチャルウォーターの問題も深刻化しています。日本の灌漑用水利用量は約570億m^3であり、バーチャルウォーターは約640億m^3と試算されています。なんと自国での需要量を上回る水資源が生産国で消費されており、水資源量と水需要量について再考することは、極めて重要と考えられます。またこの指標は、地表面が持つ降水の浸透率を用い試算していますが、最近のゲリラ豪雨による洪水が、アスファルト舗装され地中への浸透性を失った都市域の地表面の変化と関係が深いことや、浸透性が低下した地表面はクーリング容量の視点からも冷やす力が低下し、上昇気流を発生させゲリラ豪雨の雨雲を発生させやすいという関係にあることも重要な事実です。

●試算のしくみ

　この試算は、潜在的に利用可能な水資源量と、総水需要の関係を明らかにしています。水需要量には農業用水需要、工業用水需要、家庭用水需要、都市活動用水需要が含まれています。わが国の総水需要量と総人口より、1人当たり需要量約685トン／年（総水需要量約870億トン、人口約1億2700万人より試算）を試算し、環境単位内の人口を乗じることにより、総水需要を試算しています。また、潜在的に利用可能な水資源量は、土地に浸透する量を対象としています。水資源賦存量を基本に考え、年間降水量のうち、蒸発による損失量を山地部で600mm、平地部で840mmとし、その内の地中への浸透量を潜在量と想定し、土地利用ごとの水分浸透能指数を乗じ試算しています。また浸透量は、水分浸透指数を用い、「植林地：0.9」、「普通畑：0.7」、「公園・草地・裸地：0.6」、「宅地：0.3」、「田園・水面：0.2」、「都市：0.1」を設定し試算しています。稼働中の水源用ダムの働きや流域を超えた水資源の取水、また、水資源の反復利用による影響は除外し試算しています。

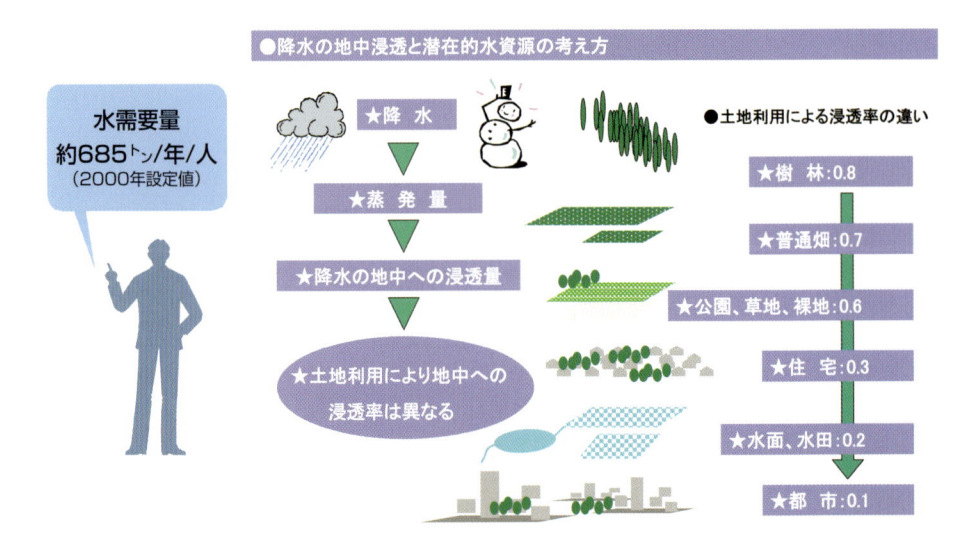

●降水の地中浸透と潜在的水資源の考え方

水需要量 約685トン／年／人（2000年設定値）

★降　水
★蒸　発　量
★降水の地中への浸透量
★土地利用により地中への浸透率は異なる

●土地利用による浸透率の違い

★樹　林：0.8
★普通畑：0.7
★公園、草地、裸地：0.6
★住　宅：0.3
★水面、水田：0.2
★都　市：0.1

第2章 ヒト・自然系を学ぶエコモデル

日本の水資源容量

エコモデル
水資源容量

日本の水資源容量を流域区分、都道府県区分、地方区分で図に示しています。

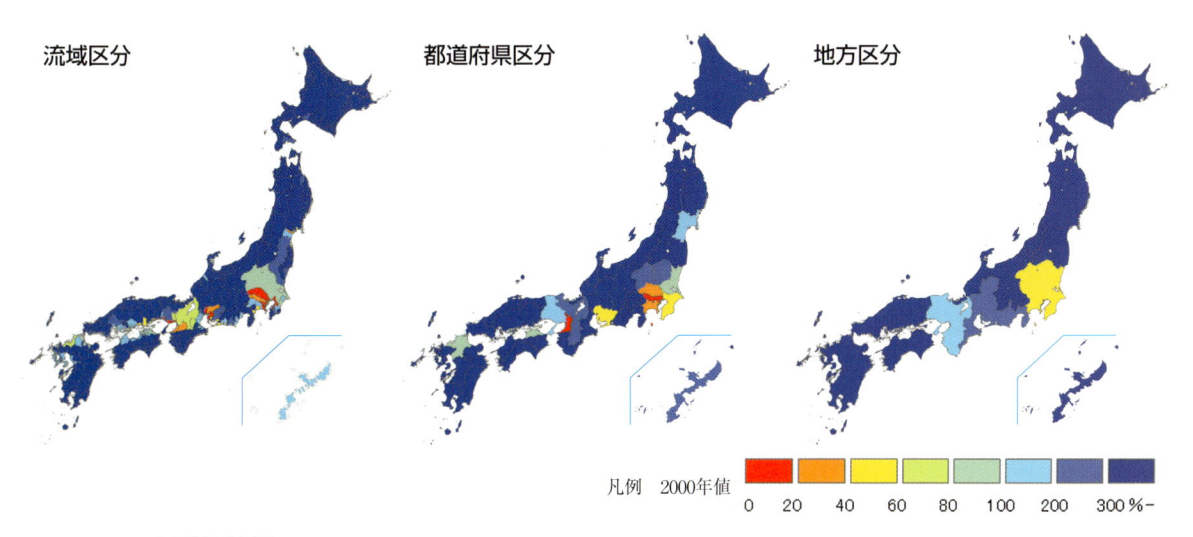

流域区分　　　　都道府県区分　　　　地方区分

凡例　2000年値　0　20　40　60　80　100　200　300％-

● 試算結果

　わが国でも水不足がよく報じられていますが、まだまだ大丈夫と思っている方も多いのではないでしょうか。しかし、試算結果を見ると、関東地方が50％ちょっと。関西地方も170％ちょっとというところで、需要量の2倍はないのです。北海道で10倍、東北、北陸、四国地方で7〜8倍といったところです。いずれも、需要量の何十倍もあるといたものではなく、予想より低い状況です。特に、首都圏は、自給可能水資源量を下回っており、改めてその試算結果に驚かされます。さらに、2000年の日本の総水需要量が約870億m³であり、バーチャルウォーターが約640億m³と試算されていることを加味すると、実質的な水資源容量は試算値の60％弱にとどまってしまうことになり、基本的な深刻さが浮き彫りになってきます。

● 改善へのステップ

　日本の水資源もバーチャルウォーターなどの課題から、食糧の自給率と綿密に関係し大変複雑であり、それらを加味すると実体は大変厳しいことがわかります。特に大都市圏での容量が低く、改善を図る必要があります。水資源の元は日本の場合は、降水、雨や雪なので、それらがいかに効率よく大地に浸透し水資源が涵養されるかにかかってきます。すでに雨水を地中に浸透させるための浸透ますの設置を条例化した自治体もあります。屋根に降った雨は雨樋から排水溝を通り最寄の河川に放流され海に流出していきます。降った雨が大地に貯えられずサッと排水してしまうので、水資源の涵養に繋がりにくく、洪水などの災害を起こしやすいということがいわれています。また、地表の蒸散機能が低下し冷やす力が低下し、ヒートアイランド現象を起こしやすく、上昇気流の発生でゲリラ豪雨の元になる雨雲をつくりやすいという悪循環にもなっています。これも、個人レベルでの改善には限界があるため、公共での、雨水浸透ますの設置を条例化するなどの政策化や透水性のある舗装材の開発や実用化を一層進める必要があります。また、クーリング容量の項でも話した、都市部での遊休地の土地利用を草本系や樹林系に転換していくという長期にわたる抜本的な政策を国レベルで立案する必要があると思われます。世界的な水資源問題や、日本の隠れた現状を改善するためには、計画的に、流域単位での水資源容量の向上を目指す必要があります。

※参考文献　松井、岡崎1993：気象庁1988、1991、1992：国土庁1983、1993：国土交通省2008：総理府1990：総務省2000：沖2003：大西1995、1999、2002、2007

エコモデル
木材資源容量

5）日本の木材資源容量

$$\text{木材資源容量} : \frac{\text{環境単位内に存在する森林資源の成長による供給量}}{\text{1人当たり木材需要量に環境単位内人口を乗じた総木材需要量}}$$

●背景

　近年における、わが国の木材の自給率は20％以下であり、なんと80％を外材に頼っているということをご存知でしょうか。数年前には50％ぐらいの自給率であったのがどんどん低下しています。樹木はすぐには成長しないため、木材資源の供給はストックをもちながら、その成長分を木材資源として利用する点が特徴であり、本来的な木材資源の利用の姿でしょう。しかし、近年においては、地球規模での木材資源の消費がみられ、東南アジアやアマゾンの熱帯雨林やシベリアタイガの針葉樹林の大規模伐採にみられるように、成長量をはるかに上まわった伐採により、ストックの急激な減少を招いているのです。地表の森林の形態は、これまで見てきた複数の指標とも関係し、CO_2の固定力、冷やす力、降水を地中に浸透させ水資源を涵養する力にも関係し、また森林には生きものの生息域として、地域の環境や生態系を保つ重要な役割もあり、他の資源の輸入とは異なった影響特性を持っています。しかし、このような現象をふまえた地域における木材資源量と需要量の関係についての分析は少なく、これらの現象を定量的にとらえることを目標としました。

●試算のしくみ

　この試算では、環境単位での木材資源の需要量と森林の供給量を試算し、その需給バランス量を算出することを基本としています。需要量は、わが国の総木材（用材）需要量と総人口より1人当たり需要量約0.78m³/年（総木材—用材—需要量約9926万m³、人口約1億2700万人より試算）を試算し、環境単位内の人口を乗じることにより試算ししています。また、供給量は、木材資源の成長量による増加分を資源の対象に考え、樹木の幹部の容積を示す指標である材積量（m³）を基本に、わが国での材積成長率を実績成長量より試算し、「材積成長率：3.0％/年」と設定しています。また、製材過程では、丸い原木を四角い木材に加工するため、ソーイングダストなどの無駄が多く発生します。このため人工林、天然林別の素材有効率と構成比より、「材積素材有効率：70％」と設定し、試算しています。

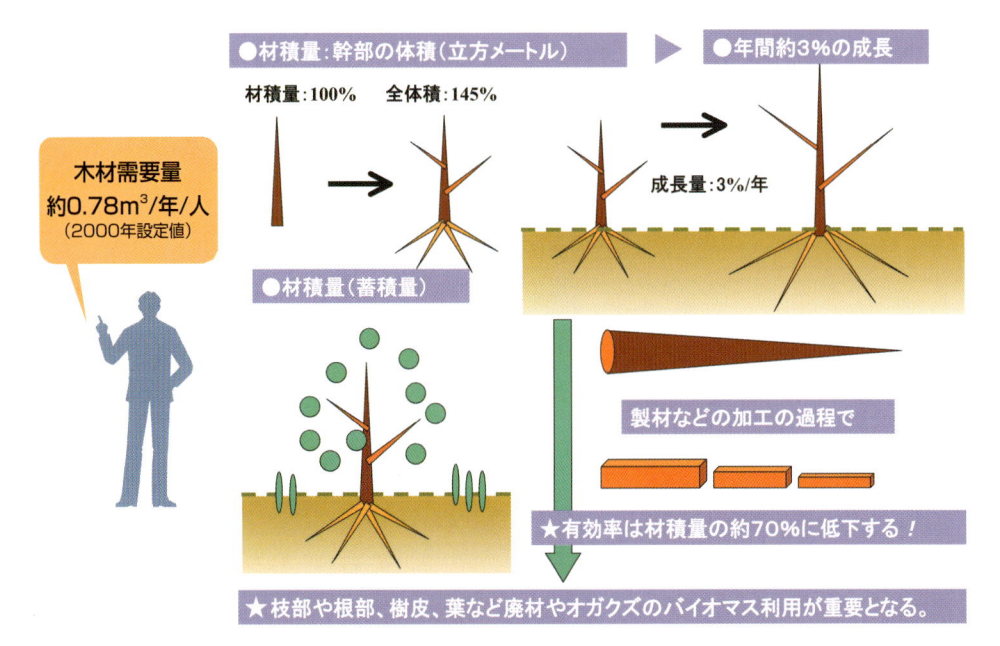

木材需要量
約0.78m³/年/人
（2000年設定値）

●材積量：幹部の体積（立方メートル）
材積量：100%　全体積：145%

●年間約3％の成長
成長量：3%/年

●材積量（蓄積量）

製材などの加工の過程で
★有効率は材積量の約70％に低下する！

★枝部や根部、樹皮、葉など廃材やオガクズのバイオマス利用が重要となる。

日本の木材資源容量

エコモデル
木材資源容量

日本の木材資源容量を流域区分、都道府県区分、地方区分で図に示しています。

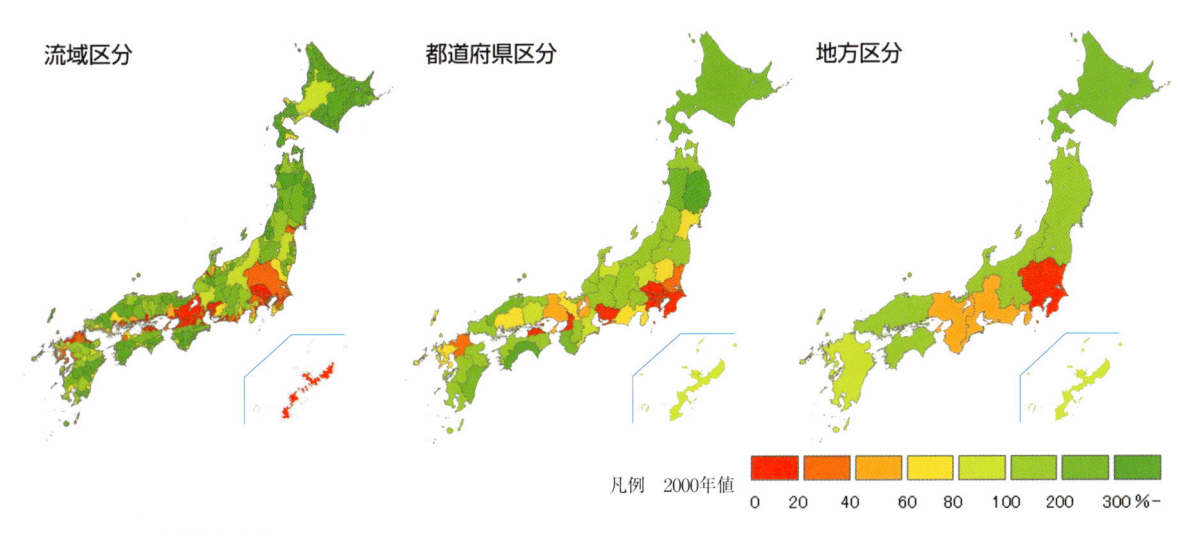

流域区分　　　　都道府県区分　　　　地方区分

凡例　2000年値　0　20　40　60　80　100　200　300%-

●試算結果

　わが国の木材の自給率が低いため、容量も低いと思われる方もあるかと思います。実際、関東地方では16%とたいへん低い状況です。しかし東海地方、関西地方でも40〜60%を有しており、そのほかの地方では100〜190%近くあり、容量は比較的高いことがわかります。近年において自給率が低いのは、外材価格の割安感など、わが国の林業を取り巻く社会状況や経済市場が影響しているのですが、何とか改善し少しでも国産材を活用するように転換しなければいけません。また、森林はすぐには成長しないため、森林資源は絶えずストックを持たなければならず、植樹しない伐採や山肌にダメージを与えてしまう手荒い伐採は、わが国の豊かな緑も短期間で消滅することに繋がります。また山肌が露出した山地では山崩れなどの発生も増加し、大きな災害につながってしまいます。また森林資源は、木材資源や水資源などの資源面のみならず、CO_2の固定容量やクーリング容量などの環境的な側面にも大きな影響を持つため、日本の状況のみならず、輸入材の供給国の森林状況も含め慎重に考える必要があります。

●改善へのステップ

　国内に豊かな森林があるにも関わらず、熱帯雨林やシベリアのタイガの森林を消費しており、大きな矛盾が存在しています。また、原産国で消費される森林育成のための水資源や、輸送のために排出されるCO_2の量は膨大なものです。食糧の自給率の向上と同様に、この改善もなかなか個人では対応できるものではなく、産業構造や就労形態の改善を含めた、地方区分ぐらいでのくくりでの国レベルでの長期政策が必要になります。また、一方では、多面的な木材利用を進めることが重要になり、例えば、生産過程で大量のCO_2を排出するコンクリートやスチールなどの従来の建設材料の代替マテリアルとしての研究や、木造（地場材）建築の奨励、推進や、代替材料への木材利用可能性の研究開発、また、枝打ちや間伐や製材課程で生じるロスについてのバイオマスエネルギーへの活用など多岐にわたると思われます。20%以下という大変低い日本の木材自給率ですが、容量的には比較的豊かな資源と考えられます。いくつかのシナリオを検討し、それに向かう政策を立案し実現に向かうことで、新たな木材需要も生まれ、本質的な内需策にも繋がるのではないでしょうか。

※参考文献　農林水産省1990、1995、2000、2008：総理府1990：総務省2000：日本林業調査会1989：大阪営林局1994：大西1995、1999、2002

環境コラム
Part 1

地球環境学と地球研

立本成文　総合地球環境学研究所 所長

　京都の上賀茂に地球研の建物がある。かわら葺き屋根に工夫した外壁で周囲に溶け込んだ、大変ユニークな半月形の建築物である。研究室は150メートルのスパンに、5つの領域プログラムが、仕切り壁無しに、好み好みのデザインで自分の居住空間の見えない結界を作っている。ここで、およそ100人の研究者がデスクを構える。環境学というのは分野横断的であるので、生態学、農学、工学、理学、人類学、哲学、政治学、社会学、地理学などさまざまな学問の出身者が集って、壁のない相互交流を心掛けている。

　地球研は文理融合に基づいた地球環境学の構築をミッションとする。文系と理系に分けて考えるというのは古風であるが、理工学や生態学を中心とした自然科学系だけでなく、経済学、社会学、政治学、倫理学などの人文学・社会科学もそのコアーとなるということである。

　実際には、出身の学問領域にこだわりなく、地球環境問題に取り組んでいるというのが実情である。そのときに、現実の調査・観察・測定・分析を行うモデル構築（model of）の活動と、そのようなモデルを人間の立場から解釈のみならず評価・取捨選択して行動の指針とするデザイン（model for）の活動との区別が大切である。モデルの構築は、自然科学者や社会科学者だけでもできる。デザインの仕事は人文学や人間学に依拠した総合の営為である。私は、デザインの仕事こそ、言葉の本来の意味での文理融合だと思っている。言い換えれば、地球環境学は人間の福祉・幸福のための環境設計学であるということである。

　良いデザインのできは、現実をいかによく読むかにかかっている。データ、資料の信頼性である。地球環境学の基礎は、もちろん地球科学、環境科学、生命科学ではあるが、それらを人間のために解釈・評価する基礎は地域学、地域研究である。近代科学として細分化される以前の地理学、歴史学ともいえる。

　データと科学を統合する地理情報システムは、その意味で地球環境学になくてはならない道具である。ヒトは、時空間軸のなかでしか生きられない。ヒトは、自然の中で、自然の恩恵を受けて、自然を活用させてもらって、はじめて良く生きることができる。その自覚を忘れつつある現状を矯めるために地球環境学が必要とされている。地理情報システムを駆使して、解釈・評価・設計を説得性あるものにしてほしい。

初秋、地球研ウッドデッキの中庭

生態系と経済ネットワーク

秋道智彌　総合地球環境学研究所 副所長

　1昨年の平成19（2007）年、米国のブッシュ大統領が一般教書演説でバイオ・エタノール増産政策を打ち出した。石油、天然ガスなどの化石燃料は二酸化炭素排出の元凶とされるなかで、植物由来の「クリーン・エネルギー」奨励は歓迎されるはずであった。

　しかし、この政策は問題ありといわざるをえない。まず、バイオ燃料の主原料となるトウモロコシに異変が起こった。人間の食料であり家畜飼料としてのトウモロコシが工業用に転用された。メキシコの国民食トルティーヤの価格が高騰し、人々の暮らしを直撃した。ブラジルではトウモロコシ栽培のために森林が大規模な農園に改変された。米国でも小麦畑が採算のよいトウモロコシ畑に変り、世界の小麦市場で価格が跳ね上がった。

　まさか、ブッシュの一言が大阪名物のタコ焼きの値上げにつながるとは誰も予想しなかった。食料の複雑な生産―流通ネットワークが一気に世界を変えたのだ。途上国の食料生産と環境に悪影響を与え、それがさらに世界に波及するとしたら、環境によいはずの政策がむしろ裏目にでる可能性がある。トウモロコシ単作が害虫の大量発生につながるとする説もある。新規の試みがもたらす環境への影響については、慎重ならざるをえないのだ。

　かたや自然界の生物は相互に複雑なネットワークで結ばれている。それぞれの種に属する個体は、共生、寄生、食う―食われる、競争と協同など、同種、多種間の複雑な関係に組み込まれている。それらのネットワークを通じて生存と繁殖の戦略を実現するのだ。

　自然界の複雑なネットワークは全体を維持する上で、危険分散、修復装置、安定化などの多様な機能を果たしている。ところが人間の生み出した生産―流通ネットワークでは、国家、多国籍企業、流通業界、消費者などが協調することなく、個別の利益や効率を優先して動いている場合が多い。その結果、人間のネットワークは下手をすれば地球環境を劣化させ、人間の暮らしを破滅へ導く地獄のトラップになるのではないか、と危惧する。

　ネットワークがこの先さらに複雑になったとき、人類はそこに生じるであろう予測不可能なリスクを避ける知恵を失ってないだろうか。未来はぼうばくとしているが、当面、地球環境の行く末を探る上でバイオ産業の今後はその試金石となるに違いない。

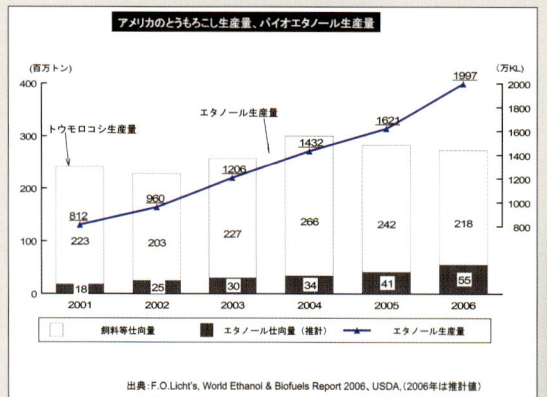

地球地域学

渡邉紹裕　総合地球環境学研究所 教授 プログラム主幹

「地球地域学」－耳慣れない学問分野の名前である。地球研で確立を目指している新しい「知の体系」としてつけた名前である。地球研では、地球環境問題の現れ方や原因などを考えるために、研究プロジェクトの方向や成果をとりまとめる枠組みとして、「循環」「資源」そして「多様性」という領域プログラムを設けている。「地球地域学」は、こういう領域の成果を地域スケールで突き合わせ統合する枠組みとして、設定したものである。

「地球地域学」は、京都大学及び滋賀県立大学名誉教授の高谷好一さんが、2001年に出版された「地球地域学序説」（弘文堂刊）のタイトルにも使われている。そこでは、「地球地域学」は、「個別地域が生きる論理とその相互浸透の中に、地球の秩序原理を発見する新たな実践知の体系」として定義されている。地球研では、この地域と地球の関係が、とくに環境問題においてどうなっているのかを見定めようとするアプローチが、地球環境学の構築にはとても大切と考えて、プログラム領域の一つとして位置づけることにした。

いわゆる地球環境問題が現れるのは地球のそれぞれの地域ではあるが、それがどういう問題なのか、どう解決したらいいのかなどは、地域の中だけで考えることはできなくなっている。温暖化に伴う気候や水循環の変動など地球規模で動いている現象や、砂漠化や生物多様性の喪失などのような世界各地で生じている問題が、各地域では実際にどのような姿で現われているのか、そして、反対に地域での現象や営みが地球全体にどのように影響しているのかという、地球と地域の関わりを見ていこうというのが「地球地域学」である。

「地球地域学」という名前は、この地域の仕組みと、その相互や地球全体との関わりを見定めようとすることを少ない語数で端的に表わそうとしたものであろう。先の高谷さんらは英語では「Global Ecosophy」としているが、地球研では地球環境学の枠組みの中にあることから、単に「Ecosophy」としている。いずれにせよ、地域の「eco」（生態や環境）に関わる「shophy」（知や知恵）を中心的な対象とすることが示されている。

地球地域学は、その問いの答えが何らかの形での地域のあり方やその改善に反映されるべきで、その意味ではひとつの「ガバナンス論」である。その構造の中核は、地域における「人間と自然の相互作用環」がどうなっているのかに関する「知」と、それを踏まえて地域の問題を解決して未来につなげる統治の「知」の体系となる。もう少し具体的なねらいや対象としては、人間が地球としての環境問題を生じるに至り、また認識するようになった過程や、問題を診断してそれを基にした適応や改善・解決などを進めるためのガバナンスの制度や組織のデザイン、さらにはこれらを人間の未来にとって不可欠な「知」のレベルにまで引き上げる思想や理念、伝統などへの織り込み方となろう。まだまだ挑戦的な新たな学問領域である。

雨季がはじまり、トウモロコシ畑を耕起する農民たち（ザンビア　南部州）撮影：宮嵜英寿

収穫してきたトウモロコシを乾燥させるために軒の上にまいている（ザンビア　南部州）撮影：宮嵜英寿

●総合地球環境学研究所 ─Research Institute for Humanity and Nature─

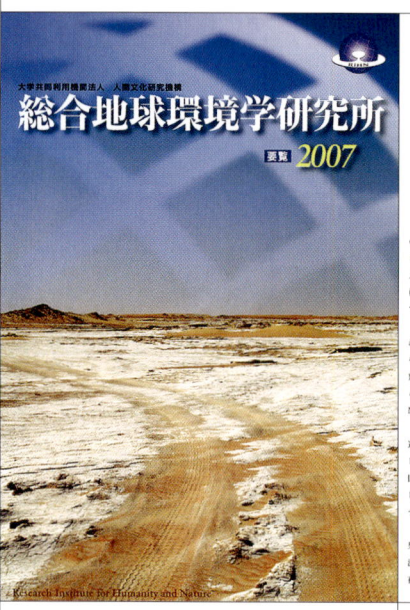

はじめに

総合地球環境学研究所所長
立本 成文

総合地球環境学研究所（地球研）は、地球環境問題の解決にむけた学問の創造のための総合的な研究をおこなう目的で、2001年に文部科学省の大学共同利用機関として創設されました。2004年には、国立大学の法人化にともない、地球研も大学共同利用機関法人・人間文化研究機構の一員となりました。2006年度には、所内の人数も完成予定目標に達成しました。多様な領域の研究教育職員が集まり、常に新しいチャレンジをする、日本や世界に誇られる研究所として大きな翔立ちをしようとしています。

地球環境問題の根源は、自然にいどみ攻めようとしてきた人間の生き方、いいかえれば、ことばのもっともひろい意味における人間の「文化」の問題であるという基本認識を、地球研は創設いらい、一貫して堅持してきています。地球環境問題の原理は、人間と自然のあいだの相互作用を解きほぐし、新たなパラダイムを求めること他ならないと考えています。地球研の英語名称にResearch Institute for Humanity and Nature（RIHN）と象徴的に表現されています。

地球環境問題の本質を明らかにするために、地球研は研究プロジェクト方式とそれに連動した研究者任期制をとっています。これにより大学共同利用の中枢的な研究機関としての総合性、国際性、流動性、中性性を保証しています。プロジェクトの選別は、外国研究者をふくんだ完全に外部者だけからなる研究プロジェクト評価委員会によって厳しく評価選考されてきました。定年完成により、今後は地球研としての主体的なアイデンティティを確立することに本格的にとりかかる態勢も整いました。

このように、日本はもとより世界でもユニークな研究体制のもとに、これから研究完成果をどんどん発信して、社会貢献に寄与していきます。大学共同利用の研究機関として、法人の特性を生かし、あらゆる可能性を大胆にとりいれながら、創設目的を達成する所存ですので、江湖のご批判とともに、あたたかいご理解とご支援をお願いいたします。

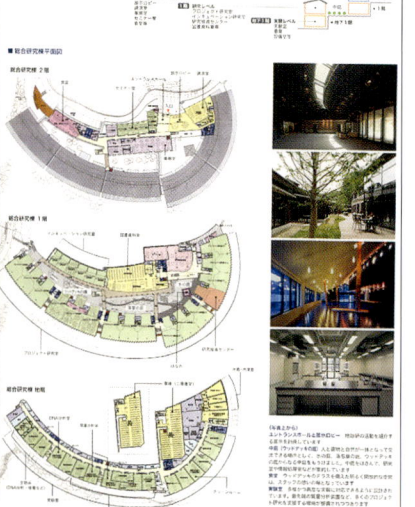

総合地球環境学研究所
〒603-8047
京都市北区上賀茂本山457番地4
Tel.075-707-2100（代表）
http://www.chikyu.ac.jp/index.html

■本研究実施までの流れ

研究プロジェクトは、2005（平成17）年度から、ISの一部以外を行うこととしました。ただし、所内の研究教育職員を共同研究者として地球研らしい研究的展を提案してもらうこととなります。また、採択されれば、人文社会系、自然科学系、政治系などさまざまな研究分野の大学院生を含め募集することや、研究計画の実行を明らかに、自由な議論を経て、より良いものとなるように練りあげ、外部評価者の審査を受けて採択された、運営会議で承認されたものが本研究に進むという新しい方式となっています。

- Incubation Study インキュベーション研究 → **IS**
- Feasibility Study 予備研究 → **FS**
- Pre-Research プレリサーチ → **PR**
- Full Research 本研究 → **FR**
- Completed Research 終了プロジェクト → **CR**

流域環境の質と環境意識の関係解明
── 土地・水資源利用に伴う環境変化を契機として

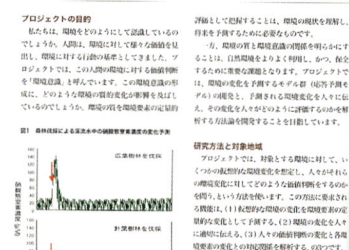

プロジェクトリーダー 中尾正義
コアメンバー 大手信人 ほか

プロジェクトの目的

私たちは、環境をどのようにして認識しているでしょうか。人間は、環境に対して様々な価値を見出し、環境に対する行動の基準としてきました。プロジェクトでは、この人間の環境に対する価値判断を「環境意識」と呼んでいます。この環境意識の形成に、どのような環境の質的変化心的影響を及ぼしているでしょうか。環境の質と環境要素の定量的...

研究方法と対象地域

...

Capacity of Japanese Humanity and Nature

第3章
日本のヒトと自然のキャパシティ

聖水リレー'90・毛間閘門・淀川

私たちの住む日本、そのヒトと自然のバランス、環境容量の実態を探ります。

地方区分で学ぶ

日本の地方区分

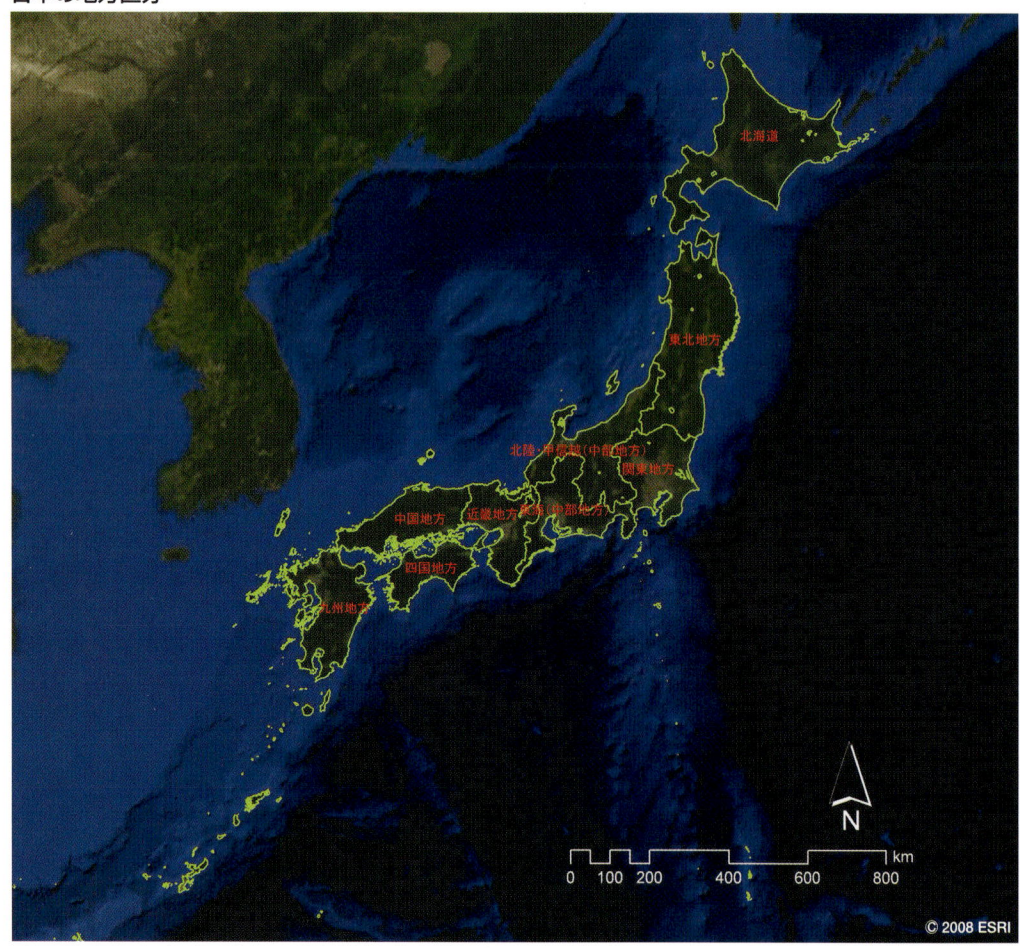

　地理情報システム（GIS）を活用し、日本全域に5つのエコモデルによるマッピングを行っています。エリアは日本のいちばん大きい区分であり、生活や自然のまとまりとしても重要である地方区分ごとに分けています。

　ここでは、北海道地方、東北地方、関東地方、北陸・甲信越地方、東海地方、関西地方、中国地方、四国地方、九州地方の9地方に分けています。

　各地方のマッピングについては、「自治体（市区町村）区分×流域区分」、「流域区分」、「都道府県区分」の3タイプを設定しています。「自治体（市区町村）区分×流域区分」のマップでは自治体ごとの詳細な状況とともに立地する流域エリアについて確認することができます。また「流域区分」では流域ごとの状況、「都道府県区分」では都道府県ごとの状況が把握できます。

　さらに詳細に把握するため、最大面積、あるいは最大人口を有し、各地方を代表する流域については、構成する自治体の3DでのGIS画像「3D自治体区分×流域区分マップ」を、半分以上の面積が含まれる自治体を対象に、指標ごとに作成しています。いずれも2000年を試算年次にしています。

　3Dでの立体画像を含め、階層的な4つのスケールで9地方のヒトと自然の関係を見ていきます。

1）北海道地方を学ぶ

GISマップ
北海道

都道府県区分

流域区分

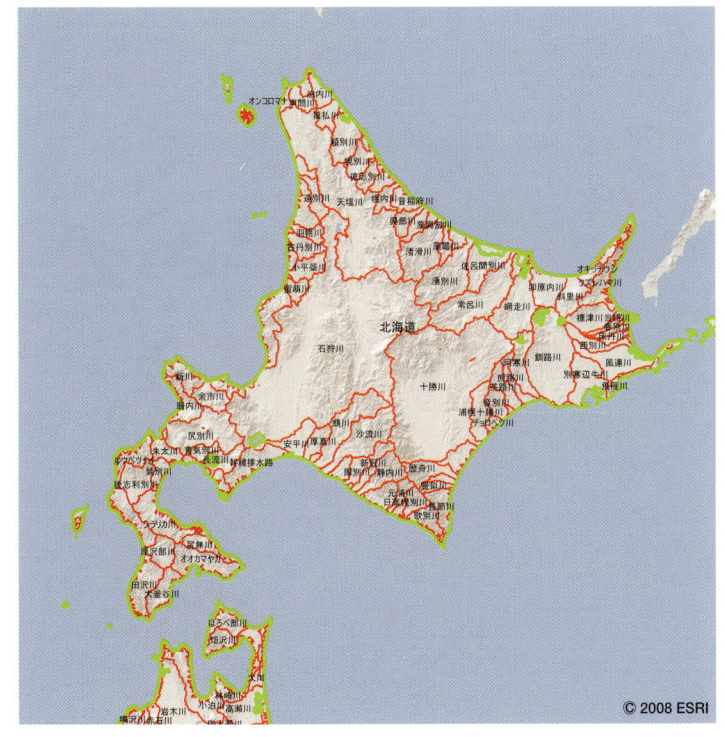

● 地方の概要と主要流域

　北海道地方の総面積は約8万3,500km^2、総人口は約568万人、人口密度は68.1人/km^{2}です。日本の総面積（約37万7,800km^2）の22.1%、総人口（約1億2,700万人）の4.5%、平均人口密度（336人/km^2）の20.3%にあたります。

　北海道地方には13の1級水系があります。また、1,500km^{2}以上の面積を持つ流域は、

- 手塩川 （てしおがわ）　5,590km^2
- 常呂川 （とろがわ）　1,930km^2
- 石狩川 （いしかりがわ）　14,330km^2
- 尻別川 （しりべつがわ）　1,640km^2
- 釧路川 （くしろがわ）　2,510km^2
- 十勝川 （とかちがわ）　9,010km^2

など6流域あります。

　最大流域の石狩川（いしかりがわ）水系は、14,330km^{2}の面積を持ち全国2位の流域面積を持っています。流域内人口も約250万人であり北海道地方では最大人口を有しています。人口3万人以上の都市では、札幌市、旭川市、江別市、千歳市、岩見沢市、恵庭市、北広島市、石狩市、滝川市、美唄市などが立地しています。

※参考文献　国土交通省2007；総務省2000

GISマップ 北海道

北海道地方を学ぶ

● CO_2固定容量

　北海道地方全体では38.5%になりました。これは全国9地方のなかで最も高い容量です。比較的高い数値でホッとしますが、これでもCO_2排出量を50%削減しても、まだ容量値は80%弱なのであまり喜べません。1級水系についての容量は、平均で167.2%、最大で602.9%、最小で11.6%になりました。面積の大きい1級水系の平均容量が100%を大きく超えたことは嬉しいですが、最大流域の石狩川流域が11.6%と最下位の容量であったことは残念です。

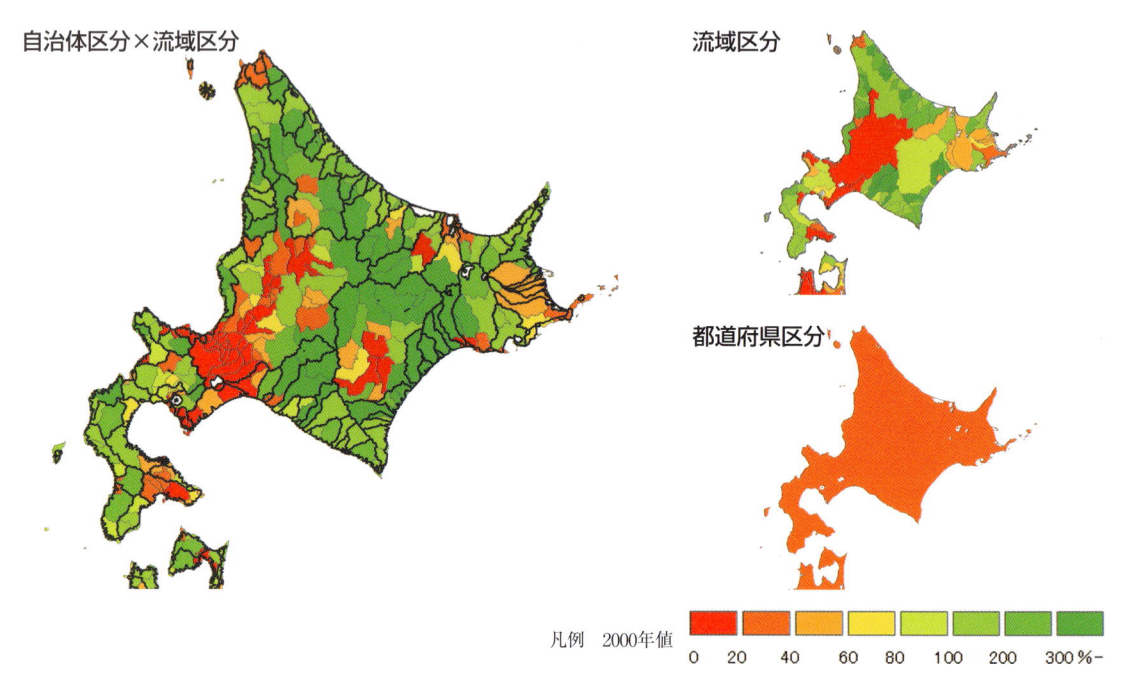

自治体区分×流域区分

流域区分

都道府県区分

凡例　2000年値　0　20　40　60　80　100　200　300%-

石狩川流域のCO_2固定容量

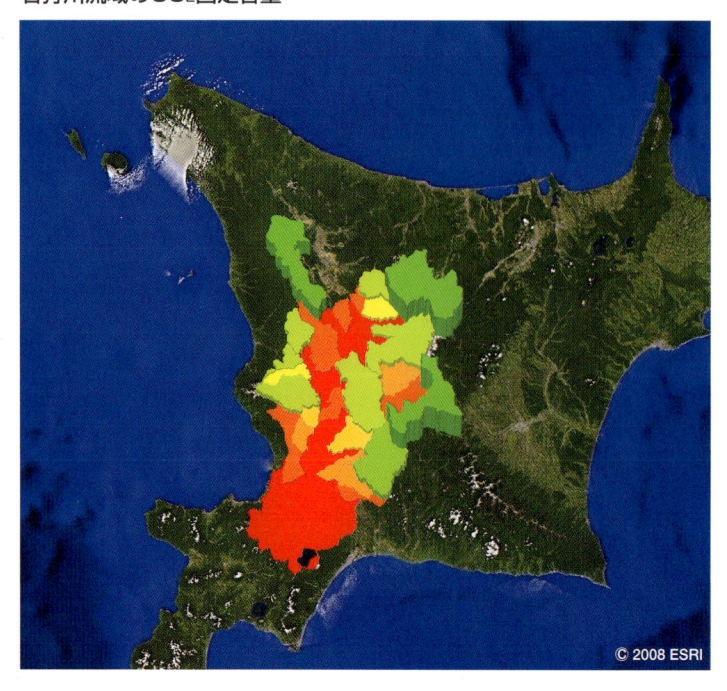

　石狩川流域全体では、CO_2固定容量は11.6%になりました。全国では1級水系全体の平均値は48.9%であり、全国83位にあたり、北海道地方では1級水系の平均値は167.2%であり、13位（13水系中）にあたります。また、石狩川流域に立地する自治体の容量値の平均は71.6%、最大値は776.2%、最小値は0.0%であり、容量値が10%以下と極めて低いのは、人口3万人以上の自治体では、札幌市の南区以外の区域、石狩市、滝川市、江別市、北広島市、岩見沢市、旭川市、恵庭市などです。次いで10〜20%で低い自治体は、千歳市、札幌市南区、美唄市などです。

第3章 日本のヒトと自然のキャパシティ

GISマップ 北海道

北海道地方を学ぶ

●クーリング容量

　北海道地方全体では79.5％になりました。これは全国9地方のなかで6番目の容量で、関東地方、九州地方、東海地方に次いで低い数値です。みどりの大地としてのイメージからは意外な感じがしますが、畑や牧草地など樹木の森林以外の緑が多いのでしょう。また1級水系についての容量は、平均で82.4％、最大で93.2％、最小で73.0％になりました。天塩川、石狩川、釧路川、十勝川などの面積の大きい1級水系での容量が低い傾向にあります。

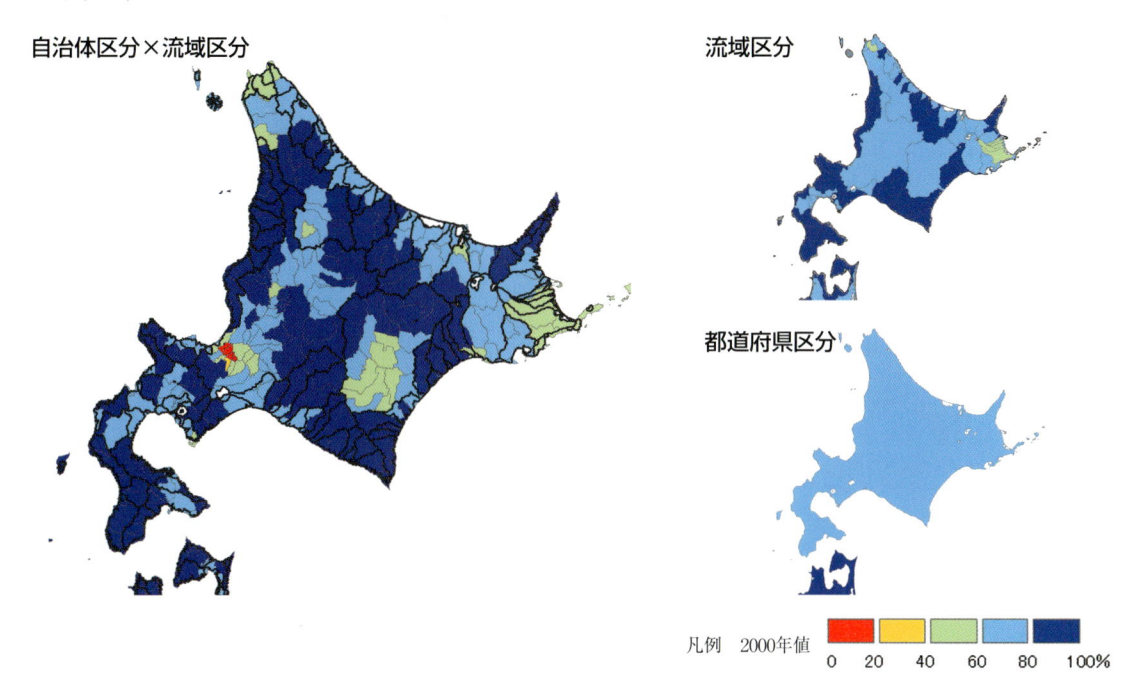

自治体区分×流域区分

流域区分

都道府県区分

凡例　2000年値　0　20　40　60　80　100％

石狩川流域のクーリング容量

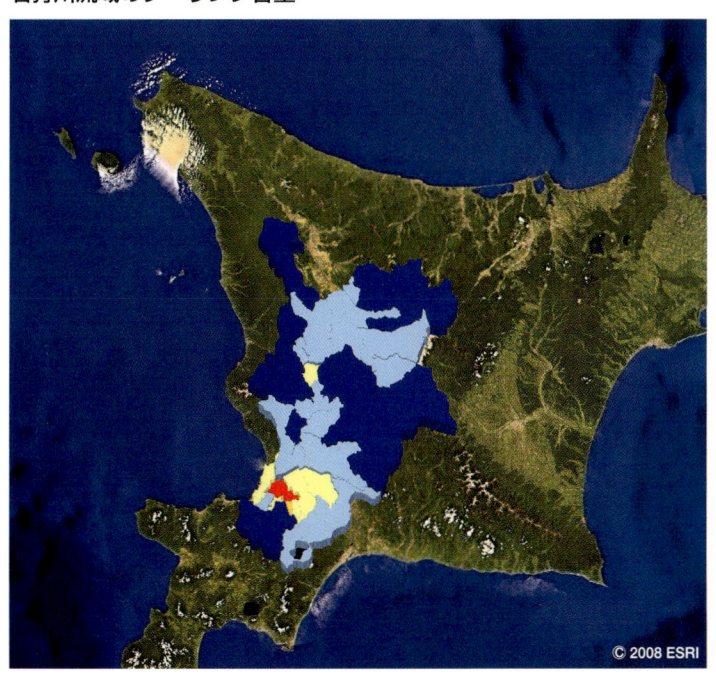

　石狩川流域全体では、クーリング容量は78.8％になりました。全国では1級水系全体の平均値は81.8％であり、全国73位にあたり、北海道地方では1級水系の平均値は82.4％であり、9位（13水系中）にあたります。また、石狩川流域に立地する自治体の容量値の平均は68.3％、最大値は93.0％、最小値は8.4％であり、容量値が25％以下と極めて低いのは、人口3万人以上の都市では、札幌市白石区、同東区、同厚別区、同北区などです。次いで25～50％で低い自治体は、札幌市豊平区、石狩市、札幌市手稲区、江別市、北広島市などです。

第3章　日本のヒトと自然のキャパシティ

GISマップ 北海道

北海道地方を学ぶ

●生活容量

北海道地方全体では243.7%になりました。これはダントツに高い容量で、2番目の東北地方を2倍以上はなしています。しかし高いとはいえ2.5倍ほどですから、日本全国を養うにはそう太いスネとはいえないようです。1級水系についての容量は、平均で631.8%、最大で1584.7%、最小で98.3%になっています。天塩川、尻別川、十勝川、釧路川などの面積の大きい流域でも400%以上であり、最大流域の石狩川も最も低い容量ですが100%弱を保っています。

自治体区分×流域区分

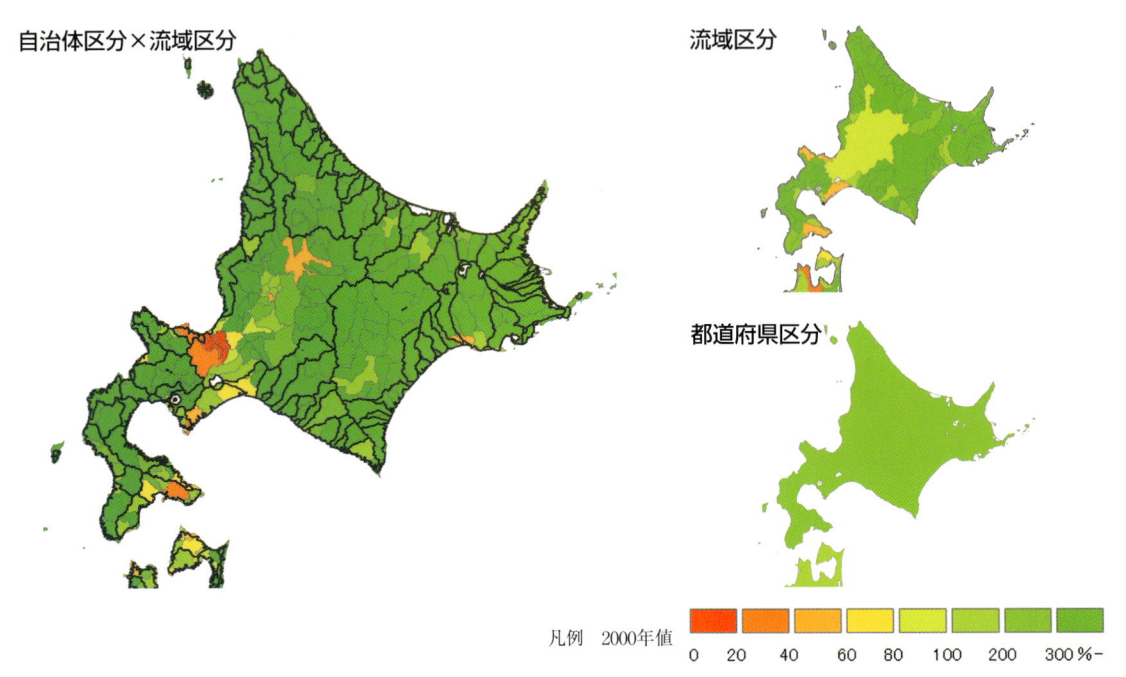

流域区分

都道府県区分

凡例　2000年値　0　20　40　60　80　100　200　300%-

石狩川流域の生活容量

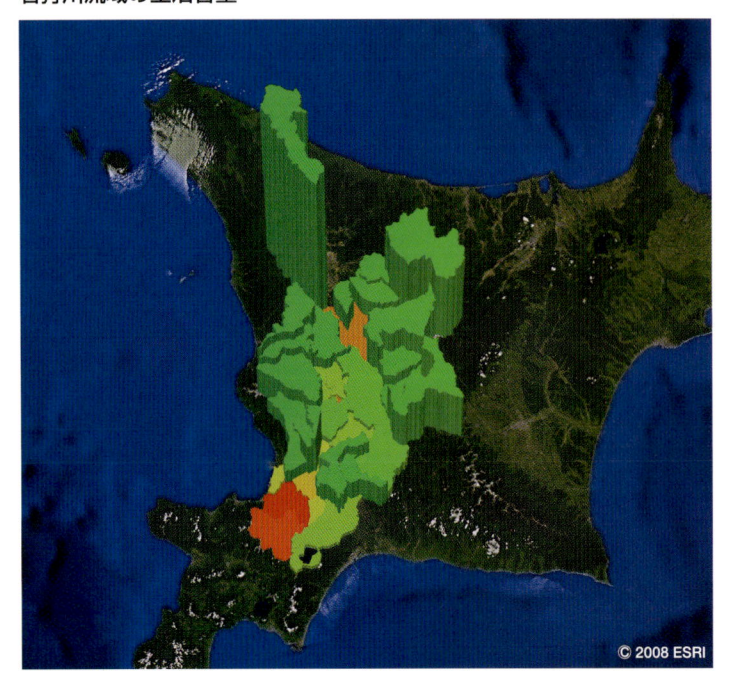

石狩川流域全体では、生活容量は98.3%になりました。全国では1級水系全体の平均値は156.7%であり、全国48位にあたり、北海道地方では1級水系の平均値は631.8%であり、13位(13水系中)にあたります。また、石狩川流域に立地する自治体の容量値の平均は539.0%、最大値は4,608.8%、最小値は7.7%であり、容量値が25%以下と極めて低いのは、札幌市の南区を除く市域です。次いで25～50%で低い自治体は、札幌市南区などです。50～100%には、人口3万人以上の市では、旭川市、江別市、北広島市、岩見沢市、石狩市などが入っています。

© 2008 ESRI

北海道地方を学ぶ

GISマップ
北海道

●水資源容量

　北海道地方全体では998.8%になりました。これは全国9地方のうち最も高い容量で、需要量の10倍ちかくも有し頼もしい限りです。2位、3位には僅差で、北陸・甲信越地方、四国地方が続いています。1級水系についての容量は、平均で3,629.6%、最大で10,793.3%、最小で336.8%になっています。天塩川、尻別川、十勝川、釧路川などの面積の大きい流域でも1000～4500%を保持しており、最大流域の石狩川も最も低い容量ですが300%以上を保っています。

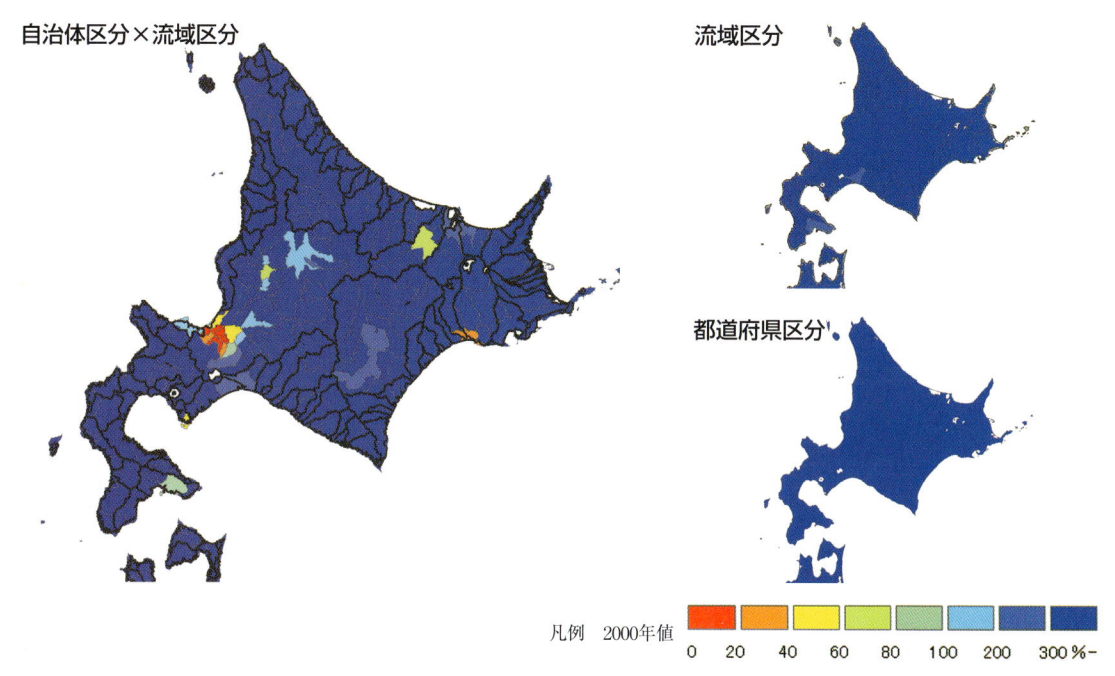

自治体区分×流域区分

流域区分

都道府県区分

凡例　2000年値　0　20　40　60　80　100　200　300%-

石狩川流域の水資源容量

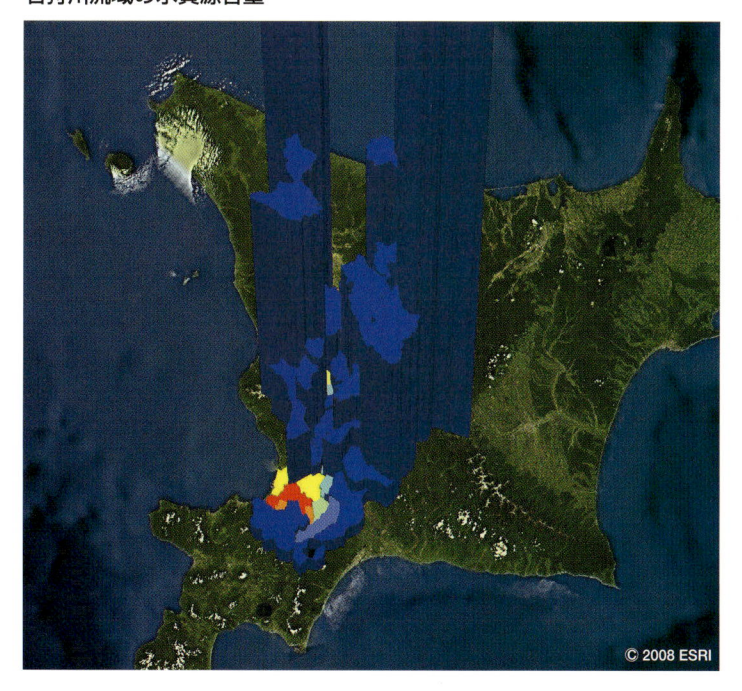

　石狩川流域全体では、水資源容量は336.8%になりました。全国では1級水系全体の平均値は1,575.5%であり、全国86位にあたり、北海道地方では1級水系の平均値は3,629.6%であり、13位(13水系中)にあたります。また、石狩川流域に立地する自治体の容量値の平均は2,419.0%、最大値は39,567.6%、最小値は1.2%であり、容量値が25%以下と極めて低いのは、人口3万人以上の都市では、札幌市の南区と清田区を除く市域です。次いで25～50%で低い自治体は、札幌市清田区、江別市などです。50～100%には、石狩市、滝川市、北広島市などが入っています。

第3章　日本のヒトと自然のキャパシティ

GISマップ 北海道

北海道地方を学ぶ

●木材資源容量

北海道地方全体では290.9%になりました。これは全国9地方のなかで最も高い値です。需要量の3倍近くを持っており、2位には東北地方が入っています。1級水系についての容量は、平均値で1,262.8%、最大値で4,552.2%、最小値で87.3%となっています。天塩川、尻別川、十勝川などの面積の大きい流域でも900～600%を保持しており、最大流域の石狩川も最も低く需給容量を割っていますが90%弱を保っています。

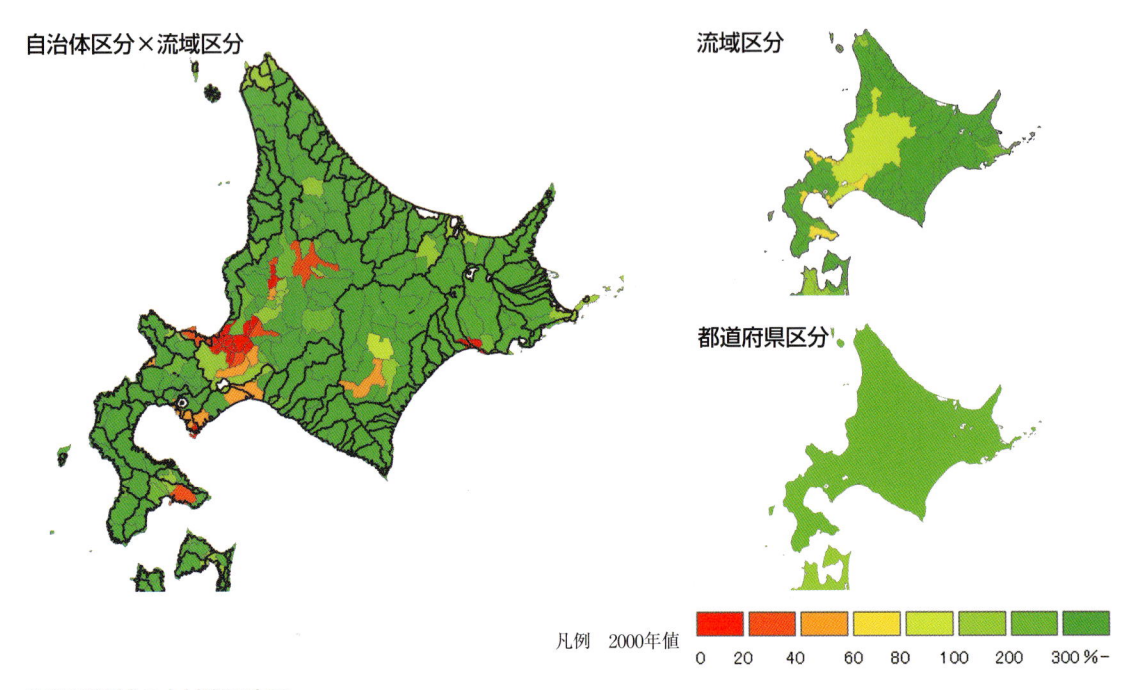

自治体区分×流域区分

流域区分

都道府県区分

凡例　2000年値　0　20　40　60　80　100　200　300%-

石狩川流域の木材資源容量

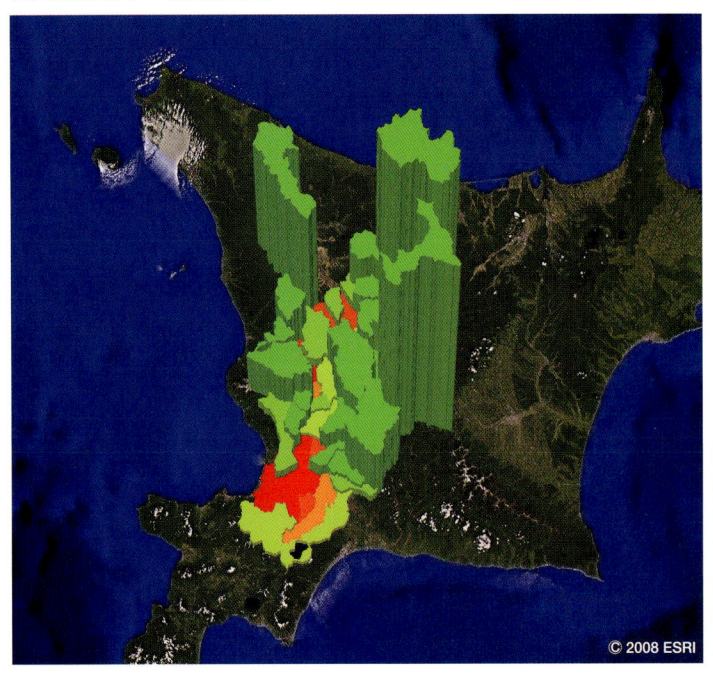

石狩川流域全体では、木材容量は87.3%になりました。全国では1級水系全体の平均値は369.3%であり、全国83位にあたり、北海道地方では1級水系の平均値は1,262.8%であり、13位（13水系中）にあたります。また、石狩川流域に立地する自治体の容量値の平均は540.5%、最大値は5,860.8%、最小値は0.0%であり、容量値が25%以下と極めて低いのは、人口3万人以上の都市では、札幌市の南区を除く市域、石狩市、滝川市、江別市、北広島市などです。次いで25～50%で低い自治体は、岩見沢市、旭川市などです。50～100%には、恵庭市が入っています。

GISマップ 北海道

北海道地方を学ぶ

地方区分の環境容量

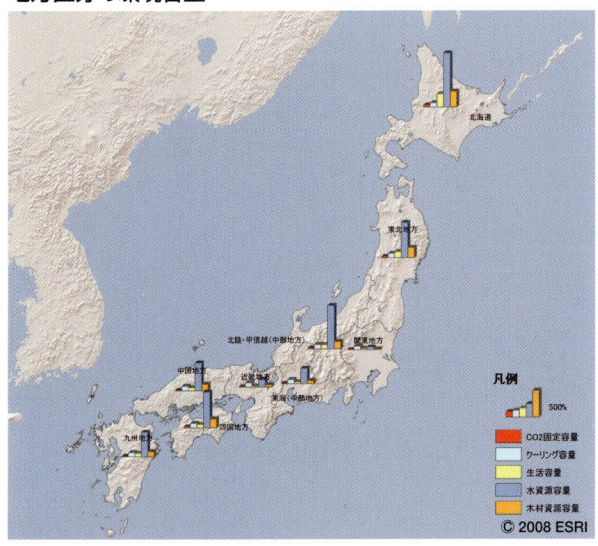

都道府県区分の環境容量

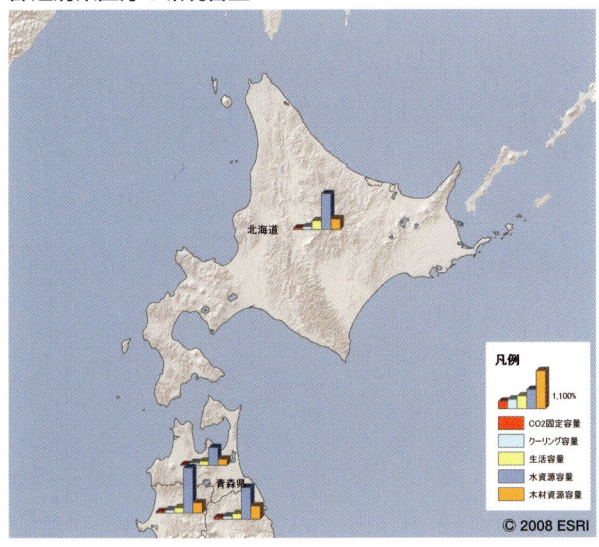

●北海道地方からのイメージ

　北海道地方全体の環境容量は、CO_2固定容量が38.5%、クーリング容量が79.5%、生活容量が243.7%、水資源容量が998.8%、木材資源容量が290.9%になりました。総人口は約568万人。人口密度は68.1人/km^{2}です。

　また、地方区分および都道府県区分での環境容量の5指標値を左のGISグラフに示しています。

　特徴としてあげられるのは、やはり240%以上ある高い生活容量でしょう。単純に計算すると、1,350万人ぐらいまでは自給自足できるということになり、800万人ぐらいは、全国の人口過密地域から移り住んでも大丈夫ということになります。800万人というのは、約4,200万人を有する関東地方の人口の約19%、関西地方の約38%、中国地方を上回り、四国地方の2倍弱というスケールにあたります。また、東京23区の人口、約850万人に匹敵するものです。わが国の高度経済成長が始まったころ、地方から多くの就職者が都会へと移り住みましたが、その結果、農山村の衰退や食料自給率の低下を招く要因を作ってしまいました。これからの数十年は、計画的に土地利用や人口や産業、また、就労構成を見直すことが必要になるのではないでしょうか。

第3章 日本のヒトと自然のキャパシティ

あそびを通じた環境再考

著名な環境保護組織シェラ・クラブができて、すでに110年になります。ジョン・ミュアが1892年にサンフランシスコで発足させたものです。時のルーズベルト大統領に進言し、ヨセミテ国立公園をはじめ、世界の多くの大自然を今に残す母体になったこの様なクラブを身近にもち、環境保全が自然にうけいれられる国をうらやましく思うのは私だけではないでしょう。

しかし、一方、わが国においても、四季おりおりの豊かな自然に対する自然観は、古くから、俳句、華道、茶道、作庭等の世界に類をみない手法で表現され、国際的にも高い評価を得ています。

このように、自然観のあらわれというのは、各国で様々のようですが、シェラ・クラブの偉大さは、科学や自然観の公共化・パブリシティにあったのではないかと思われます。同クラブも最初は山岳会、あそびのクラブだったとのことですが、自然の中でのあそびを通じた体験を社会に還元したことにより、あそびに公共性・パブリシティをもたせることができる様になったと思われます。

事実、偉大な発明や発見の多くは、ヒトと自然の親密なかかわりのなかでもたらされたものであることからも、自然の偉大さは計り知れませんが、ほんとうは、発明・発見という特別なことより、自分たちの毎日の生活に還元し、かかわる社会に還元することの方が意味深いのかもしれません。

環境は、二方向からのアプローチが一体化することにより、はじめて、美しく保たれると思います。ひとつは、学者や研究者による専門的な、学際的な努力。そして、もうひとつは、私たち一般社会人の科学的な自然観の育成だと思います。科学的な自然観を育てるものとしては、教育期間中の環境学習。そして、社会人になってからの自然とのかかわりが考えられますが、冷静に考えてみると、社会人が自然とかかわれるのは、特別な場合をのぞいて、あそびの時以外にはないのかもしれません。逆に考えれば、あそびの時の自然とのかかわりのみが、社会人の自然観を決定づけている。と言えるのではないでしょうか。こうして考えてみると、私たち社会人は、あそびと自然観の関連、そして、それを社会の資産として公共化することについて、もう少しきちっと、再考してみる必要があるのかもしれません。もちろん環境保全という知的な方法も大切ですが、ある種の環境（自然）を大切にする心（社会）、環境（自然）を育てていく心（社会）というものは、あそびを理解した国民やまじめにあそんだ国民のみが結果として与えられるものなのかもしれません。

21世紀は余暇の時代、ともいわれ、国民の祝日を月曜日にしたり、小学生が週5日制になったことからも余暇時間の増加が期待できます。しかし、もし、その時になっても、私たちの余暇時間が、自然とあそびについて、公共性のあるコンセプトが定まらないまま消費されていくとすれば、それは、とりもなおさず、地球の自然と、ヒトの心の荒廃を意味するものでしょう。

もし、あそびをレクリエーションと考えるなら、リ・クリエイト・再び創造すると理解することができ、絶え間のない創造のためのフィードバックシステムとしてのあそびのあり方が発見できるかもしれません。誰にも平等なあそびを通じて、自分たちの社会をより良くすることができ、次の世代にのこすことができたら、こんなにすばらしいことはありません。

ミュアも、110年前シェラ・クラブにこんなことを託したのかもしれません。

シェラクラブカップ・ブライアン

2) 東北地方を学ぶ

都道府県区分

流域区分

●地方の概要と主要流域

東北地方は青森県、岩手県、宮城県、秋田県、山形県、福島県の6県で構成されています。総面積は約6万6,900km²、総人口は約982万人、人口密度は146.8人/km²です。日本の総面積（約37万7,800km²）の17.7%、総人口（約1億2,700万人）の7.7%、平均人口密度（336人/km²）の43.7%にあたります。

東北地方には12の1級水系があります。また、1,500km²以上の面積を持つ流域は、

- 岩木川（いわきがわ）　　2,542km²
- 馬淵川（まべちがわ）　　2,050km²
- 北上川（きたかみがわ）　10.152km²
- 阿武隈川（あぶくまがわ）5,400km²
- 米代川（よねしろがわ）　4,348km²
- 雄物川（おものがわ）　　4,711km²
- 最上川（もがみがわ）　　7,050km²

などの7流域です。面積の大きな流域が多いのが特徴といえます。

最大流域の北上川（きたかみがわ）は、10.152km²の流域面積を持ち、全国4位の流域面積です。流域内人口も約139万人であり阿武隈川水系とともに最大人口を有しています。人口3万人以上の都市では、盛岡市、石巻市、北上市、花巻市、古川市、一関市、水沢市、滝沢村、江刺市、紫波町などが立地しています。

※参考文献　国土交通省2007：総務省2000

●CO₂固定容量

　東北地方全体では25.0%になりました。これは全国9地方の中で2位の容量であり、北海道地方に次いでいます。森林資源の豊かな東北地方でも4分の1しか固定できないというのはちょっと寂しい気がします。1級水系についての容量は、平均値で29.9%、最大値で72.9%、最小値で4.1%になりました。残念ながら100%を超える1級水系はなくなりましたが、4,000km²以上の流域面積を持つ米代川が最大容量の72.9%を持っています。最大流域の北上川や雄物川も30%弱の容量を保持しています。

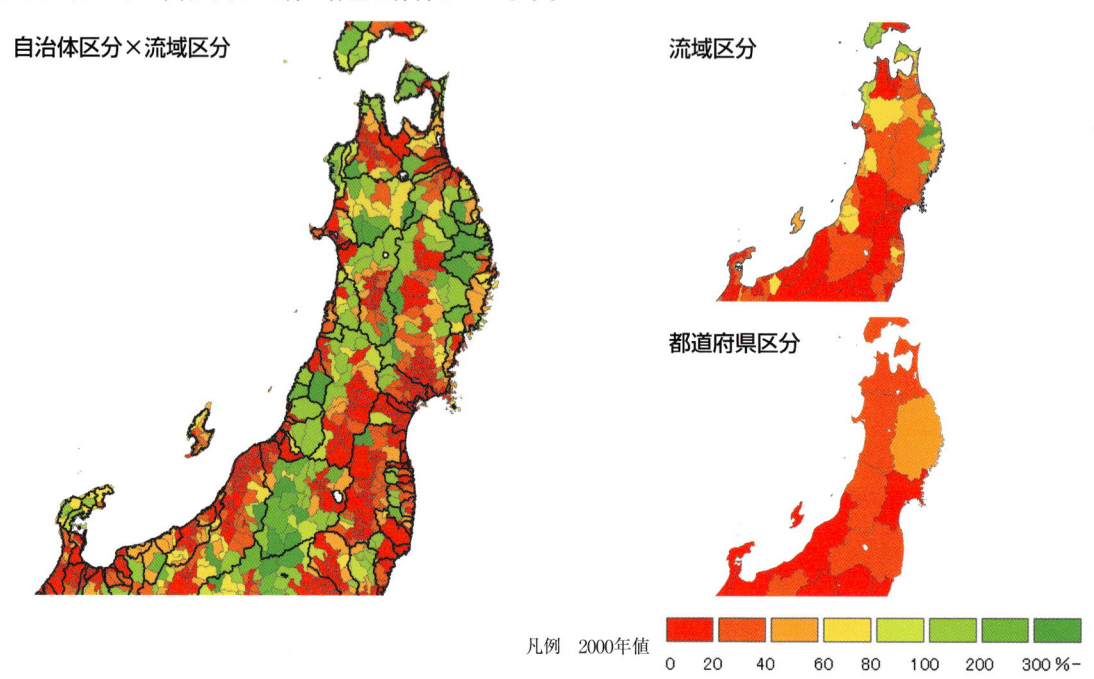

自治体区分×流域区分

流域区分

都道府県区分

凡例　2000年値　0　20　40　60　80　100　200　300%−

北上川流域のCO₂固定容量

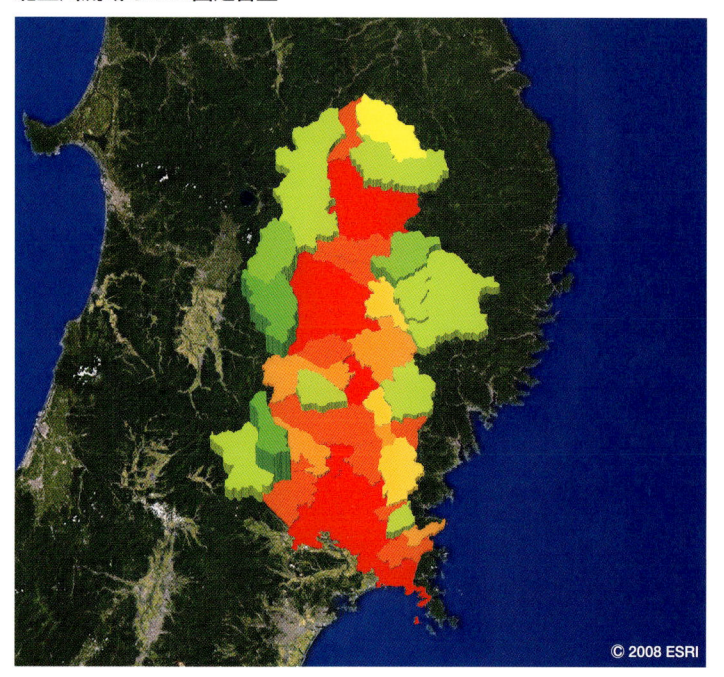

　北上川流域全体では、CO₂固定容量は28.2%になりました。全国では1級水系全体の平均値は48.9%であり、全国52位にあたり、東北地方では1級水系の平均値は29.9%であり、6位（12水系中）にあたります。また、北上川流域に立地する自治体の容量値の平均は58.9%、最大値は535.7%、最小値は0.1%であり、容量値が10%以下と極めて低いのは、人口3万人以上の都市では、古川市、水沢市、石巻市、盛岡市、滝沢村などです。次いで10〜20%で低い自治体は、北上市、花巻市などです。

第3章　日本のヒトと自然のキャパシティ

GISマップ
東北

東北地方を学ぶ

● クーリング容量

　東北地方全体では83.8%になりました。9地方の中で真中ぐらいの値で森が多いイメージからすると低い値かも知れません。北海道と同じく生産緑地が多いことが原因でしょう。1級水系についての容量は、平均値で81.5%、最大値で90.5%、最小値で73.1%となりました。多くの大型の1級水系でも80%以上の容量を持っていますが、阿武隈川や岩木川では80%を割り東北地方では低い容量になっています。

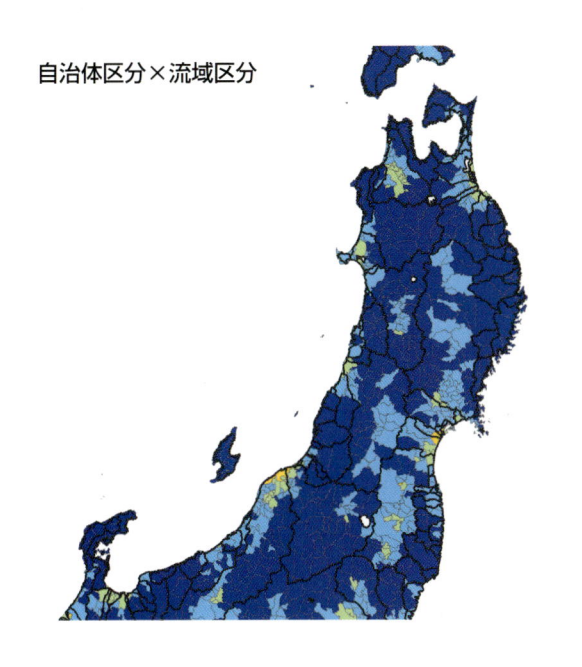

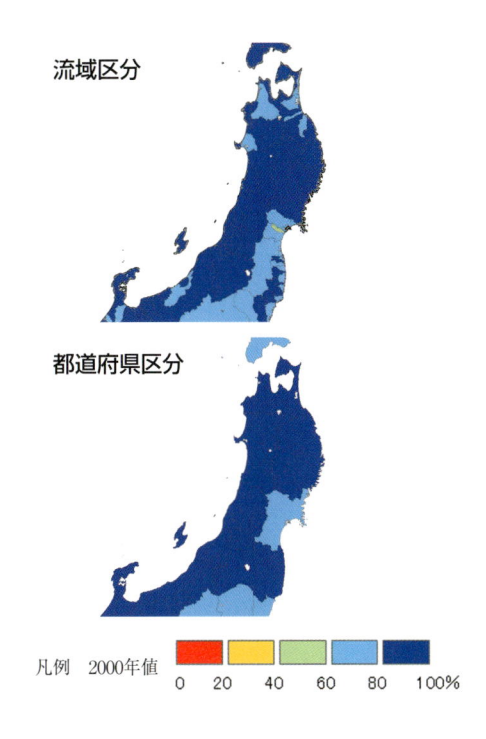

自治体区分×流域区分

流域区分

都道府県区分

凡例　2000年値　0　20　40　60　80　100%

北上川流域のクーリング容量

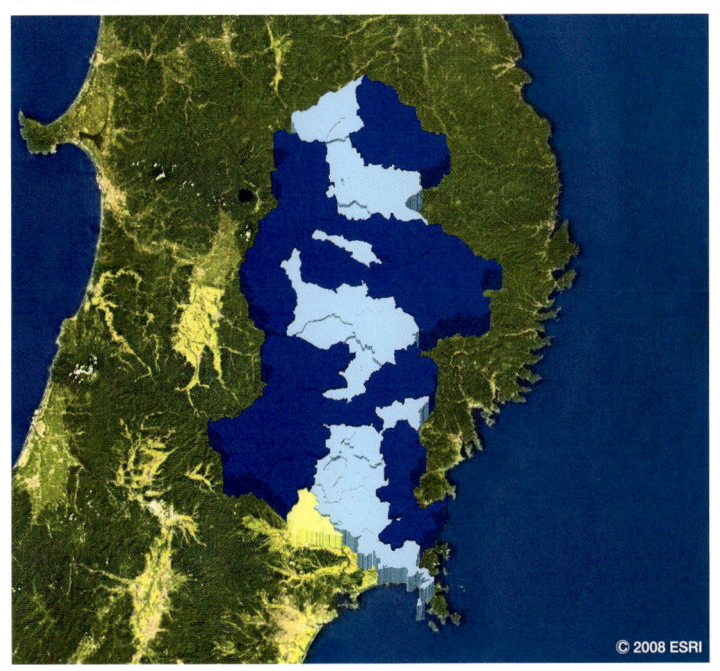

　北上川流域全体では、クーリング容量は81.9%になりました。全国では1級水系全体の平均値は81.8%であり、全国63位にあたり、東北地方では1級水系の平均値は81.5%であり、7位（12水系中）にあたります。また、北上川流域に立地する自治体の容量値の平均は77.3%、最大値は94.4%、最小値は56.2%であり、容量値が60%以下と極めて低いのは、人口3万人以上の都市では、古川市です。次いで60～70%で低い自治体は、水沢市、滝沢村などです。70～80%には、石巻市、盛岡市、江刺市、北上市などです。

第3章 日本のヒトと自然のキャパシティ

GISマップ 東北

東北地方を学ぶ

●生活容量

　東北地方全体では113.8%になりました。9地方の中では北海道に次いで2位にあたり、北海道以外では唯一の自給可能な容量を持っています。1級水系についての容量は、平均で148.2%、最大で303.3%、最小で26.3%になりました。最大流域の北上川をはじめ、流域面積1,500km²以上の大型流域すべてで容量値100%以上を保持しています。1級水系では名取川が26.3%と唯一100%以下の低い値を示しています。

自治体区分×流域区分

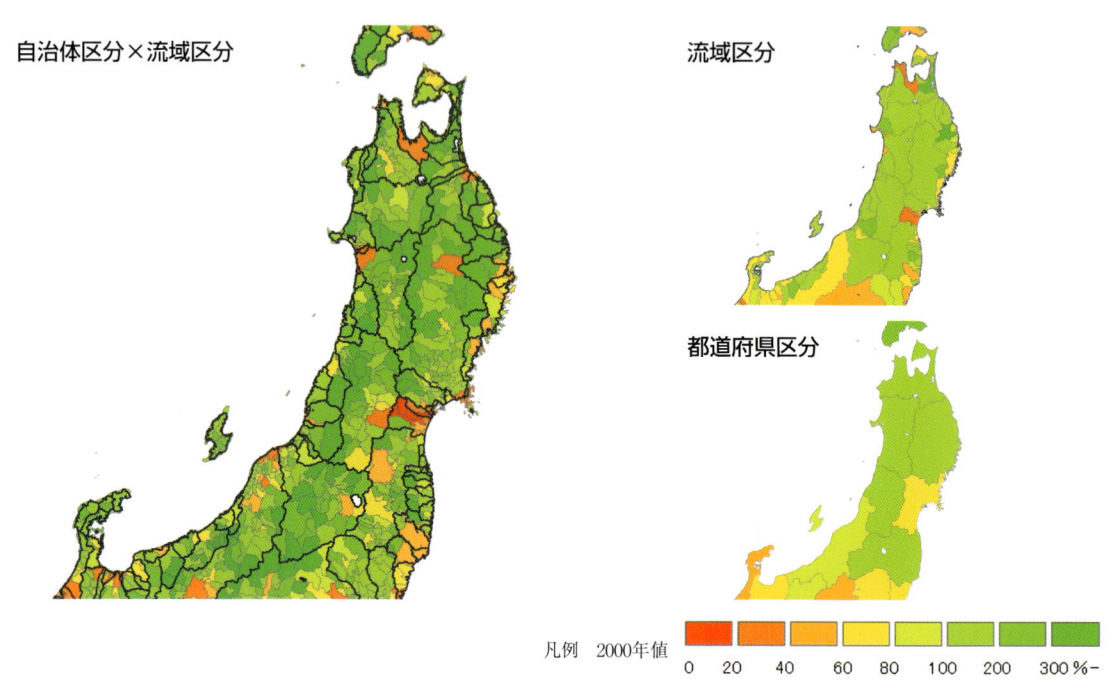

流域区分

都道府県区分

凡例　2000年値　0　20　40　60　80　100　200　300%-

北上川流域の生活容量

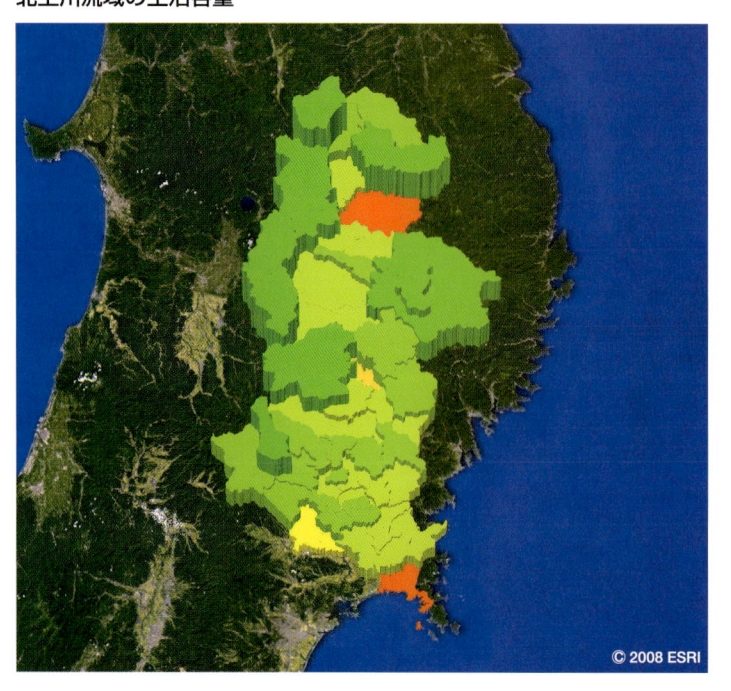

　北上川流域全体では、生活容量は151.0%になりました。全国では1級水系全体の平均値は156.7%であり、全国25位にあたり、東北地方では1級水系の平均値は148.2%であり、5位（12水系中）にあたります。また、北上川流域に立地する自治体の容量値の平均は232.1%、最大値は692.6%、最小値は25.4%であり、容量値が25%以下と極めて低い自治体は存在しません。25～50%で低い自治体は、人口3万人以上の都市では、石巻市、盛岡市などです。次いで50～100%の自治体は、水沢市、古川市などです。

第3章 日本のヒトと自然のキャパシティ

東北地方を学ぶ

GISマップ
東北

●水資源容量

東北地方全体では699.4%になりました。9地方中、北海道地方、北陸・甲信越地方、四国地方に次いで4位の容量を有しています。1級水系についての容量は、平均で953.0%、最大で2,388.7%、最小で102.8%になっています。米代川と雄物川では1,000%以上、その他の大型流域でも400〜800%の高い容量を持っていますが、阿武隈川では250%強の少し低い値になっています。また名取川ではほぼ自給ラインになっています。

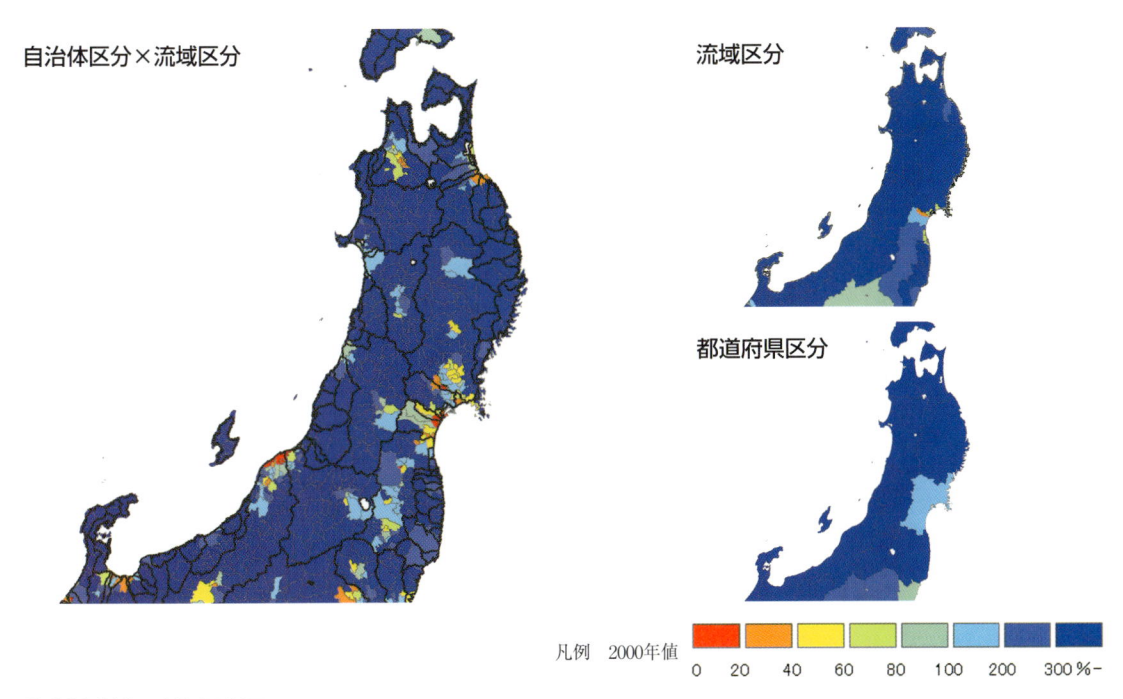

自治体区分×流域区分

流域区分

都道府県区分

凡例　2000年値　0　20　40　60　80　100　200　300%−

北上川流域の水資源容量

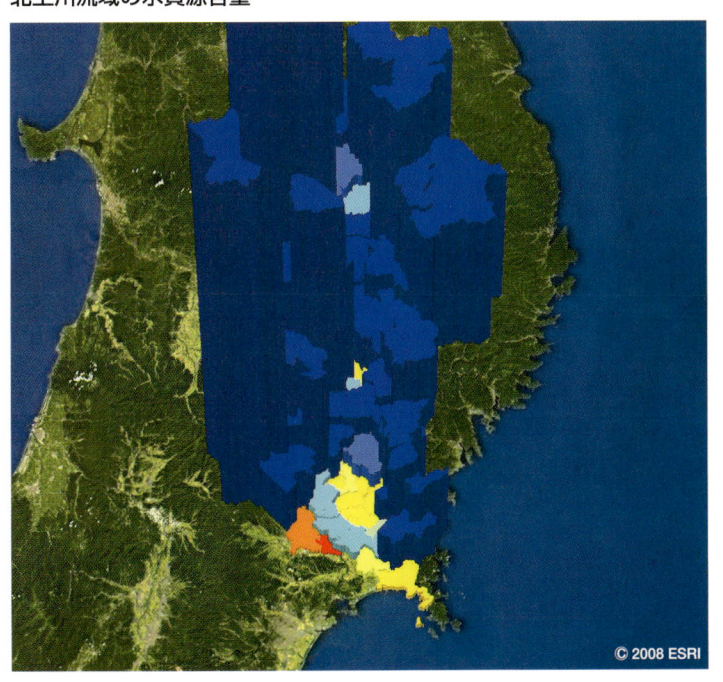

北上川流域全体では、水資源容量は623.3%になりました。全国では1級水系全体の平均値は1,575.5%であり、全国62位にあたり、東北地方では1級水系の平均値は953.0%であり、7位（12水系中）にあたります。また、北上川流域に立地する自治体の容量値の平均は1,481.9%、最大値は14,532.7%、最小値は19.1%であり、容量値が50%以下と極めて低いのは、人口3万人以上の都市では、古川市、水沢市などです。次いで50〜100%で低い自治体は、石巻市です。

第3章 日本のヒトと自然のキャパシティ

GISマップ 東北 — 東北地方を学ぶ

●木材資源容量

東北地方全体では188.6%になりました。北海道地方の290.9%に次いで2番目の容量を有しています。1級水系についての容量は、平均で225.7%、最大で550.1%、最小で31.2%になっています。最大流域の北上川も200%以上の容量を有し、多くの1級水系は、100～500%強の高い容量を持っていますが、阿武隈川では90%強、名取川では30%強の比較的低い容量になっています。

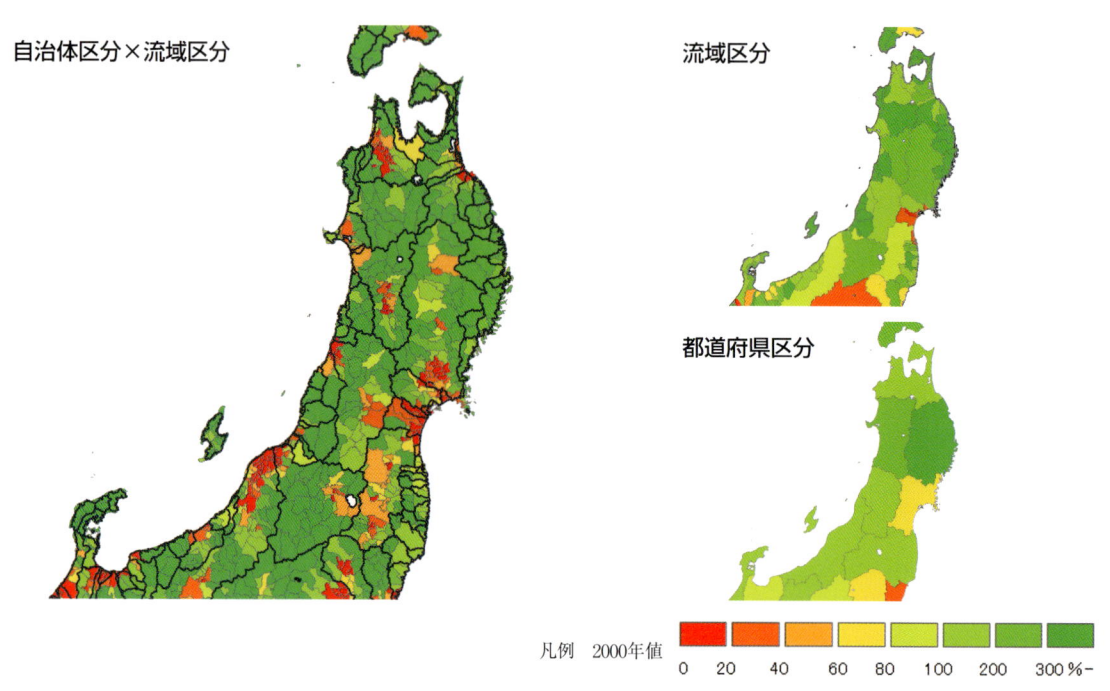

自治体区分×流域区分

流域区分

都道府県区分

凡例　2000年値　0　20　40　60　80　100　200　300%-

北上川流域の木材資源容量

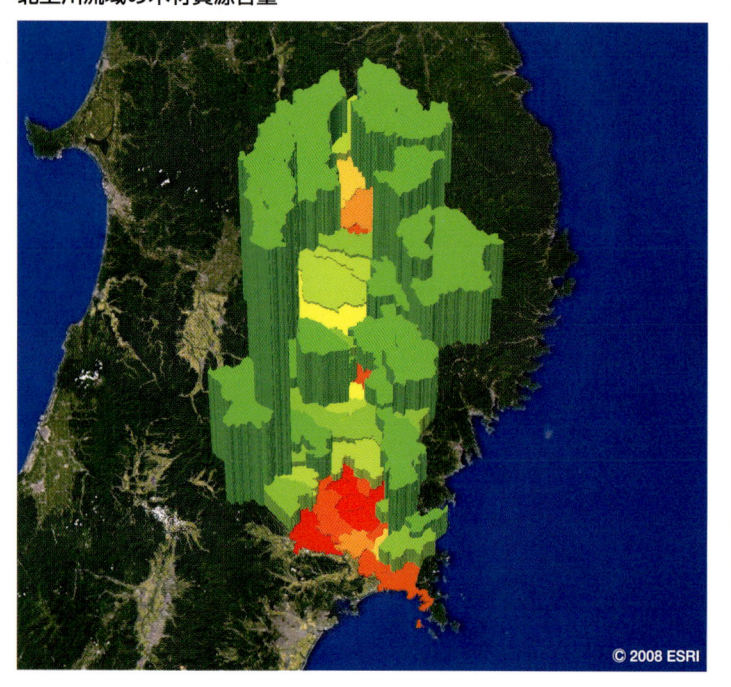

北上川流域全体では、木材容量は213.2%になりました。全国では1級水系全体の平均値は369.3%であり、全国52位にあたり、東北地方では1級水系の平均値は225.7%であり、6位（12水系中）にあたります。また、北上川流域に立地する自治体の容量値の平均は444.9%、最大値は4,045.0%、最小値は0.4%であり、容量値が25%以下と極めて低いのは、人口3万人以上の都市では、古川市、水沢市などです。次いで25～50%で低い自治体は、石巻市、50～100%には、盛岡市、滝沢村、北上市などが入っています。

第3章　日本のヒトと自然のキャパシティ

東北地方を学ぶ

GISマップ 東北

地方区分の環境容量

都道府県区分の環境容量

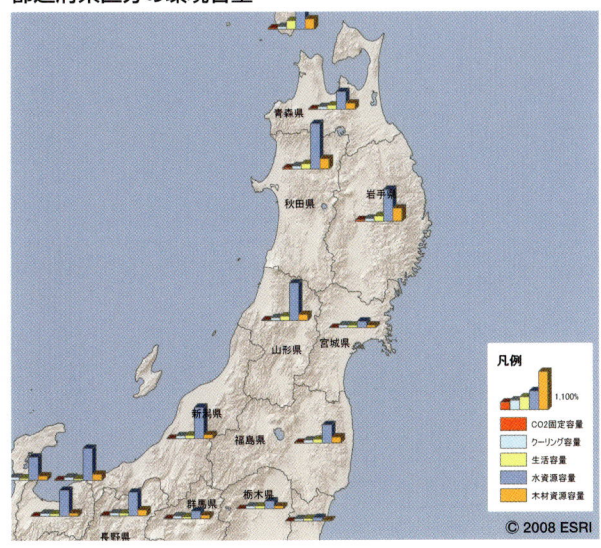

●東北地方からのイメージ

東北地方全体の環境容量は、CO_2固定容量が25.0%、クーリング容量が83.8%、生活容量が113.8%、水資源容量が699.4%、木材資源容量が188.6%になりました。総人口は約982万人。人口密度は146.8人/km²です。

また、地方区分および都道府県区分での環境容量の5指標値を左のGISグラフに示しています。

東北地方も北海道地方と並び、自給可能な生活容量を持っていることが特徴です。100%強の生活容量を有している地方ということで、自給自足のモデル地方として、将来の日本を考えるきっかけになる地方ではないでしょうか。また、計算上では、約1,070万人ぐらいまでは自給自足が可能であり、約130万人ぐらいは全国から移り住んでも大丈夫ということになります。30〜50万人規模の大都市が数か所分の人口にあたり、現在の日本の総人口の約1%弱に相当します。地方区分でとらえた場合、生活容量が100%を超える地方は北海道地方と東北地方のみで、北海道地方の約800万人と合わせると約930万人を養えることになります。人口の減少時代をむかえた時の日本の総人口の約10%にもあたり、2地方のあり方は、将来の日本を考えるうえで重要です。

第3章 日本のヒトと自然のキャパシティ

お父さん、お母さん、先生へ、総合的な科学学習のすすめ

　ヒトの心を保ち、科学の目で自然と接し、学びましょう。そして、生活しましょう。

　年々、子どもたちが自然とふれあう機会が少なくなっています。子どもたちと共に自然に接し、自然の息吹を肌で感じましょう。

　子どもたちが幼稚園や保育園で習ってきたこと、また、6年間、小学校で先生に習った理科や算数や国語や社会、それに、音楽など、また、中学校で学ぶ事など、すべては、自然が基になっています。昔、人々は自然をくわしく知ろうとしましたが、自然はあまりにも大きくて、複雑なため、自然をいくつかに分けて勉強しようとしたのです。その時の分け方が国語や算数、理科などだったのではないでしょうか。

　子どもたちは、先生に教科毎にわかりやすく教わっているため、それぞれについては、私たちの子どものころ以上によく知っていますが、残念なことに、全教科を一つのものとして考える機会が知らないうちに少なくなっていると思います。それは、自然がどんどん無くなり、子どもたちが自然と接し、自然と遊ぶ機会が少なくなっているからです。

　こんな訳で、私は、子どもたちがお父さんやお母さんに山や川や海など、自然の中にどんどん連れていってもらって、教わったいろんなことを合体させる機会をもっともっと作ってほしいと思っています。

　例えば、私が暮らしている奈良にも、近くに、すばらしい自然があります。ここで生まれ、育ち、ノーベル賞を受けた方もおられます。

　福井謙一博士ですが、博士は奈良の押熊に生まれ春日山原始林で自然と遊び、学んだそうです。春日山原始林は、シカのいる奈良公園の奥にあり、1998年にユネスコの世界遺産リストに登録されましたが、森林の中でも、もっとも進化した森林で、極相林・クライマックスフォレストといいます。奈良にはこのような貴重な森林がいくつかあります。

　福井謙一博士はこの原始林であそび、学ぶことにより、習ったいろんなことを一つにすることができ、ノーベル賞のもとになった、自然の原理を見つけだす創造性が知らないうちに身についたのだと講演で述べておられました。

　自然には、そんな偉大なちからが宿っています。しかし、残念なことに、かけがえのない大切な自然も年々少なくなって、地球全体の調子も悪くなってきています。後、何年ぐらい大丈夫なのか、みんなで心配しているところです。

　博士は、1998年、たいへん惜しまれ、亡くなられましたが、最後まで地球や子どもたちの未来を心配しておられました。そして、子どもたちには、教わったいろいろな知識を自然の中で、自分で組み立て、地球が再び元気になるような、新しい方法や生活の仕方を見つけてほしいと願っておられました。

　子どもたちが、みんなで、仲良く、自然に学び、自然と遊び、そして、おともだちやふるさと、また、環境や地球を大切にしていってほしいと思います。

春日山原始林・奈良県

3）関東地方を学ぶ

都道府県区分

流域区分

●地方の概要と主要流域

関東地方は茨城県、栃木県、群馬県、埼玉県、千葉県、東京都、神奈川県の1都6県で構成されています。総面積は約3万2,400km^2、総人口は約4,042万人、人口密度は1,246.8人/km^{2}です。日本の総面積（約37万7,800km^2）の8.6％、総人口（約1億2,700万人）の31.9％、平均人口密度（336人/km^2）の371.2％にあたります。

関東地方には7つの1級水系があります。また、1,500km^{2}以上の面積を持つ流域は、

・那珂川（なかがわ）　　3,270km^2
・利根川（とねがわ）　 16,840km^2
・荒川（あらかわ）　　 2,940km^2
・相模川（さがみがわ） 1,680km^2

などの4流域です。

最大流域の利根川（とねがわ）水系は、16,840 km^{2}の流域面積を持ち、わが国最大の流域面積です。流域内人口も約1214万人でありわが国最大の人口を有しています。文字通りわが国を代表し、関東地方の基盤ともいえる流域です。東京都、群馬県、栃木県、埼玉県、千葉県、茨城県、長野県の1都6県にまたがり、茨城県と長野県を除く、1都4県の都県庁が所在する都市などが立地しています。

※参考文献　国土交通省2007：総務省2000

GISマップ 関東

関東地方を学ぶ

● CO_2 固定容量

関東地方全体では2.1％になりました。これは極めて低い容量で9地方中最も低い容量です。CO_2排出量の50分の1しか固定しておらず、もはや排出量の50％とか80％の削減があまり意味を持たないことになってきます。地方レベルでは、関西地方が5.8％、東海地方が7.7％と容量ひとケタ地方がこれに続きます。1級水系についての容量は、平均で7.0％、最大で28.4％、最小で0.1％になりました。久慈川が30％弱、那珂川が10％強と関東地方では高い容量を持っていますが、それ以外の水系では、最大流域の利根川をはじめすべての1級水系でひとケタの容量値になっています。

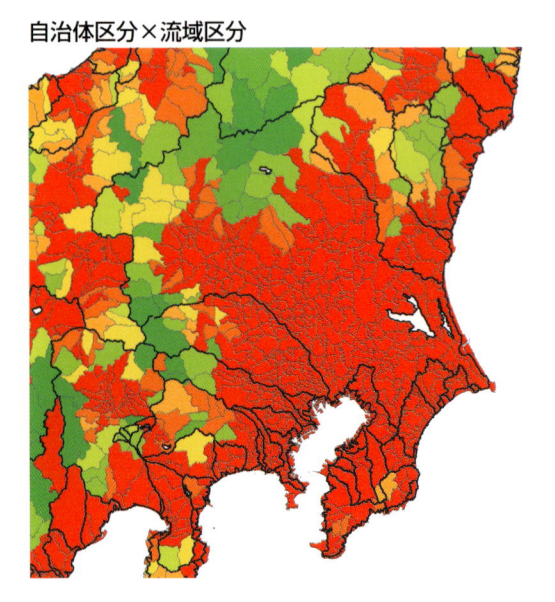

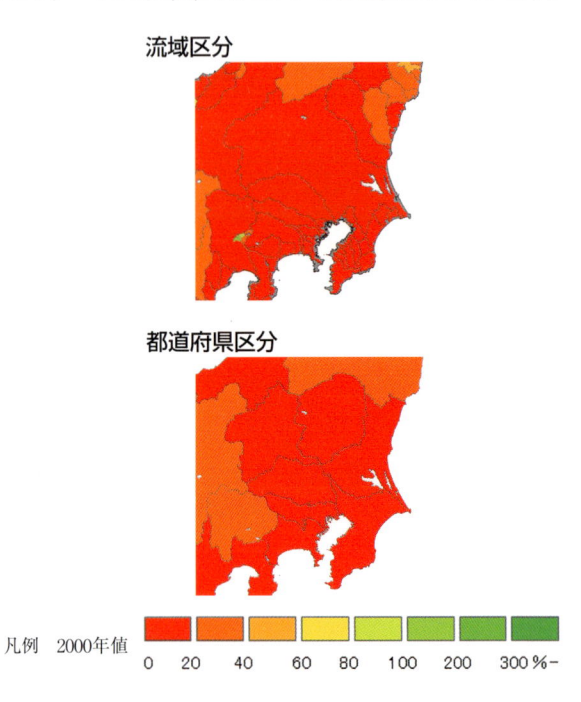

自治体区分×流域区分

流域区分

都道府県区分

凡例　2000年値　0　20　40　60　80　100　200　300％-

利根川流域のCO_2固定容量

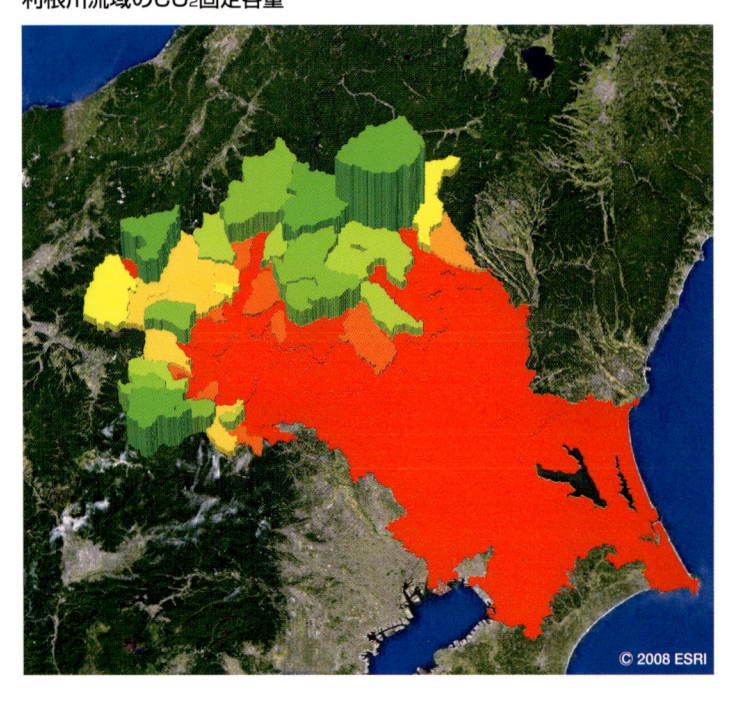

利根川流域全体では、CO_2固定容量は3.5％になりました。全国では1級水系全体の平均値は48.9％であり、全国101位にあたり、関東地方では1級水系の平均値は7.0％であり、4位（7水系中）にあたります。また、利根川流域に立地する自治体の容量値の平均は26.0％、最大値は862.9％、最小値は0.0％であり、容量値が5％以下の自治体が72.5％、20％以下の自治体が83.5％をしめ、大変低い容量といえます。100％以上の自治体も全自治体の7.1％にとどまっています。

第3章 日本のヒトと自然のキャパシティ

●クーリング容量

関東地方全体では64.4%になりました。全国の9地方中もっとも低い容量で、70%以下の地方はほかに存在しません。地表面の都市化が進みクーリング容量が大きく低下していると思われます。1級水系についての容量は、平均値が63.1%、最大値が84.8%、最小値が19.8%になりました。久慈川、那珂川、相模川では70%を超えていますが、最大流域の利根川の66.2%をはじめ、そのほかの1級水系では70%以下の容量で、都市河川の代表でもある鶴見川では20%を切っています。

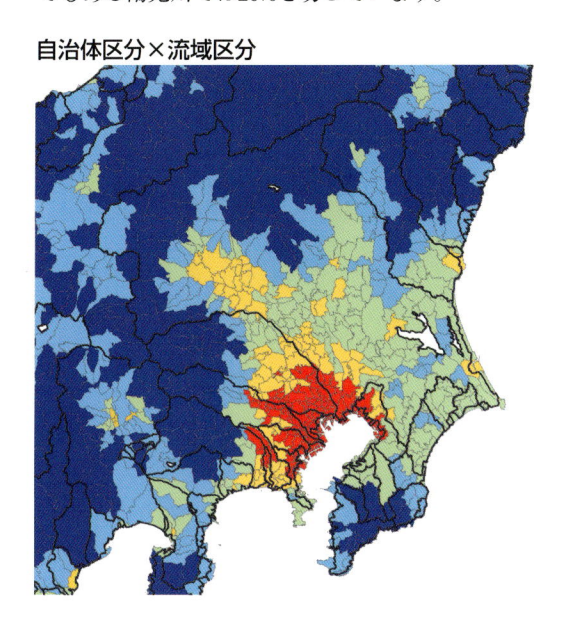

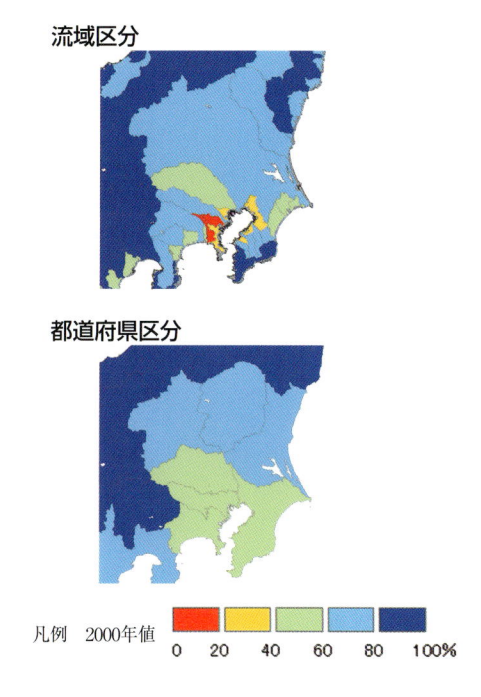

自治体区分×流域区分

流域区分

都道府県区分

凡例　2000年値　0　20　40　60　80　100%

利根川流域のクーリング容量

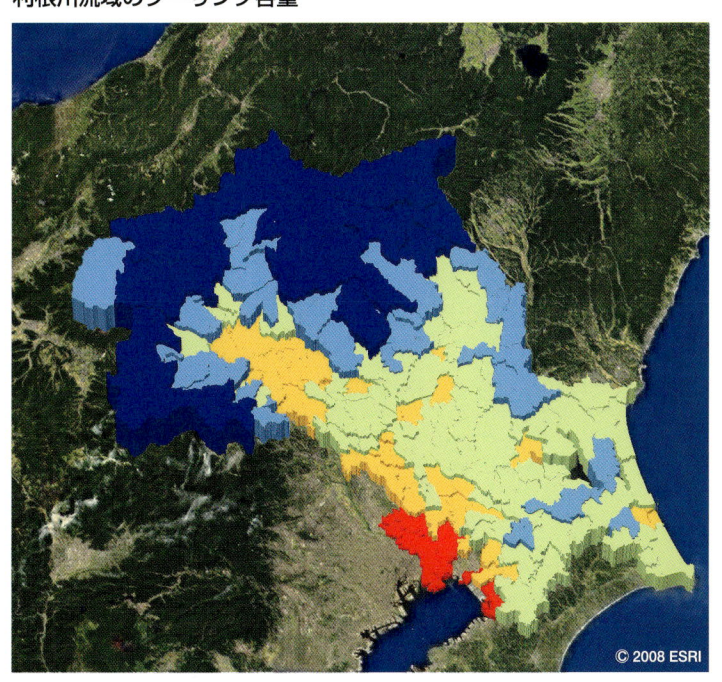

利根川流域全体では、クーリング容量は66.2%になりました。全国では1級水系全体の平均値は81.8%であり、全国102位にあたり、関東地方では1級水系の平均値は63.1%であり、4位（7水系中）にあたります。また、利根川流域に立地する自治体の容量値の平均は53.8%、最大値は97.5%、最小値は1.9%であり、容量値が25%以下の自治体が全自治体の6.7%、0〜50%の自治体が45.1%にもおよんでいます。

GISマップ 関東

関東地方を学ぶ

●生活容量

　関東地方全体では24.2%になりました。自給可能人口のほぼ4倍が生活していることになります。全国の9地方中では、関西地方の21.5%に次いで2番目に低い容量です。1級水系についての容量は、平均値が38.2%、最大値が91.6%、最小値が7.1%になりました。久慈川、那珂川では自給ラインに近い90%を保持しています。荒川、多摩川、鶴見川ではひとケタ容量で、相模川では20%弱と極めて低い容量ですが、最大流域の利根川では42.3%を保持しています。

自治体区分×流域区分

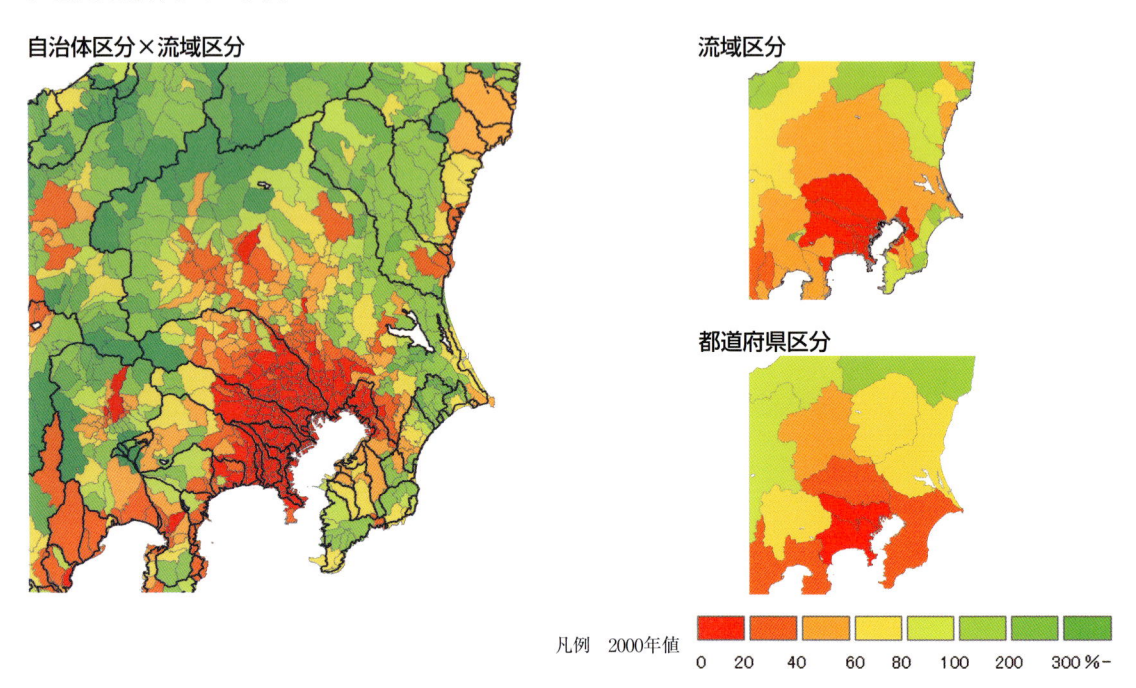

流域区分

都道府県区分

凡例　2000年値　0　20　40　60　80　100　200　300%-

利根川流域の生活容量

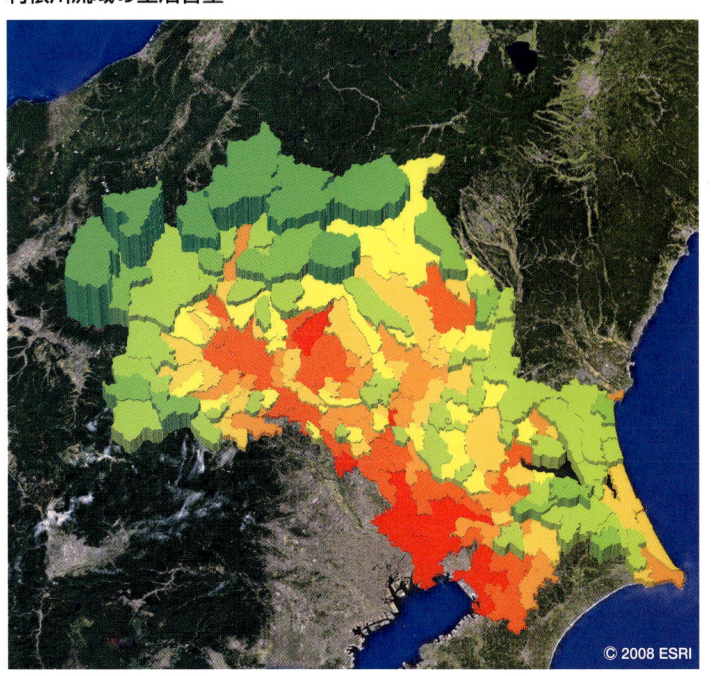

　利根川流域全体では、生活容量は42.3%になりました。全国では1級水系全体の平均値は156.7%であり、全国94位にあたり、関東地方では1級水系の平均値は38.2%であり、3位（7水系中）にあたります。また、利根川流域に立地する自治体の容量値の平均は93.2%、最大値は673.9%、最小値は4.0%であり、容量値が25%以下の自治体が14.9%、0〜50%の自治体が32.2%をしめている。しかし容量値が100%以上の自治体も全体の32.9%をしめ、大きな地域格差を示しています。

© 2008 ESRI

第3章 日本のヒトと自然のキャパシティ

関東地方を学ぶ

GISマップ
関東

●水資源容量

関東地方全体では52.1%になりました。これは極めて低い値で需要量の半分しか水資源はないということになります。もちろん9地方中で最も低い値で、関西地方の172.1%がこれに次いでいます。1級水系についての容量は、平均値が142.0%、最大値が477.3%、最小値が4.3%になりました。久慈川の477.3%、那珂川の260.8%、相模川の126.7%は自給ラインを超えていますが、最大流域の利根川の80%強をはじめ、荒川、多摩川、鶴見川では25～5%ぐらいと極めて低い状況です。

自治体区分×流域区分

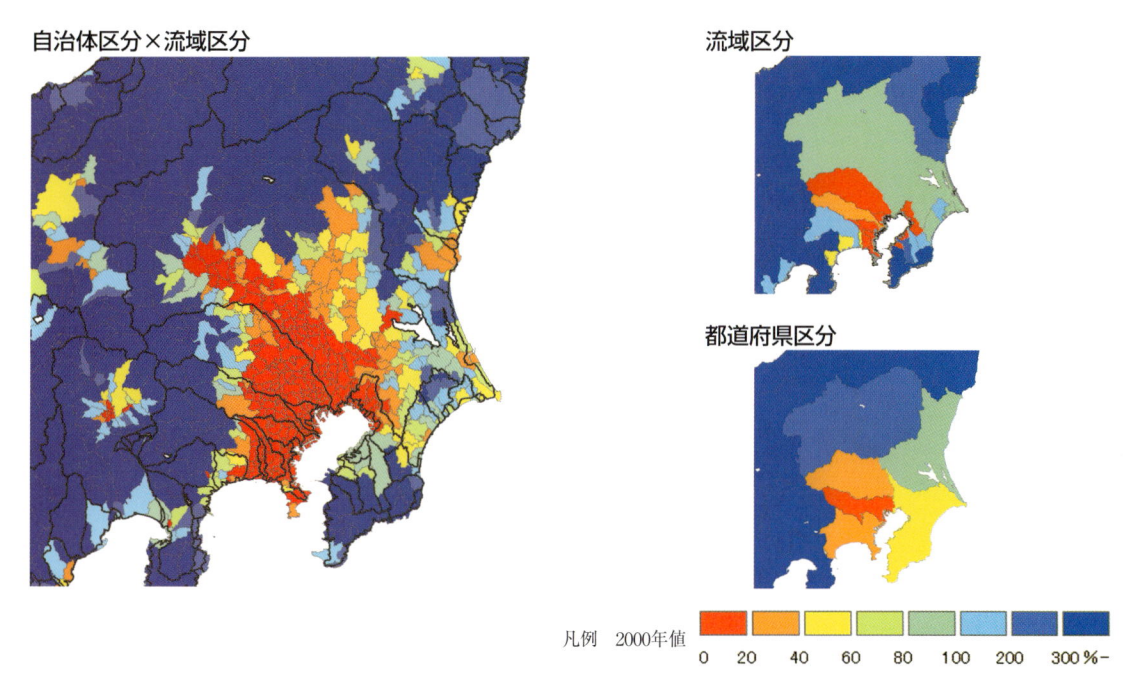

流域区分

都道府県区分

凡例　2000年値
0　20　40　60　80　100　200　300 %-

利根川流域の水資源容量

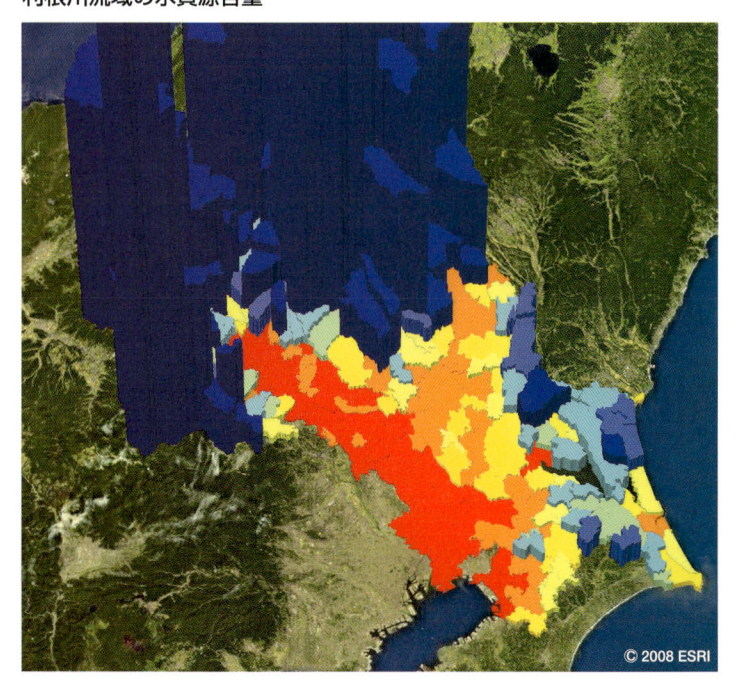

利根川流域全体では、水資源容量は81.8%になりました。全国では1級水系全体の平均値は1,575.5%であり、全国103位にあたり、関東地方では1級水系の平均値は142.0%であり、4位（7水系中）にあたります。また、利根川流域に立地する自治体の容量値の平均は565.7%、最大値は22,673.0%、最小値は0.6%であり、容量値が50%以下の自治体は全体の49.4%、0～100%の自治体は65.5%にのぼっている。

第3章 日本のヒトと自然のキャパシティ

GISマップ 関東

関東地方を学ぶ

●木材資源容量

　関東地方全体では15.8%になりました。これも極めて低い容量で、全国の9地方中もっとも低く、次に低い関西地方の43.6%ともかなりの隔たりがあります。1級水系についての容量は、平均値が53.1%、最大値が214.3%、最小値が0.3%になりました。関東地方で自給可能ラインを超えているのは久慈川の214.3%のみです。那珂川が80%弱の比較的高い容量を持っていますが、最大流域の利根川の26.6%、相模川の36.6%をはじめ、それ以外の流域ではひとケタ容量になっています。

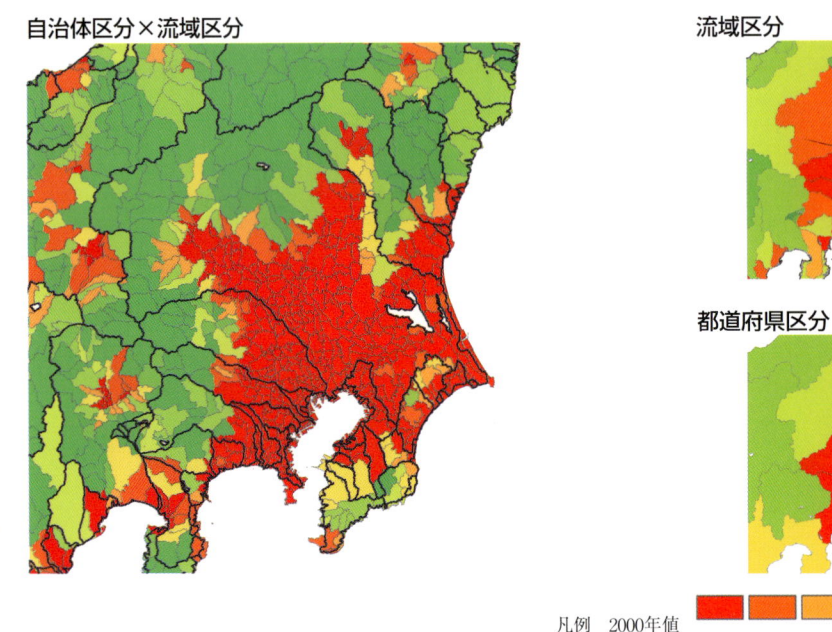

自治体区分×流域区分

流域区分

都道府県区分

凡例　2000年値　0　20　40　60　80　100　200　300%-

利根川流域の木材資源容量

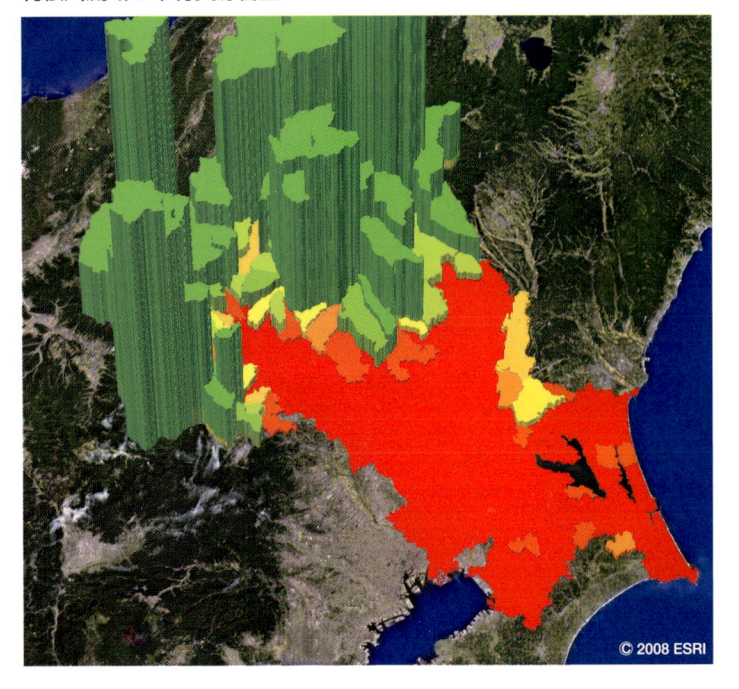

　利根川流域全体では、木材容量は26.6%になりました。全国では1級水系全体の平均値は369.3%であり、全国101位にあたり、関東地方では1級水系の平均値は53.1%であり、4位（7水系中）にあたります。また、利根川流域に立地する自治体の容量値の平均は196.6%、最大値は6,515.8%、最小値は0.0%であり、容量値が25%以下の自治体は全体の70.2%、0〜50%自治体は74.9%をしめています。

第3章 日本のヒトと自然のキャパシティ

関東地方を学ぶ

GISマップ
関東

地方区分の環境容量

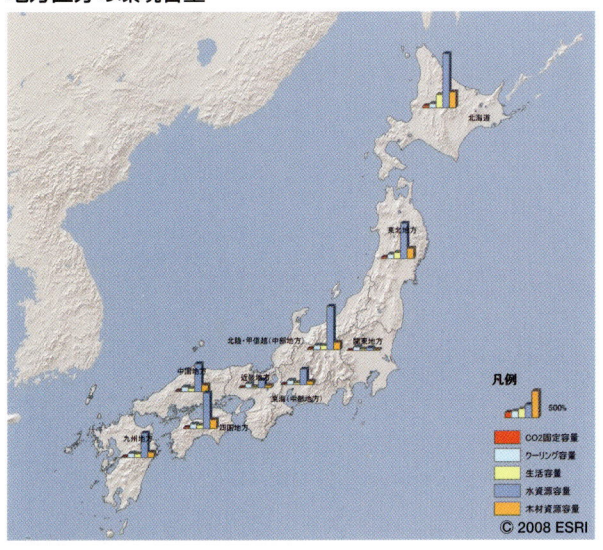

都道府県区分の環境容量

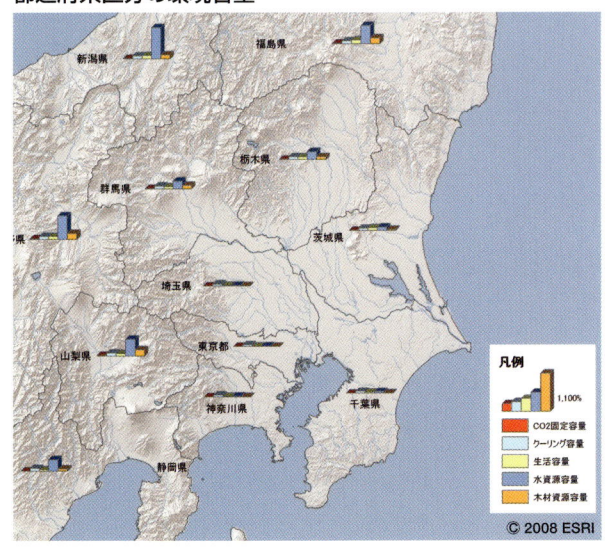

●関東地方からのイメージ

　関東地方全体の環境容量は、CO_2固定容量が2.1%、クーリング容量が64.4%、生活容量が24.2%、水資源容量が52.1%、木材資源容量が15.8%になりました。総人口は約4,042万人。人口密度は1,246.8人/km^{2}です。

　また、地方区分および都道府県区分での環境容量の5指標値を左のGISグラフに示しています。

　わが国の人口の約32%にあたる約4,200万人という人々が、国土の9%に満たない面積の関東地方で生活しており、人口密度は約1,300人/km^{2}という超過密な状況です。生活容量の約24%以外は、9地方中で、最も低い状況です。これほど過密では、環境容量が低いのは当然ですが、水資源容量が、需給バランスの100%を大きく割り、半分の50%ちょっとに低下しているのは異例で、他の地方では見られません。次に低い関西地方の約170%以外では、数百〜1,000%の容量を有しています。この状態は都市のリスクマネージメントの面からも重大な問題を内蔵していると考えるべきでしょう。水は、重くて、かさばり、飲料以外にも大量に使うため、商品や輸入品としての位置づけは難しく、地域固有の自然資源としての位置づけが将来にわたって続くでしょう。水資源容量をクリティカル環境容量として考えた場合、関東地方の人口規模は、最大でも2,000万人ぐらいではないでしょうか。これぐらい首都圏の都市のスリム化が進められると、日本全国に対する負担もかなり軽減されるのではないでしょうか。

第3章　日本のヒトと自然のキャパシティ

都市に住む私たち

　残念なことですが、現在の多くの都市は単独では持続できないのです。

　周辺の山や川、また、森林や水田、畑などがあり、初めて存続できます。また、主要なエネルギー源である電力も遠くから送られています。さらに、わが国の食料の自給率は約40％、木材などの素材自給率は約20％です。放出される膨大な量の一般廃棄物や産業廃棄物も深刻な問題です。世界のいろいろな地域があり始めて持続できるのです。

　多くの人々が生活し、楽しむことのできる都市ですが、周りの多くの地域や海外の地域に支えられ成り立っているのが現状です。しかし、今、都市を支えてきた周辺の多くの地域で、支えるだけの余力がなくなりつつあります。

　また、極論かもしれませんが、地球の自然にとっては、多くの人工的な都市は、生命体におけるガン細胞のようなものと考えられ、ある割合以上に現在のような都市化が進むと、地球の生命維持機能は急激に低下し、命のない星になるでしょう。

　本書での解析結果も重要ですが、それ以上に、用いた科学知識とデータの組み立ての構造、また、自然の存在意義やヒトの活動の属性を振り返る必要があるでしょう。さらに、住む環境を考えるとき、従来の行政区分による住所表示だけでではなく、私たちがどの流域に住み、活動しているのかを知ることも大切になってきます。流域は、大切な自然のまとまりなのです。

　地表形態の非自然化や地球の温暖化を進める温室効果ガスの排出などにより、多くの現象がおこり異常をつたえるアラームが鳴り続けています。今、新しい都市のあり方やライフスタイルが求められています。

　飛行機やスペースシャトルから見ると美しい都市の夜景ですが、大きな問題も潜んでいるのです。

　まさに、私たちひとりひとりが目覚めるときがきているのです。

森のなかの山村

4) 中部地方　①北陸・甲信越を学ぶ

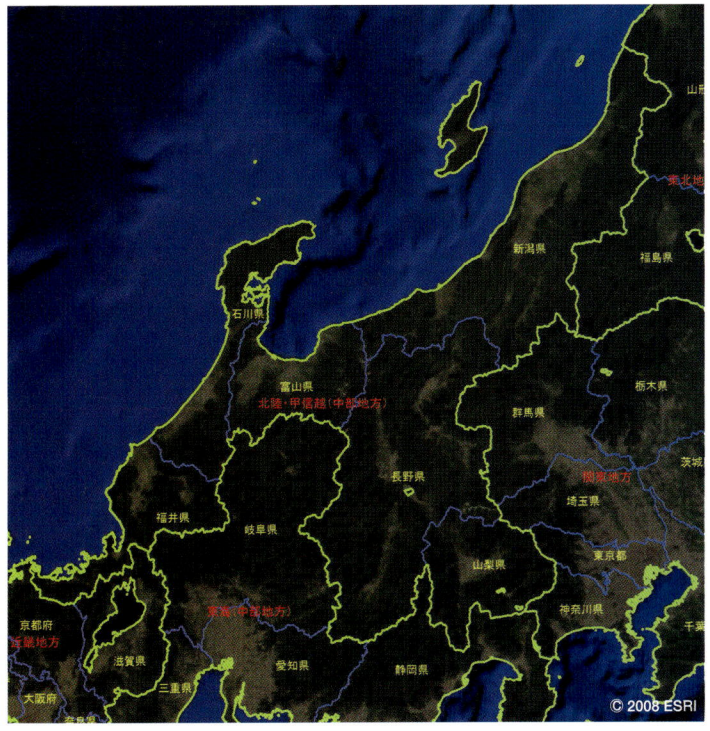

都道府県区分

流域区分

●地方の概要と主要流域

　北陸・甲信越地方は新潟県、富山県、石川県、福井県、山梨県、長野県の6県で構成されています。総面積は約4万3,200km²、総人口は約871万人、人口密度は201.5人/km²です。日本の総面積（約37万7,800km²）の11.4%、総人口（約1億2,700万人）の6.9%、平均人口密度（336人/km²）の60.0%にあたります。

　北陸・甲信越地方には14の1級水系があります。また、1,500km²以上の面積を持つ流域は、
- 阿賀野川（あがのがわ）　7,710 km²
- 信濃川（しなのがわ）　11,900km²
- 神通川（じんつうがわ）　2,720km²
- 九頭竜川（くずりゅうがわ）2,930km²

などの4流域です。

　最大流域の信濃川(しなのがわ)水系は、11,900km²の流域面積を持ち、利根川水系、石狩川水系に次いで全国3位の流域面積を持っています。流域内人口は約295万人であり、北陸・甲信越地方では最大の人口を有しています。また、上流域が立地する長野県下では千曲川と呼ばれ、長野市、松本市、上田市などの都市が立地しており、中下流域が立地する新潟県下では信濃川と呼ばれ、新潟市、長岡市、三条市などの都市が立地しています。

※参考文献　国土交通省2007：総務省2000

GISマップ 北陸・甲信越

北陸・甲信越地方を学ぶ

●CO_2固定容量

　北陸・甲信越地方全体では17.8%になりました。全国の9地方では、北海道地方、東北地方、四国地方に次いで4番目の容量になります。1級水系についての容量は、平均値が33.4%、最大値が71.7%、最小値が7.9%になりました。大型流域の阿賀野川、神通川、九頭竜川では、20～30%強の容量を持っていますが、最大流域の信濃川では11.8%の容量になっています。流域面積1,000km²前後の荒川、姫川、庄川が50%以上の比較的高い容量を持っています。

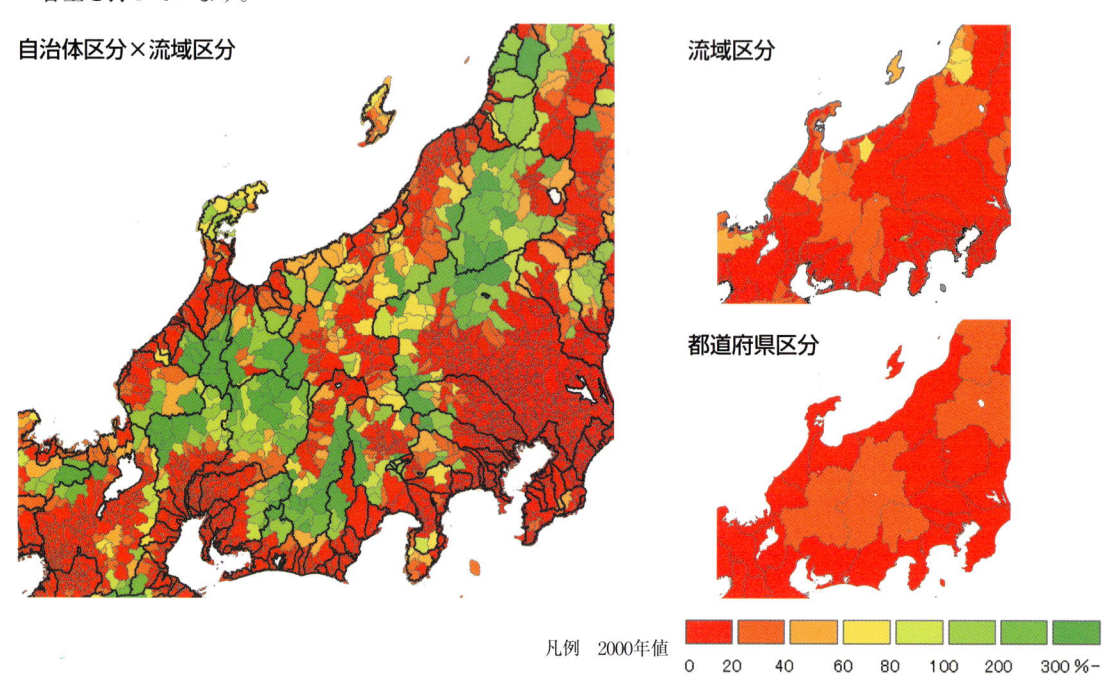

自治体区分×流域区分

流域区分

都道府県区分

凡例　2000年値　0　20　40　60　80　100　200　300%-

信濃川流域のCO_2固定容量

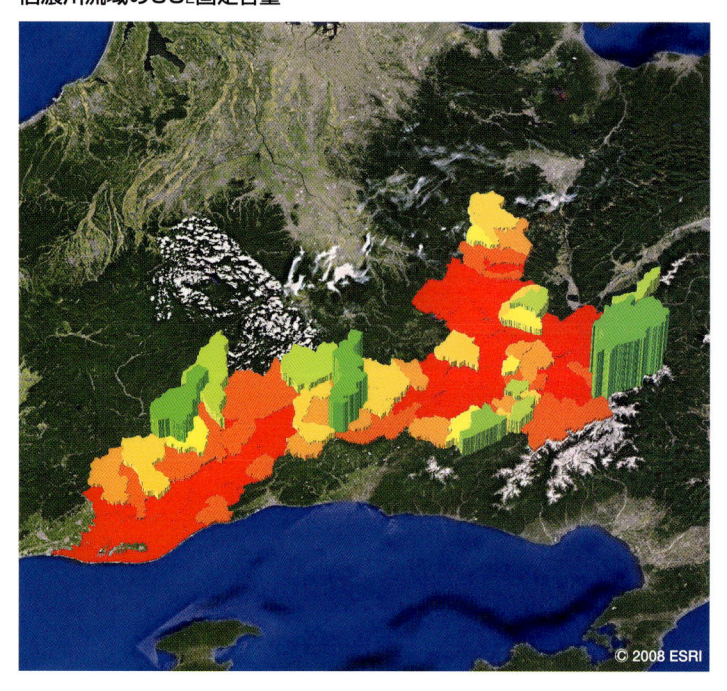

　信濃川流域全体では、CO_2固定容量は11.8%になりました。全国では1級水系全体の平均値は48.9%であり、全国82位にあたり、北陸・甲信越地方では1級水系の平均値は33.4%であり、12位（14水系中）にあたります。また、信濃川流域に立地する自治体の容量値の平均は46.6%、最大値は667.2%、最小値は0.0%であり、容量値が10%以下と極めて低いのは、人口3万人以上の都市では、亀田町、燕市、白根市、新潟市、小諸市、新津市、三条市、長岡市、佐久市、松本市、長野市、見附市、上田市、中野市、小千谷市、更埴市、塩尻市、五泉市などです。10～20%には、須坂市、穂高町、十日町市などが入っています。

第3章　日本のヒトと自然のキャパシティ

北陸・甲信越地方を学ぶ

GISマップ
北陸・甲信越

●クーリング容量

北陸・甲信越地方全体では84.8%になりました。全国9地方のうち3番目にあたり、中国地方、四国地方に次いでいます。1級水系についての容量は、平均値が87.4%、最大値が92.6%、最小値が76.1%になりました。最大流域の信濃川をはじめ、阿賀野川、神通川、九頭竜川などの大型流域は80%以上の容量を持っています。関川、小矢部川の1,000km²前後の流域で80%以下の比較的低い容量を示しています。

自治体区分×流域区分

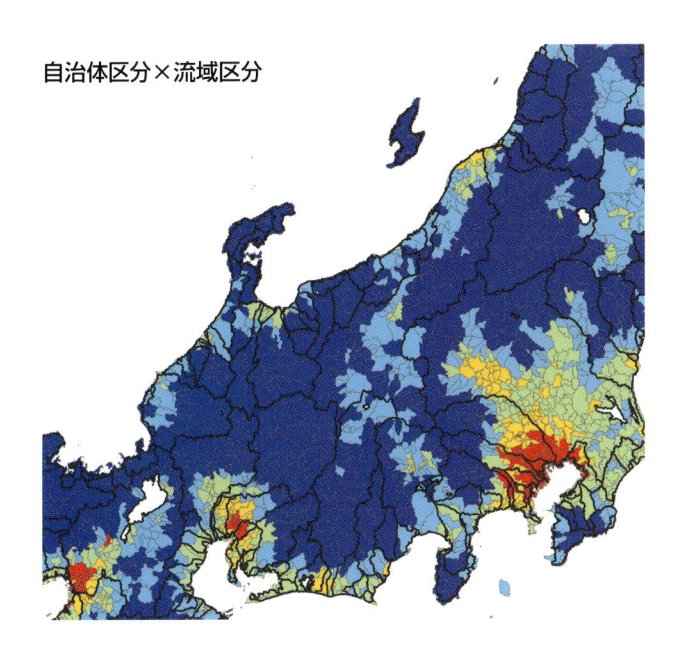

流域区分

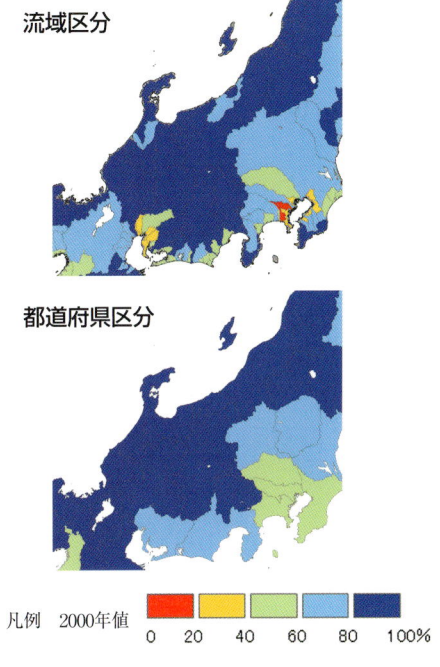

都道府県区分

凡例　2000年値　0　20　40　60　80　100%

信濃川流域のクーリング容量

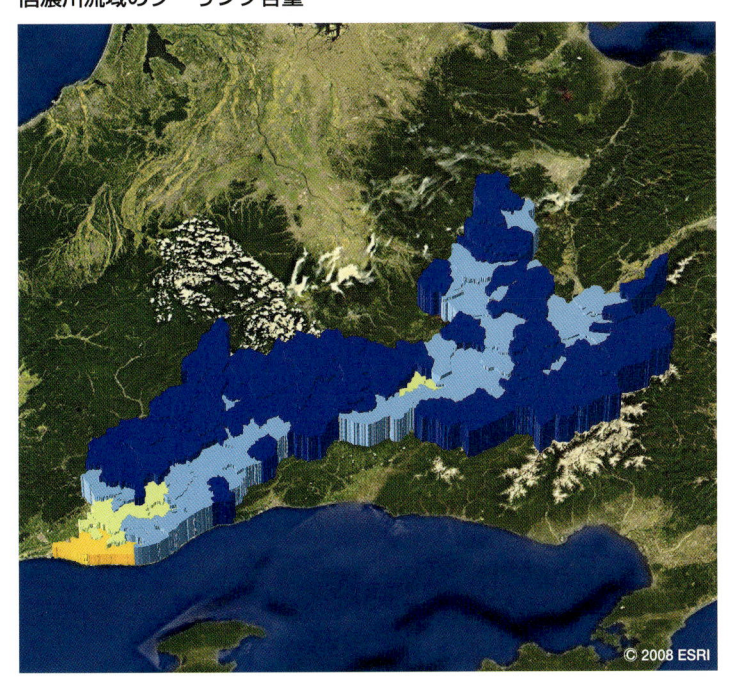

信濃川流域全体では、クーリング容量は81.2%になりました。全国では1級水系全体の平均値は81.8%であり、全国65位にあたり、北陸・甲信越地方では1級水系の平均値は87.4%であり、11位（14水系中）にあたります。また、信濃川流域に立地する自治体の容量値の平均は77.6%、最大値は97.4%、最小値は36.5%であり、容量値が25%以下の自治体は存在しません。25～50%では、人口3万人以上の都市では、新潟市、亀田町、燕市などです。50～60%では、中野市、白根市、新津市、三条市などです。

第3章 日本のヒトと自然のキャパシティ

GISマップ 北陸・甲信越

北陸・甲信越地方を学ぶ

●生活容量

　北陸・甲信地方全体では78.4%になりました。自給ラインを切っていますが、全国9地方中では、北海道地方の243.7%、東北地方の113.8%に次いで3番目に高い容量です。1級水系についての容量は、平均値が112.3%、最大値が235.9%、最小値が63.2%になりました。大型流域では、阿賀野川が120.1%の自給ラインを超える容量を持っていますが、そのほかは最大流域の信濃川の79.5%、神通川の65.4%、九頭竜川の73.2%などとなっています。

自治体区分×流域区分

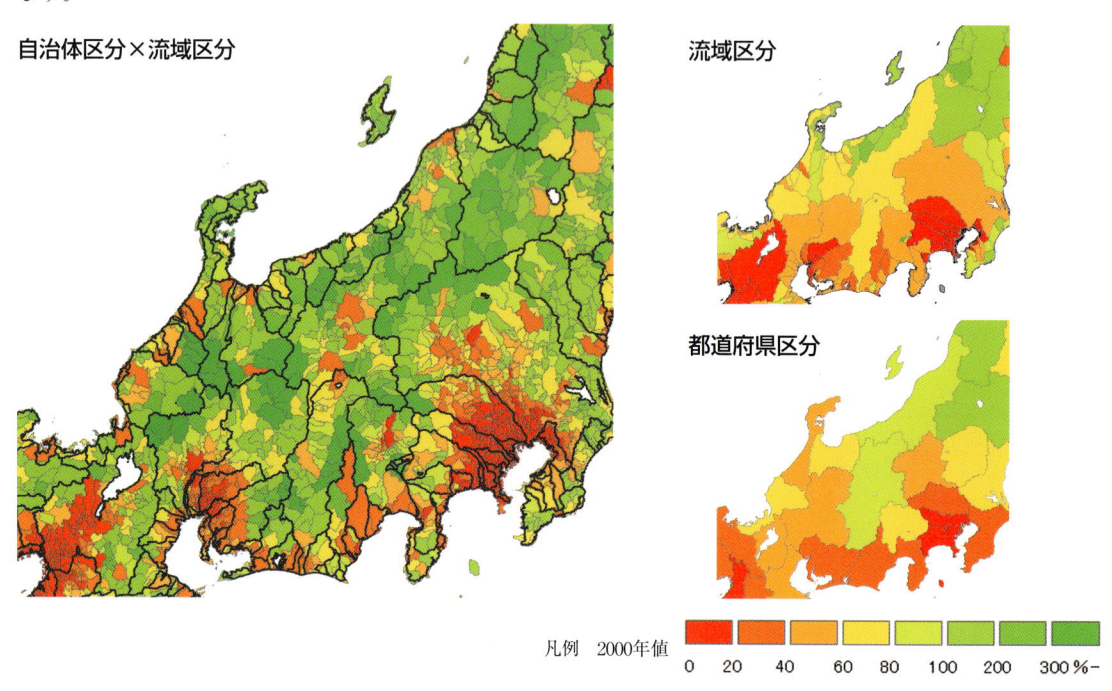

流域区分

都道府県区分

凡例　2000年値　0　20　40　60　80　100　200　300%-

信濃川流域の生活容量

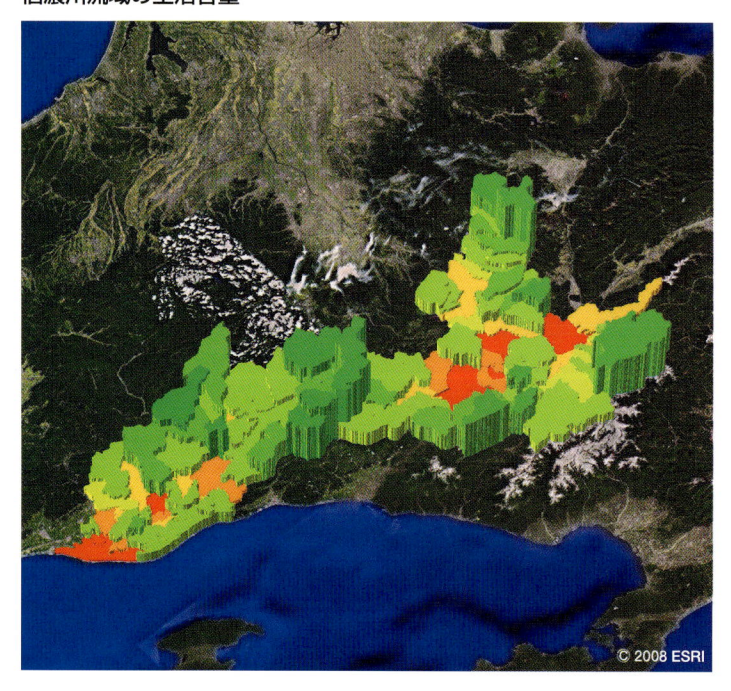

　信濃川流域全体では、生活容量は79.5%になりました。全国では1級水系全体の平均値は156.7%であり、全国66位にあたり、北陸・甲信越地方では1級水系の平均値は112.3%であり、9位（14水系中）にあたります。また、信濃川流域に立地する自治体の容量値の平均は164.8%、最大値は643.6%、最小値は21.3%であり、容量値が25%以下と極めて低いのは、新潟市です。次いで25～50%で低い自治体は、人口3万人以上の都市では、亀田町、長野市、松本市、三条市、上田市、更埴市、長岡市などです。

第3章 日本のヒトと自然のキャパシティ

北陸・甲信越地方を学ぶ

GISマップ
北陸・甲信越

●水資源容量

　北陸・甲信地方全体では821.5%になりました。高い容量値で北海道地方の998.8%に次いで2番目の容量になります。冬期の豊かな降雪が作用しているものと思われます。1級水系についての容量は、平均値が2,330.6%、最大値が6,352.1%、最小値が368.5%になりました。大変高い容量になっています。大型流域では、最大流域の信濃川で533.1%をはじめ、阿賀野川、神通川、九頭竜川では1,000%を超えた高い容量を持っています。すべての1,500km²以上の1級水系で5倍から15倍の水資源を有しています。

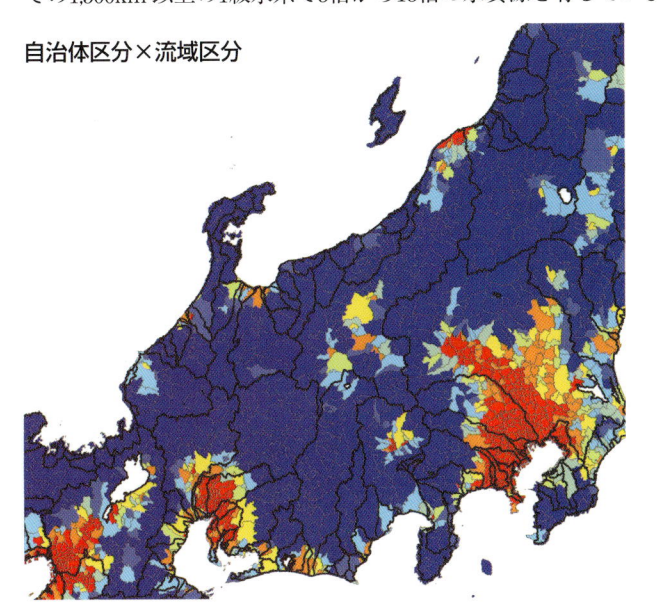

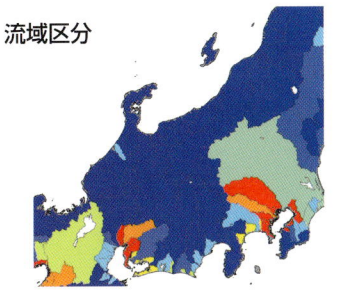

自治体区分×流域区分

流域区分

都道府県区分

凡例　2000年値　0　20　40　60　80　100　200　300%-

信濃川流域の水資源容量

　信濃川流域全体では、水資源容量は533.1%になりました。全国では1級水系全体の平均値は1,575.5%であり、全国72位にあたり、北陸・甲信越地方では1級水系の平均値は2,330.6%であり、13位（14水系中）にあたります。また、信濃川流域に立地する自治体の容量値の平均は2,130.4%、最大値は35,204.1%、最小値は16.5%であり、容量値が50%以下と極めて低いのは、新潟市、亀田町、上田市、燕市、長野市などです。次いで50～100%で低い自治体は、松本市、三条市、中野市、新津市、小諸市、更埴市、白根市などです。

第3章　日本のヒトと自然のキャパシティ

GISマップ 北陸・甲信越

北陸・甲信越地方を学ぶ

●木材資源容量

北陸・甲信地方全体では134.1%になりました。これは全国9地方中、北海道地方、東北地方、四国地方に次いで4番目の容量になり、需給ラインを超えています。1級水系についての容量は、平均値が252.0%、最大値が541.1%、最小値が59.6%になりました。大型流域では、阿賀野川が251.4%の最大容量を持ち、神通川も229.3%、九頭竜川も149.6%の需給を超える容量を持っていますが、最大流域の信濃川は需給ラインを割り90%弱の容量になっています。

自治体区分×流域区分

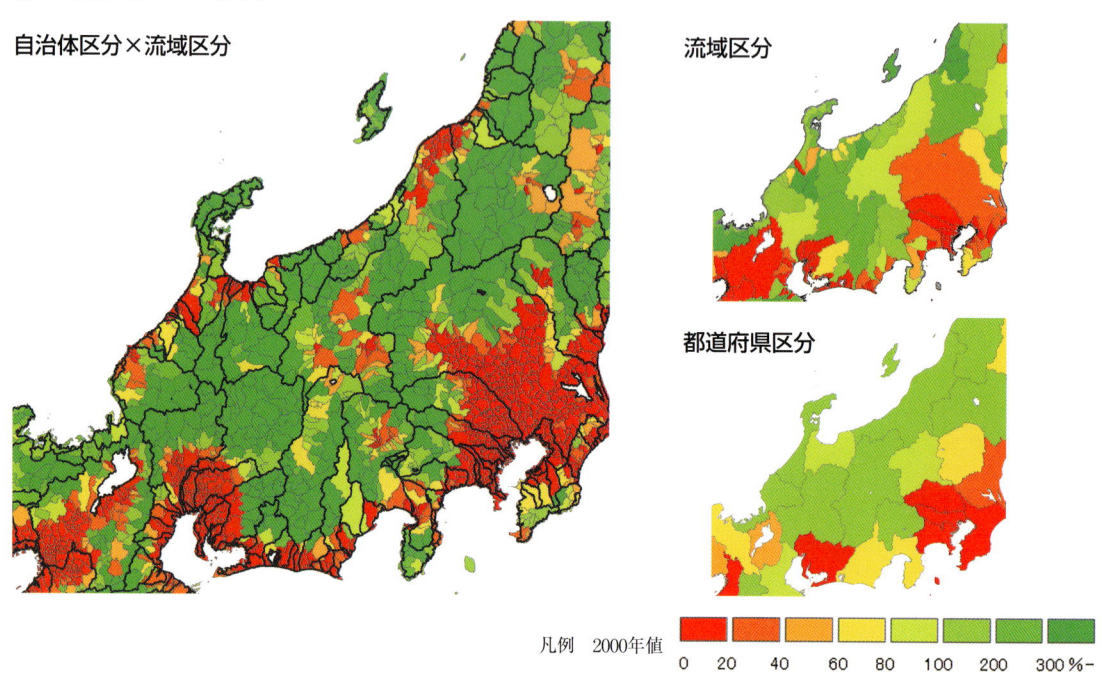

流域区分

都道府県区分

凡例　2000年値　0　20　40　60　80　100　200　300%-

信濃川流域の木材資源容量

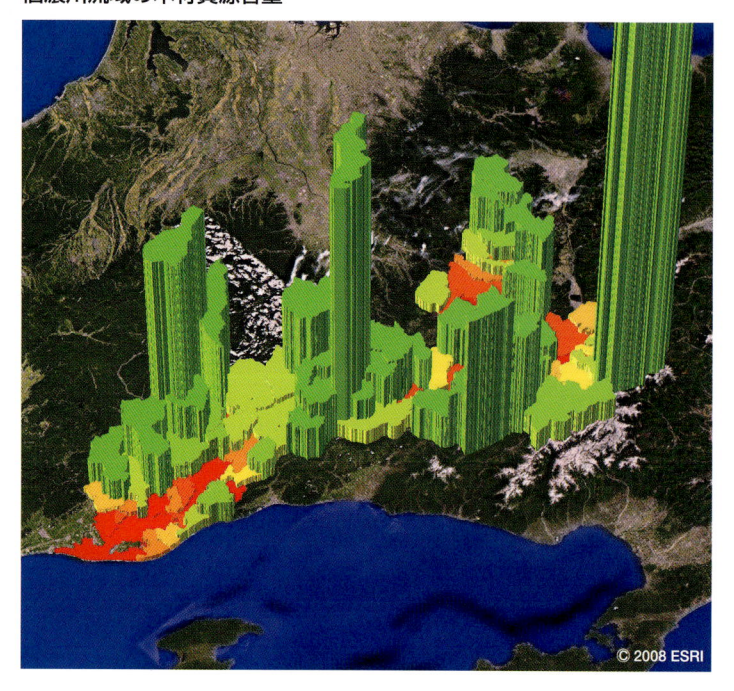

信濃川流域全体では、木材容量は88.7%になりました。全国では1級水系全体の平均値は369.3%であり、全国82位にあたり、北陸・甲信越地方では1級水系の平均値は252.0%であり、12位（14水系中）にあたります。また、信濃川流域に立地する自治体の容量値の平均は352.2%、最大値は5,038.1%、最小値は0.0%であり、容量値が25%以下と極めて低いのは、人口3万人以上の都市では、亀田町、燕市、白根市、新潟市、小諸市、新津市、三条市、長岡市、佐久市、松本市などです。次いで25～50%で低い自治体は、長野市、見附市、上田市、中野市などです。

GISマップ 北陸・甲信越

北陸・甲信越地方を学ぶ

地方区分の環境容量

都道府県区分の環境容量

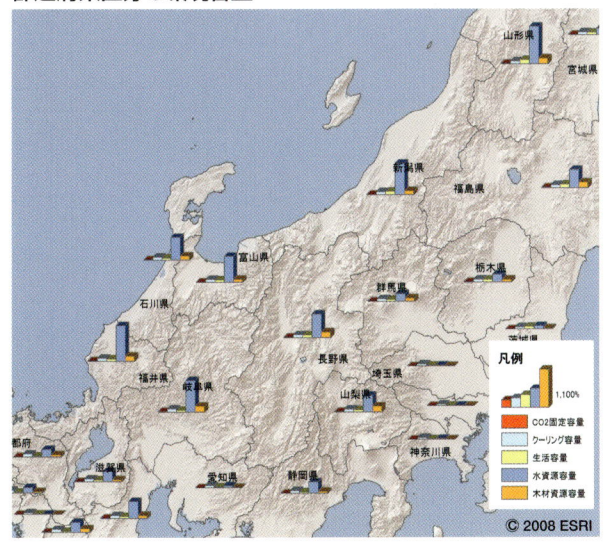

●北陸・甲信地方からのイメージ

　北陸・甲信越地方全体の環境容量は、CO_2固定容量が17.8%、クーリング容量が84.8%、生活容量が78.4%、水資源容量が821.5%、木材資源容量が134.1%になりました。総人口は約871万人。人口密度は201.5人/km²です。

　また、地方区分および都道府県区分での環境容量の5指標値を左のGISグラフに示しています。

　北陸・甲信越地方の特徴は、生活容量と水資源容量が高いことでしょう。むかしから米どころとして知られ、信濃川の中下流域の信濃平野や常願寺川や神通川下流の富山平野は、現在でもわが国有数の米どころになっています。冬期の積雪量が多く、春からの豊かな雪解け水も米どころを支える要因になっています。江戸時代の鎖国の時代を終えた明治21年（1888年）には、日本の人口はおよそ3962万人であり、府県別では新潟県が約166万人の第1位の人口を有していたようです。東京府は約135万人で4位であり、当時は食料生産と扶養人口の相関が強かったことがうかがわれます。農山村が多い地方であり、高齢化と人口減少の影響を強く受ける可能性も否定できませんが、将来のわが国の食料自給率を向上させるためにも、産業の構成割合や、国民の就労形態を計画的に改善し、地方特有の土地利用を維持し、より顕在化させたいものです。

第3章 日本のヒトと自然のキャパシティ

環境エッセイ④

カヌーからの自然観

　20年近く前になりますが、友人家族と木津川から淀川を川伝いに大阪の中之島まで行ったことがあります。数艇のカヌーによる2泊3日の川旅でした。

　この時、上流の山間部と大阪・中之島の近代的な都市が繋がっていることを実感し、景観の差異に驚き、カヌーが時空を超えた宇宙船のような存在と感じました。

　カヌーは宇宙船なのかもしれません。小さな宇宙、流域を旅する小さな宇宙船です。低く、近い視線で川面や自然、また、ヒトや地球と語らう宇宙船です。

　家族で、特に、子どもたちと接する機会の多い女性に、カヌーを楽しんでほしいと思います。親子で育む自然観により子どもたちの自然観も育つのです。

　スペースシャトルの地球探査と宇宙船カヌー号による流域の旅により、地球の自然観は大きく進展することでしょう。

カヌー・木津川

4) 中部地方　②東海を学ぶ

GISマップ　東海

都道府県区分

流域区分

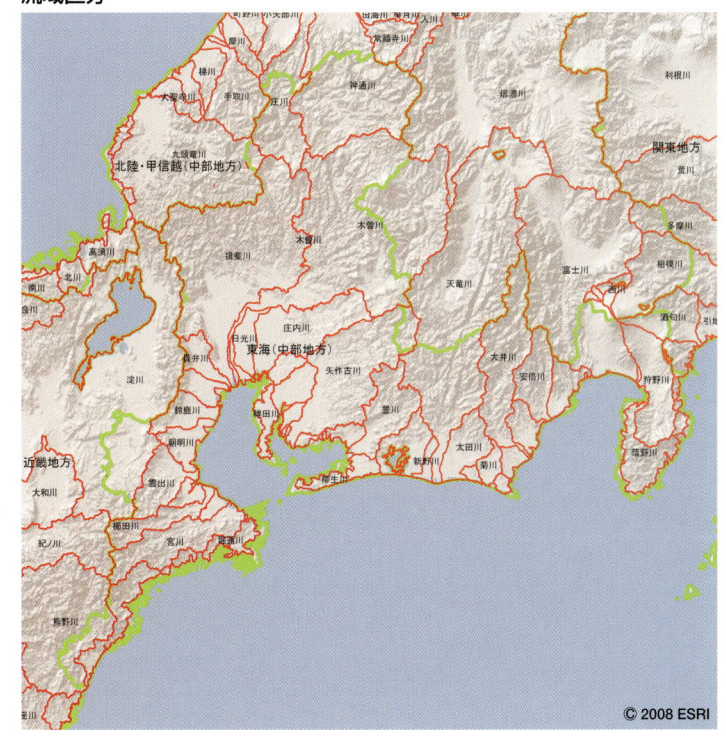

● **地方の概要と主要流域**

　東海地方は岐阜県、静岡県、愛知県、三重県の4県で構成され、総面積は約2万9,300km²、総人口は、約1,478万人、人口密度は、504.0人/km²です。日本の総面積（約37万7,800km²）の7.8%、総人口（約1億2,700万人）の11.6%、平均人口密度（336人/km²）の150.0%にあたります。

　東海地方には14の1級水系があります。また、1,500km²以上の面積を持つ流域は、

- 富士川（ふじがわ）　　3,990km²
- 天竜川（てんりゅうがわ）　5,090km²
- 矢作川（やはぎがわ）　1,830km²
- 木曽川（きそがわ）　　9,100km²

などの4流域です。

　最大流域の木曽川（きそがわ）水系は、9,100km²の流域面積をもち、全国5位の面積をもっています。木曽川水系は、揖斐川、長良川、木曽川、（飛騨川）、により構成され木曽三川と呼ばれています。流域内人口は木曽川が約170万人、長良川が約83万人、揖斐川が約60万人を有しています。人口3万人以上の都市では、岐阜市、大垣市、各務原市、桑名市、可児市、関市、犬山市、羽島市、尾西市、中津川市、美濃加茂市、恵那市、穂積町、養老町、木曽川町などが立地しています。流域内人口では、約1010km²の1級水系である庄内川が約250万人の大きな人口を有しています。

※参考文献　国土交通省2007：総務省2000

第3章 日本のヒトと自然のキャパシティ

●CO_2固定容量

　東海地方全体では7.7%になりました。ひとケタ容量で大変低い値で、関東地方、関西地方に次いで、9地方中では3番目に低い値です。太平洋ベルト地帯の影響でしょうか。1級水系についての容量は、平均値が16.6%、最大値が39.8%、最小値が0.6%になりました。大型流域では、最大流域の木曽川で21.4%、天竜川で32.0%、富士川で13%ぐらいの容量を持っていますが、矢作川では9%弱と低くひとケタ容量になっています。

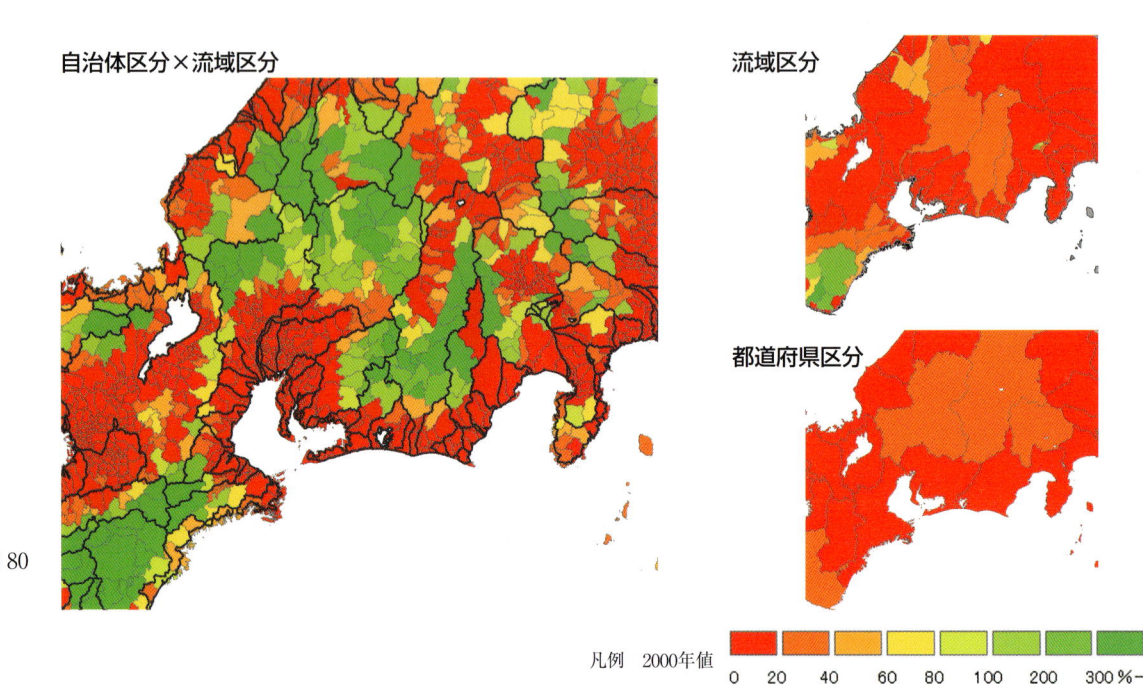

自治体区分×流域区分

流域区分

都道府県区分

凡例　2000年値
0　20　40　60　80　100　200　300%-

木曽川流域のCO_2固定容量

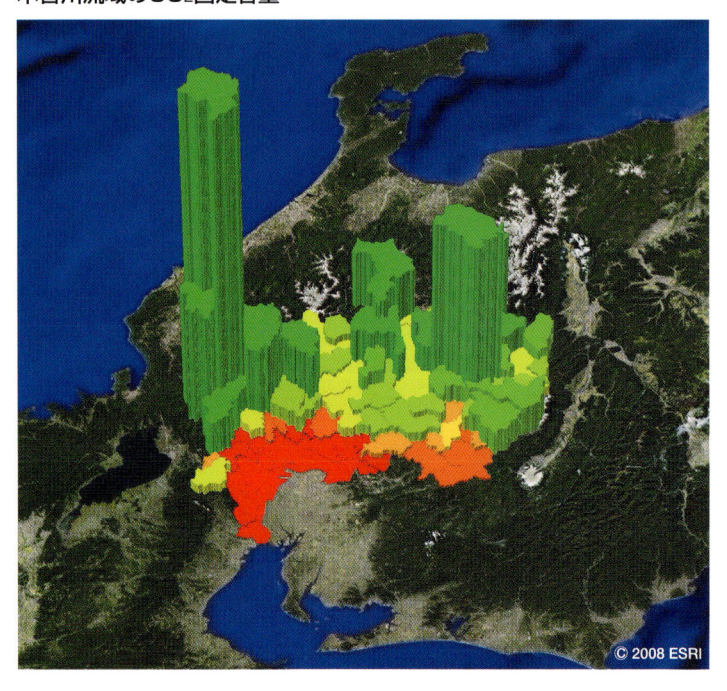

　木曽川流域全体では、CO_2固定容量は21.4%になりました。全国では1級水系全体の平均値は48.9%であり、全国62位にあたり、東海地方では1級水系の平均値は16.6%であり、6位（14水系中）にあたります。また、木曽川流域に立地する自治体の容量値の平均は159.2%、最大値は3,096.4%、最小値は0.0%であり、容量値が5%以下と極めて低い自治体は、人口3万人以上の都市では、木曽川町、尾西市、穂積町、羽島市、大垣市、桑名市、岐阜市、各務原市、犬山市、可児市、養老町、関市、美濃加茂市などです。次いで20～25%で低い自治体は、恵那市、中津川市などです。

●クーリング容量

東海地方全体では79.3%になりました。80%を切り、関東地方、九州地方に次いで3番目の低い値です。1級水系についての容量は、平均値が80.1%、最大値が92.3%、最小値が50.2%になりました。大型流域は比較的高い容量を持っていますが、狩野川、菊川、庄内川、鈴鹿川などの流域面積が小さい水系は80%以下の低い容量になっています。特に菊川、庄内川では60%を切っています。一方、最大流域の木曽川では88%ほどの高い容量を有しています。

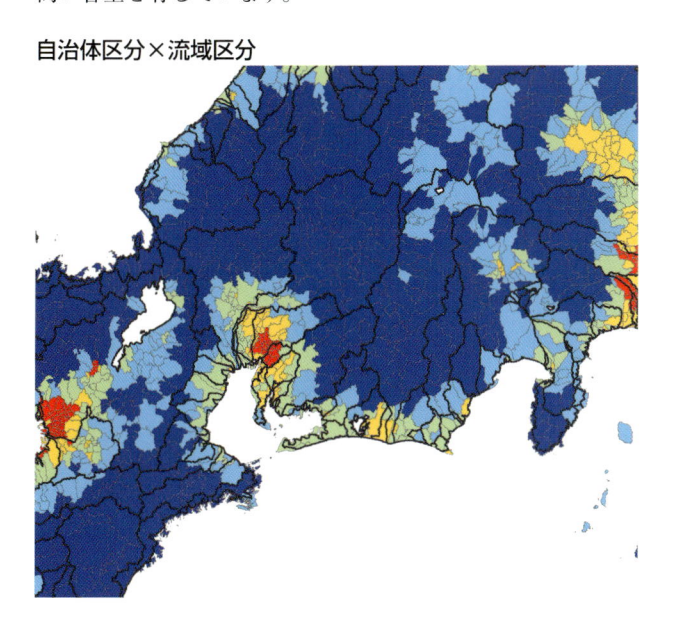

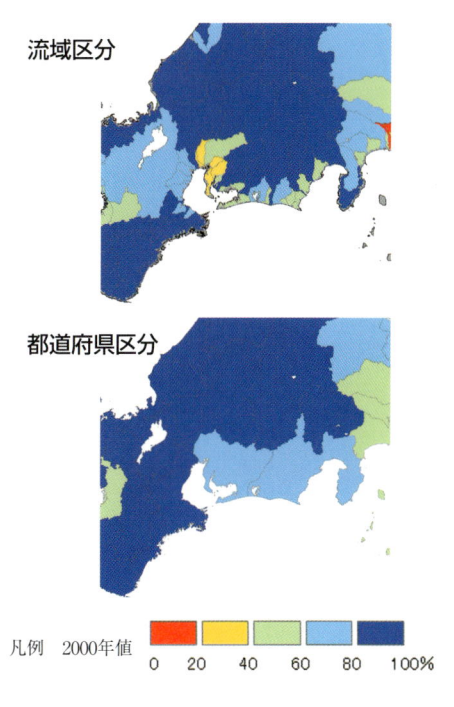

自治体区分×流域区分

流域区分

都道府県区分

凡例　2000年値　0　20　40　60　80　100%

木曽川流域のクーリング容量

木曽川流域全体では、クーリング容量は88.1%になりました。全国では1級水系全体の平均値は81.8%であり、全国40位にあたり、東海地方では1級水系の平均値は80.1%であり、5位（14水系中）にあたります。また、木曽川流域に立地する自治体の容量値の平均は76.8%、最大値は98.3%、最小値は29.0%であり、容量値が25%以下と極めて低い自治体は存在せず、25～50%では、木曽川町、尾西町、各務原市、穂積町、大垣市、桑名市、羽島市などです。

●生活容量

　東海地方全体では35.4%になりました。これも低い値で、3倍ほどの人口を有している、あるいは3分の1の人口しか養えないという状況です。9地方中では関東遅行、関西地方に次いで3番目に低い値です。1級水系についての容量は、平均値が48.8%、最大値が84.0%、最小値が15.2%になりました。大型流域については、天竜川の71.1%をはじめ、最大流域の木曽川で49.8%、などおおむね50%前後の容量を有しています。安倍川、大井川、庄内川では20%前後の低い容量になっています。

自治体区分×流域区分

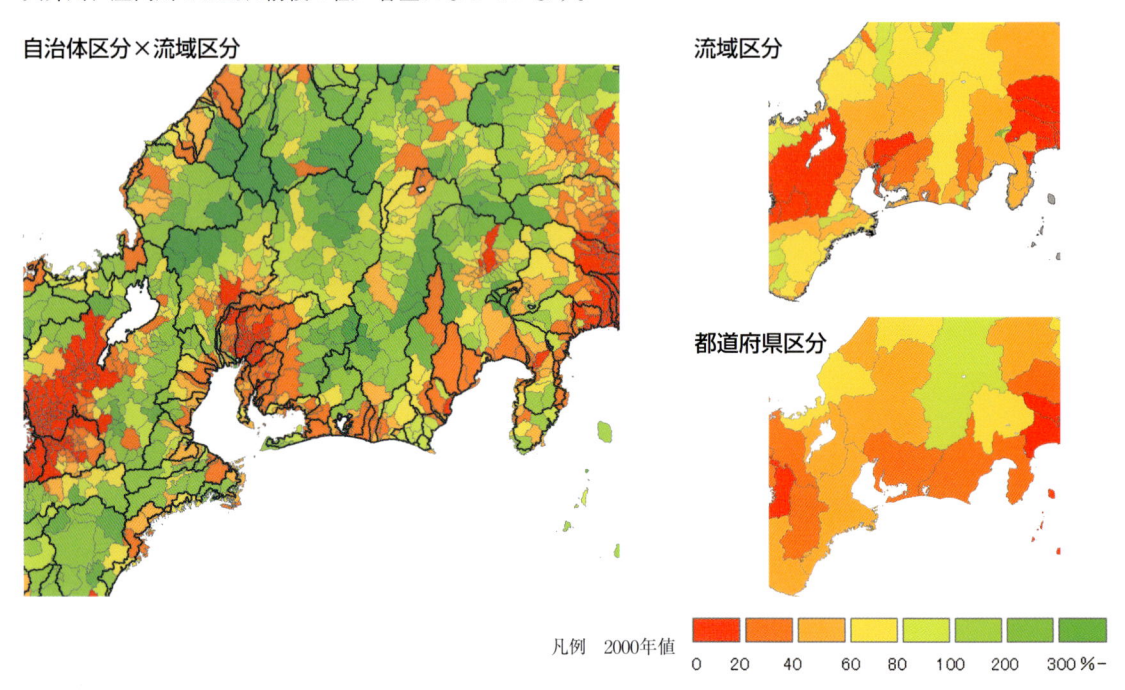

流域区分

都道府県区分

凡例　2000年値　0　20　40　60　80　100　200　300%−

木曽川流域の生活容量

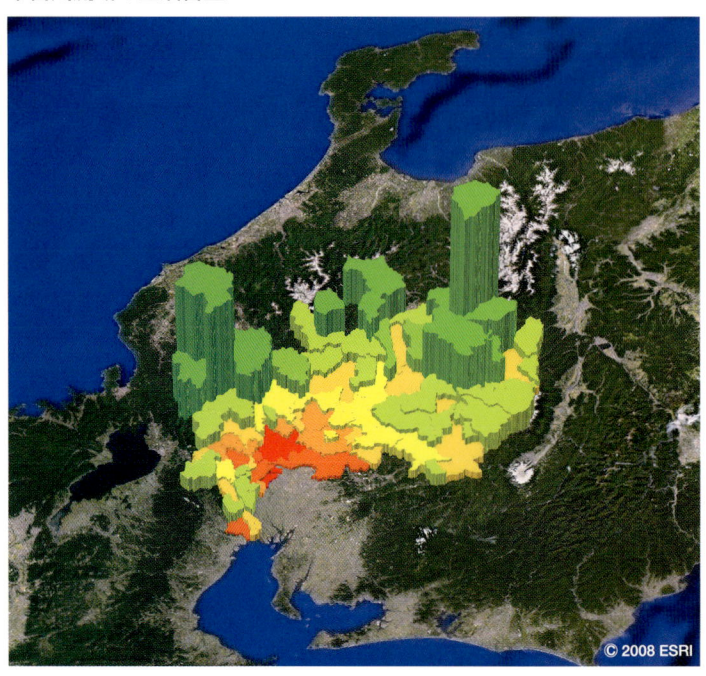

　木曽川流域全体では、生活容量は49.8%になりました。全国では1級水系全体の平均値は156.7%であり、全国84位にあたり、東海地方では1級水系の平均値は48.8%であり、6位（14水系中）にあたります。また、木曽川流域に立地する自治体の容量値の平均は138.5%、最大値は1,484.0%、最小値は16.0%であり、容量値が25%以下と極めて低い自治体は、人口3万人以上の都市では、木曽川町、岐阜市、尾西市、桑名市、穂積町などです。次いで25〜50%で低い自治体は、各務原市、大垣市、犬山市、可児市、羽島市、関市、美濃加茂市などです。

東海地方を学ぶ

GISマップ 東海

●水資源容量

東海地方全体では318.9％になりました。全国9地方中では関東地方、関西地方に次いで3番目に低い容量です。1級水系についての容量は、平均値が627.9％、最大値が1,473.5％、最小値が28.3％になりました。最大流域の木曽川では849.9％、天竜川では1,016.1％を有し、富士川で400％、矢作川で270％の容量を有しています。都市河川である庄内川は28.3％と低い容量になっています。

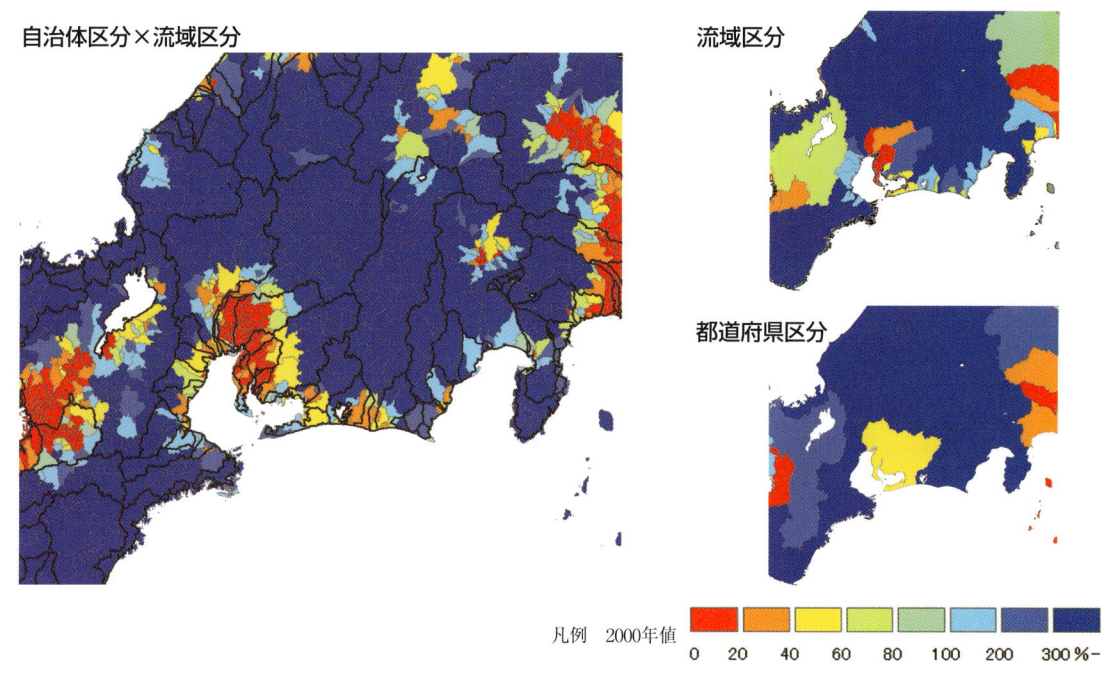

自治体区分×流域区分

流域区分

都道府県区分

凡例　2000年値
0　20　40　60　80　100　200　300％−

木曽川流域の水資源容量

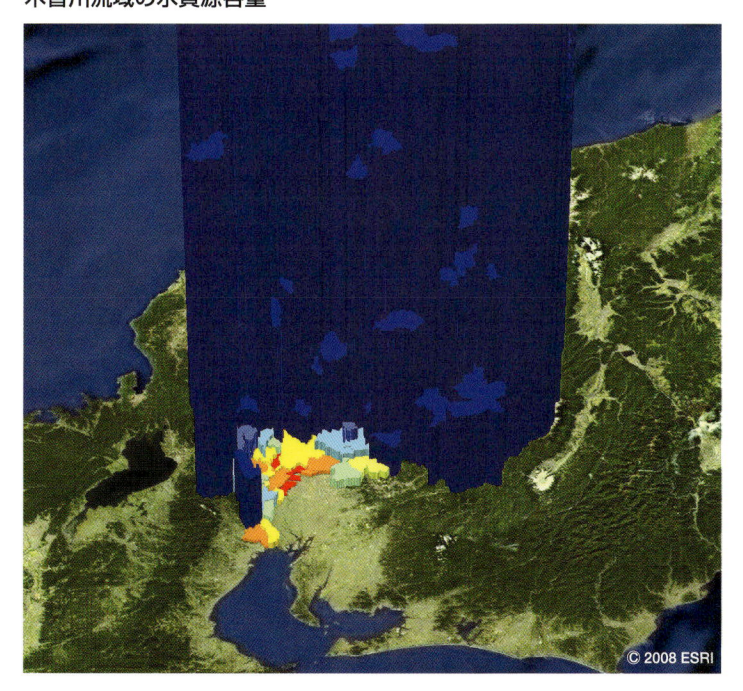

木曽川流域全体では、水資源容量は849.9％になりました。全国では1級水系全体の平均値は1,575.5％であり、全国55位にあたり、東海地方では1級水系の平均値は627.9％であり、5位（14水系中）にあたります。また、木曽川流域に立地する自治体の容量値の平均は7,406.0％、最大値は190,908.1％、最小値は10.0％であり、容量値が50％以下と極めて低い自治体は、人口3万人以上の都市では、木曽川町、尾西市、穂積町、大垣市、桑名市、羽島市、各務原市、岐阜市などです。次いで50〜100％で低い自治体は、可児市、犬山市などです。

第3章　日本のヒトと自然のキャパシティ

GISマップ 東海

東海地方を学ぶ

●木材資源容量

　東海地方全体では58.4%になりました。需給ラインの6割ほどの容量で、全国9地方中では、関東地方、関西地方に次いで3番目に低い地方と考えられます。1級水系についての容量は、平均値が125.1%、最大値が300.5%、最小値が4.4%になりました。最大流域の木曽川では約160%、天竜川では250%前後の容量を持ち、富士川も100%前後の容量を持っています。また紀伊半島に位置する櫛田川、宮川も200〜300%の容量を持っています。

自治体区分×流域区分

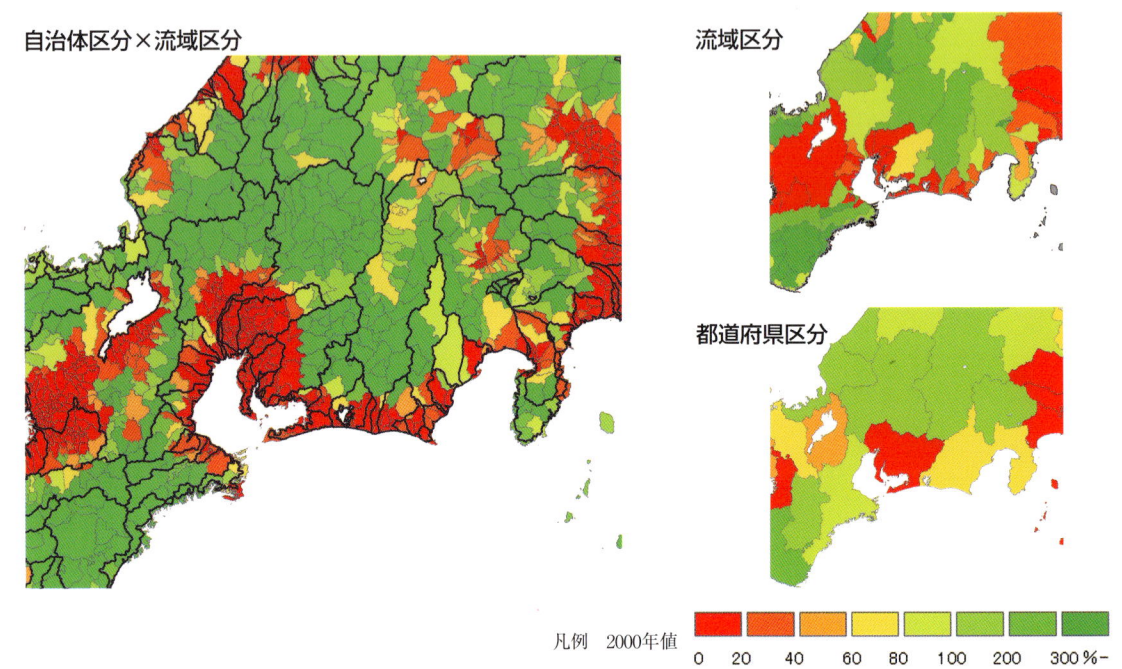

流域区分

都道府県区分

凡例　2000年値　0　20　40　60　80　100　200　300%−

木曽川流域の木材資源容量

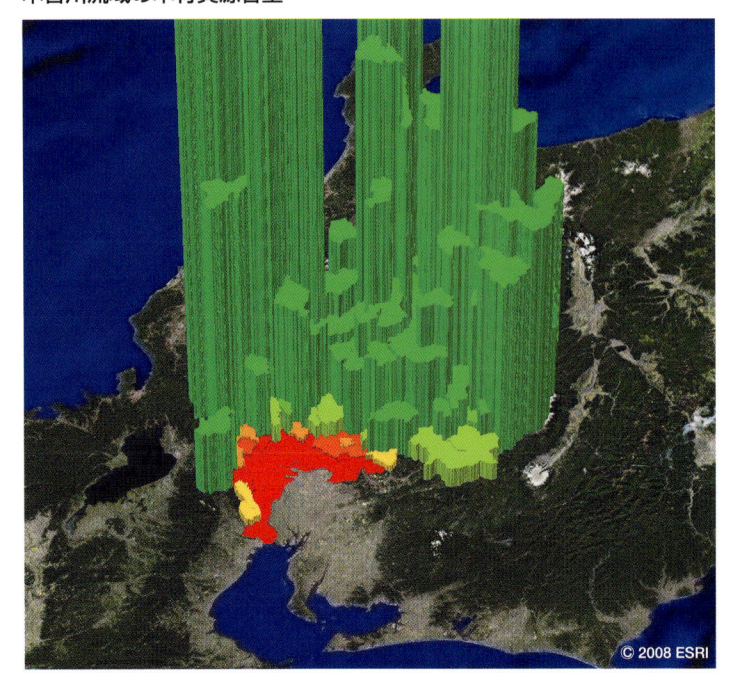

　木曽川流域全体では、木材容量は161.3%になりました。全国では1級水系全体の平均値は369.3%であり、全国62位にあたり、東海地方では1級水系の平均値は125.1%であり、6位（14水系中）にあたります。また、木曽川流域に立地する自治体の容量値の平均は1,202.0%、最大値は23,380.7%、最小値は0.0%であり、容量値が25%以下と極めて低い自治体は、人口3万人以上の都市では、木曽川町、尾西町、穂積町、羽島市、大垣市、桑名市、岐阜市、各務原市、犬山市、可児市、養老町、関市、美濃加茂市などです。次いで100〜200%では恵那市、中津川市などです。

第3章 日本のヒトと自然のキャパシティ

東海地方を学ぶ

地方区分の環境容量

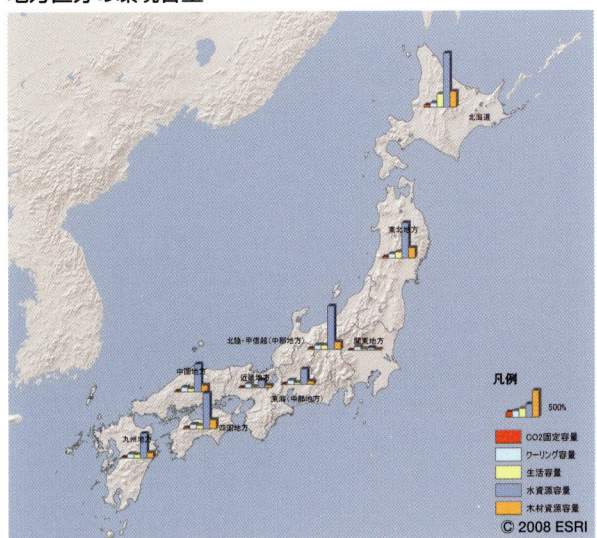

都道府県区分の環境容量

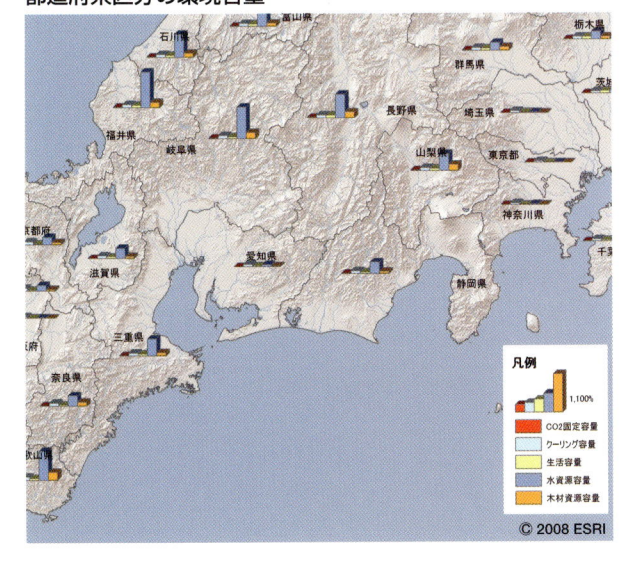

●東海地方からのイメージ

東海地方全体の環境容量は、CO_2固定容量が7.7%、クーリング容量が79.3%、生活容量が35.4%、水資源容量が318.9%、木材資源容量が58.4%になりました。総人口は、約1,478万人。人口密度は、504.0人/km²です。

また、地方区分および都道府県区分での環境容量の5指標値を左のGISグラフに示しています。

同じ中部地方の日本海側の北陸・甲信越地方と比べると、人口はおよそ2倍を有し、多くの環境容量も半分ほどに低下しています。わが国の高度経済成長期における太平洋ベルト構想計画や3大都市圏をつなぐ大動脈としての立地特性によりもたらされた結果でしょう。人口密度からも、関東地方の約1,247人/km²、関西地方の約763人/km²に次いで高い状況であり、およそ504人/km²という人口密度は、その他の地方の2倍ほどの密度を持ち、都市化した地方になっています。しかし、近年、発生確率が高いと言われる、巨大地震などをはじめとした都市のリスクマネージメントも考えると、災害時の対応をはじめとした新しい都市のあり方を検討し、都市のスリム化を進める必要もありそうです。

環境エッセイ⑤

アウトドアマンの役割

　自然と接することの少なくなった現代人です。唯一、自然と接しているのは、一部の科学者とアウトドアマンやナチュラリストだけなのかもしれません。

　その体験やめぐみを環境保全に還元しエコロジカルライフの実現に役立てたいものです。アウトドアマンやナチュラリストの役割はたいへん大きいのです。学生のころ、著名なローレンス・ハルプリンの事務所では、新人に、数日、トレッキングを課せ、ハイ・シェラの自然を体験させたという話を、U.C.バークレー校の友人ブライアンから聞いたこともあります。プランニングやデザインの基本も自然の中に宿っているということを体験させるためなのでしょう。

　大切な自然体験ですが、自然域に踏み入ることは、同時に自然破壊をもたらすことにもなります。細心の注意とマナーが要求されます。また、残念なことに、大切な本当の自然はそう多くは残っていないのです。

国設然別湖北岸野営場・北海道

6）関西地方を学ぶ

都道府県区分

●地方の概要と主要流域

関西地方は滋賀県、京都府、大阪府、兵庫県、奈良県、和歌山県の2府4県で構成されています。総面積は約2万7,300km²、総人口は約2,086万人、人口密度は、763.0人/km²です。日本の総面積（約37万7,800km²）の7.2%、総人口（約1億2,700万人）の16.4%、平均人口密度（336人/km²）の227.1%にあたります。

関西地方には8つの1級水系があります。また、1,500km²以上の面積を持つ流域は、

- 由良川（ゆらがわ）　　　1,880km²
- 淀川（よどがわ）　　　　8,240km²
- 加古川（かこがわ）　　　1,730km²
- 紀の川（きのかわ）　　　1,660km²
- 新宮川（しんぐうがわ）　2,360km²
  （熊野川　くまのがわ）

などの5流域です。

流域区分

最大流域は淀川（よどがわ）流域であり、わが国最大の湖、琵琶湖を有し、8,240km²の流域面積を持っています。流域内人口は約1165万人であり、関東地方の利根川水系に次ぐ全国2位の人口を有し、関西地方の基盤と考えられる流域です。大阪府、京都府、滋賀県、奈良県、三重県、兵庫県の2府4県にまたがり、府県庁が所在する大阪市（大阪府）が下流域に、京都市（京都府）が中流域に、大津市（滋賀県）が上流域に立地しています。

※参考文献　国土交通省2007：総務省2000

GISマップ 関西

関西地方を学ぶ

●CO_2固定容量

関西地方全体では5.8%になりました。大変低い容量で、たとえCO_2排出量を50%削減できたとしても、容量値は12%ほどにしか改善されません。関東地方と同様に大変深刻な状況です。1級水系についての容量は、平均値が47.8%、最大値が222.7%、最小値が1.1%になりました。最大流域の淀川の2.4%をはじめ、加古川が7.8%、また大和川が1.1%と極めて低く、ひとケタ容量の状況です。また由良川が50%弱、紀ノ川が30%弱と固定ラインを割っていますが、唯一、大森林地帯である紀伊半島に立地する熊野川は222.7%の高い容量を保っています。

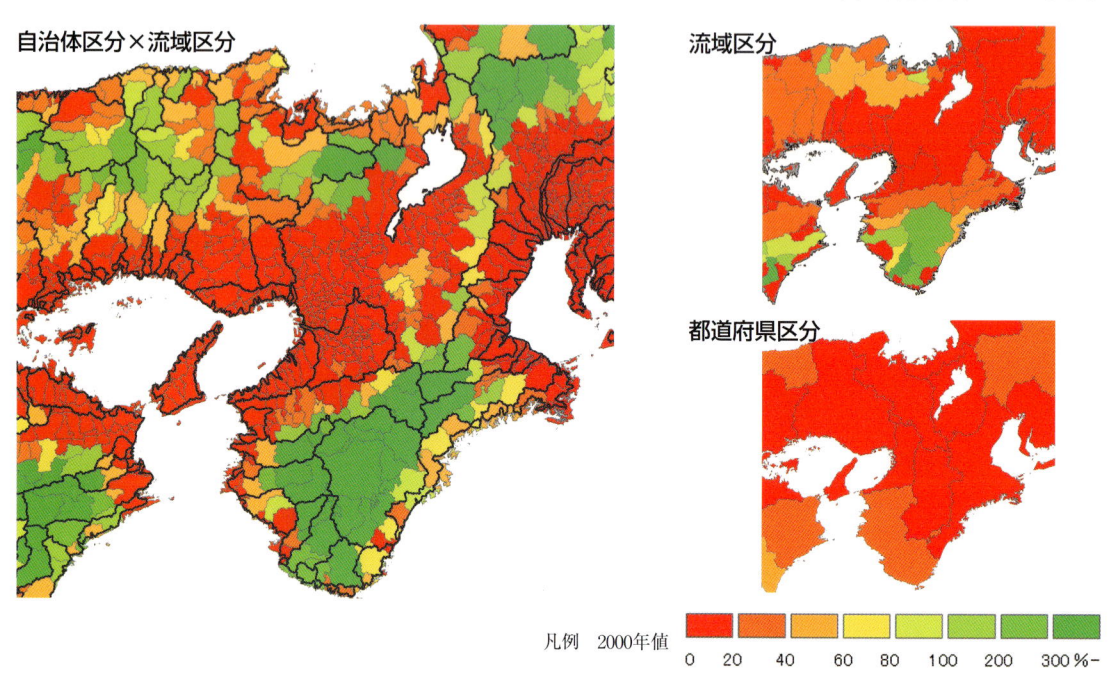

自治体区分×流域区分

流域区分

都道府県区分

凡例　2000年値　0　20　40　60　80　100　200　300%-

淀川流域のCO_2固定容量

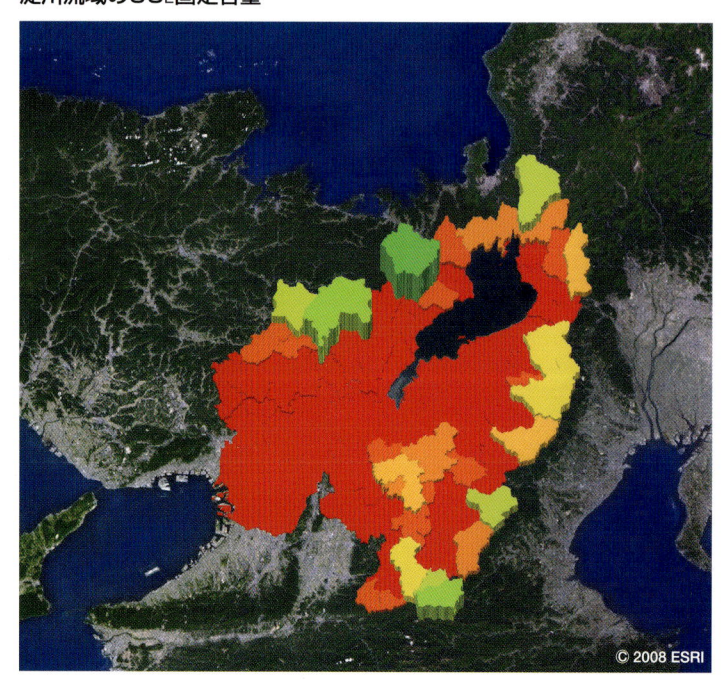

淀川流域全体では、CO_2固定容量は2.4%になりました。全国では1級水系全体の平均値は48.9%であり、全国104位にあたり、関西地方では1級水系の平均値は47.8%であり、7位（8水系中）にあたります。また、淀川流域に立地する自治体の容量値の平均は21.5%、最大値は370.3%、最小値は0.0%であり、容量値が5%以下と極めて低い自治体は全体の63.3%、0〜10%は70.1%、0〜20%は77.6%にのぼっています。100%以上の自治体は、4.8%と少ないです。

第3章　日本のヒトと自然のキャパシティ

関西地方を学ぶ

GISマップ
関西

●クーリング容量

関西地方全体では81.2%になりました。これは全国9地方中、ちょうど真ん中にあたります。北海道地方や九州地方よりも高い容量になりましたが、紀伊半島の大森林地域の恩恵と森林が散在して立地する特性の影響と思われます。1級水系についての容量は、平均値が83.1%、最大値が97.4%、最小値が58.6%になりました。最大流域の淀川と加古川で70%代の低い容量であり、大和川では58.6%と極めて低い状況です。一方、由良川、紀ノ川、熊野川では80%以上で、大森林地域に立地する熊野川では97.4%の非常に高い容量を保持しています。

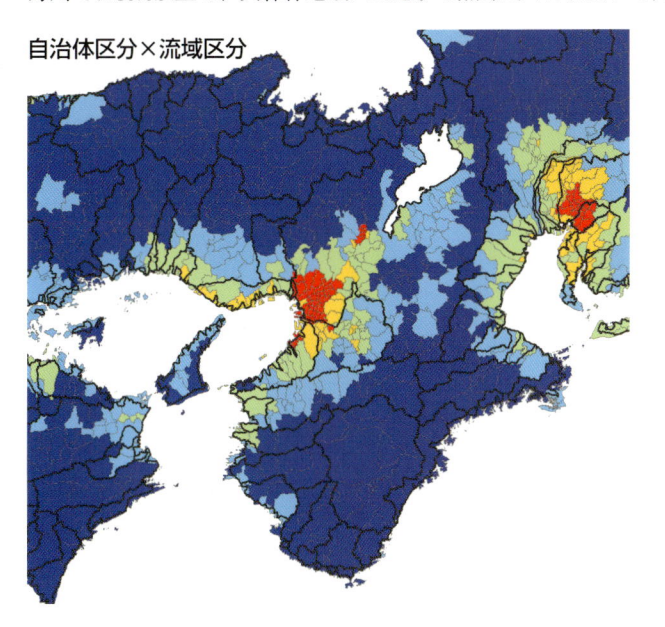

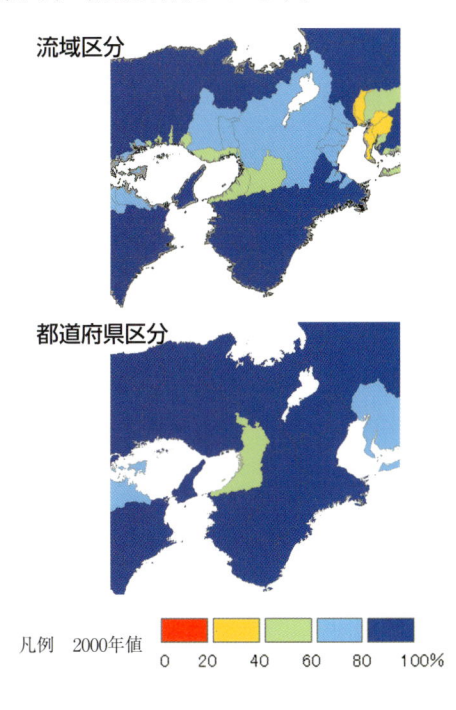

自治体区分×流域区分

流域区分

都道府県区分

凡例　2000年値　0　20　40　60　80　100%

淀川流域のクーリング容量

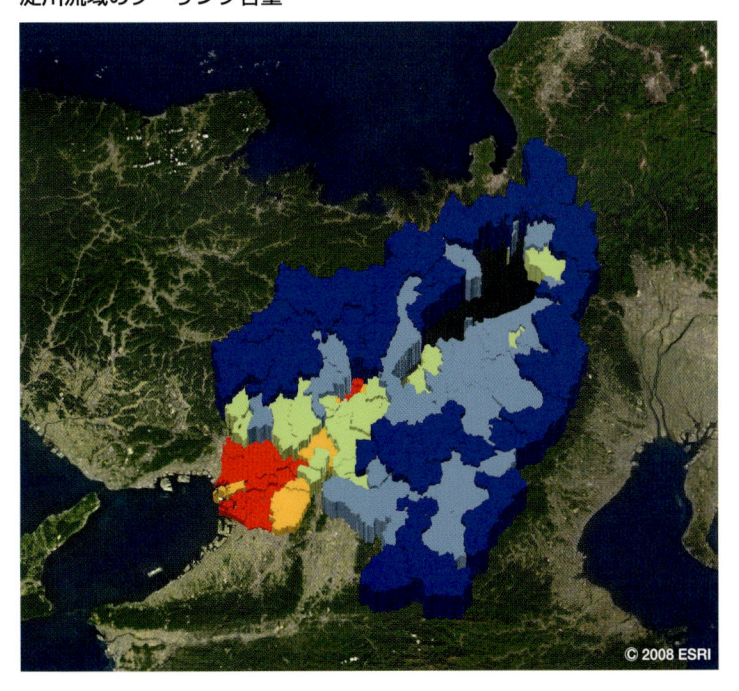

淀川流域全体では、クーリング容量は74.2%になりました。全国では1級水系全体の平均値は81.8%であり、全国89位にあたり、関西地方では1級水系の平均値は83.1%であり、7位（8水系中）にあたります。また、淀川流域に立地する自治体の容量値の平均は56.2%、最大値は97.7%、最小値は0.1%であり、容量値が25%以下と極めて低い自治体は全体の25.9%、0～50%は34.0%にのぼり低い容量です。

第3章 日本のヒトと自然のキャパシティ

GISマップ 関西

関西地方を学ぶ

●生活容量

関西地方全体では21.5%になりました。9地方中もっとも低い容量になっています。人口規模では関東地方の方がかなり多いのですが、関西地方は山系が複雑なため自給の対象になる可耕地や可住地の割合が関東地方より低いためだと思われます。1級水系についての容量は、平均値が54.6%、最大値が94.6%、最小値が16.0%になりました。由良川が95%ほどの容量を持っており、加古川、紀ノ川、熊野川も50〜60%の容量ですが、最大流域の淀川や大和川では16〜18%と極めて低い容量になっています。

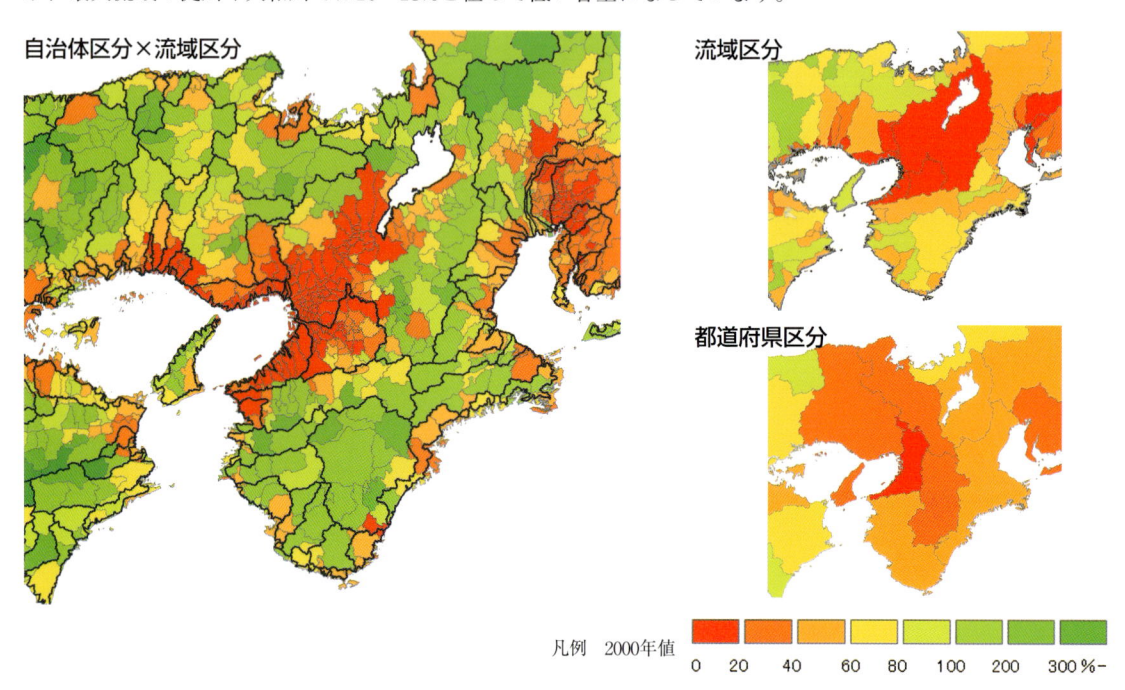

自治体区分×流域区分

流域区分

都道府県区分

凡例　2000年値　0　20　40　60　80　100　200　300%-

淀川流域の生活容量

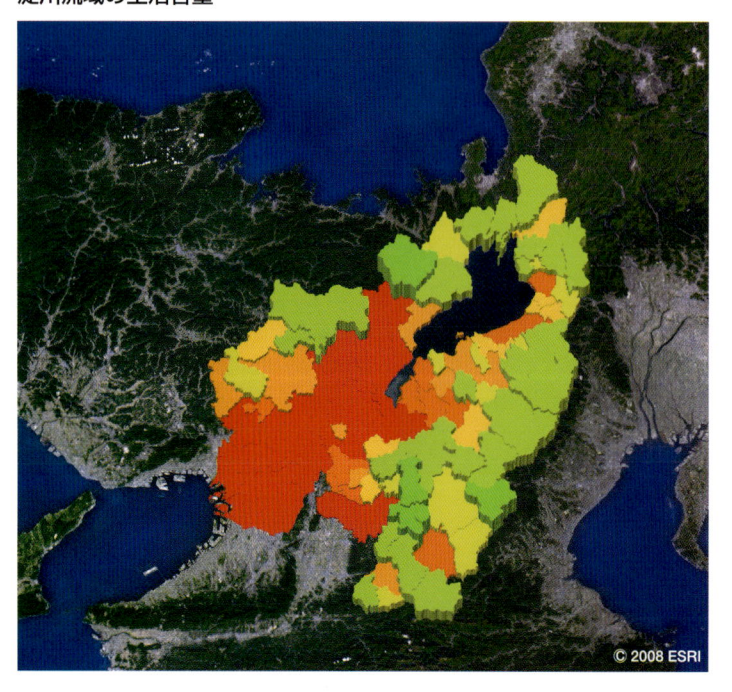

淀川流域全体では、生活容量は16.0%になりました。全国では1級水系全体の平均値は156.7%であり、全国105位にあたり、関西地方では1級水系の平均値は54.6%であり、8位（8水系中）にあたります。また、淀川流域に立地する自治体の容量値の平均は60.7%、最大値は271.1%、最小値は3.1%であり、容量値が25%以下と極めて低い自治体は44.2%、0〜50%は55.8%と低く、100%以上の自治体は全体の25.2%です。

第3章 日本のヒトと自然のキャパシティ

GISマップ 関西

関西地方を学ぶ

●水資源容量

　関西地方全体では172.1%になりました。需給ラインは超えていますが、全国9地方では50%強の関東地方に次いで低い容量です。他の地方が3倍あるいは5倍以上の容量を有している中で、2倍もないのは心配です。1級水系についての容量は、平均値が1,689.7%、最大値が9,400.5%、最小値が28.9%になりました。円山川で1,400%強、由良川で1,300%弱、熊野川では9,400%の豊かな容量を持っていますが、最大流域の淀川では77.0%と需給ラインを切っており、大和川も30%弱で大変低い状況にあります。

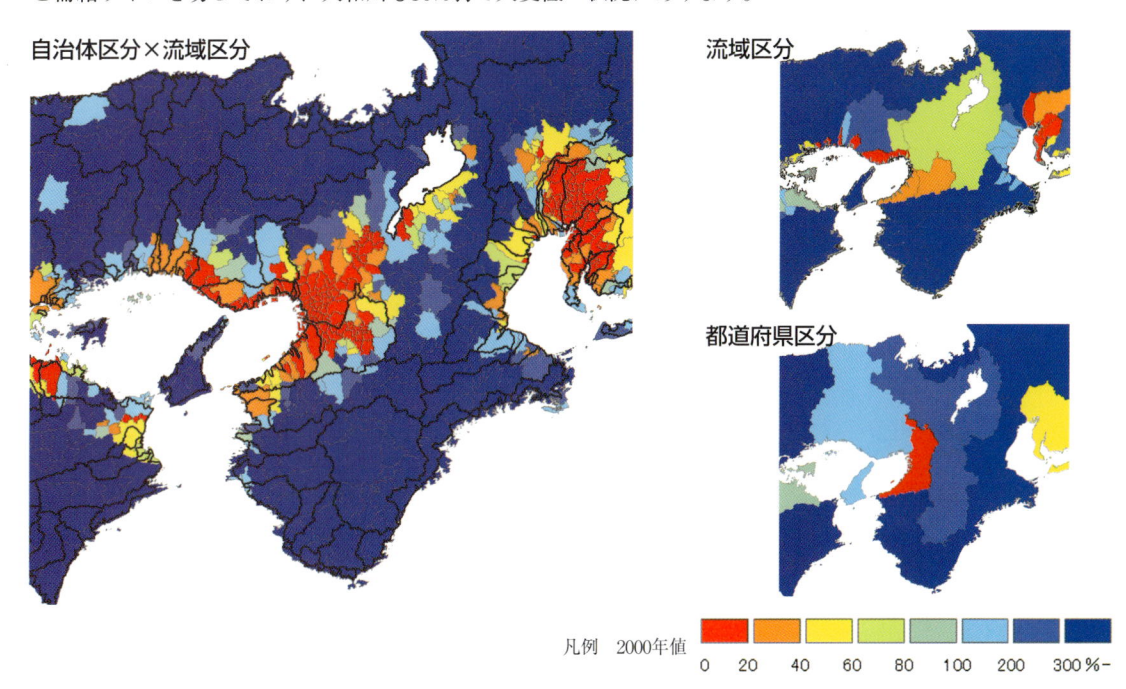

自治体区分×流域区分

流域区分

都道府県区分

凡例　2000年値　0　20　40　60　80　100　200　300%―

淀川流域の水資源容量

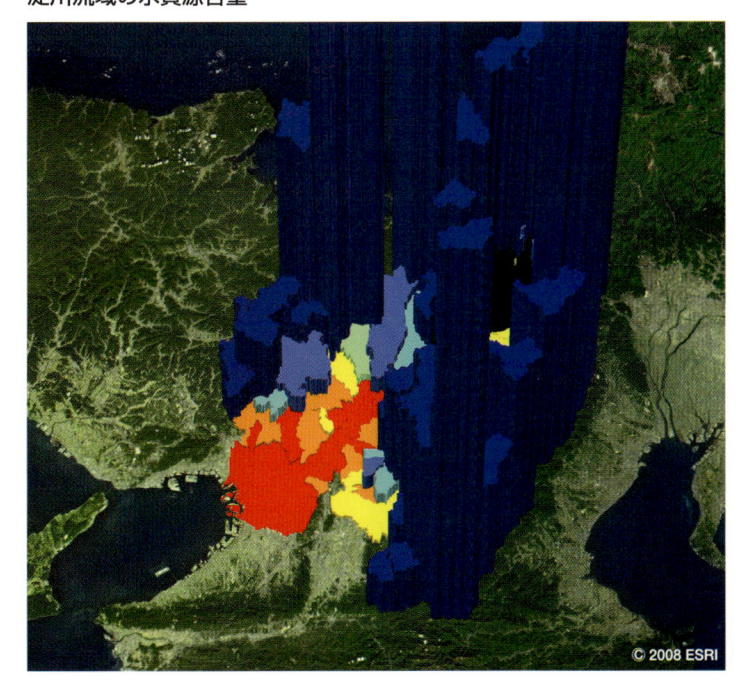

　淀川流域全体では、水資源容量は77.0%になりました。全国では1級水系全体の平均値は1,575.5%であり、全国104位にあたり、関西地方では1級水系の平均値は1,689.7%であり、7位（8水系中）にあたります。また、淀川流域に立地する自治体の容量値の平均は736.4%、最大値は13,690.9%、最小値は0.4%であり、容量値が50%以下と極めて低い自治体は全体の47.6%、0～100%は56.5%にのぼっています。

第3章　日本のヒトと自然のキャパシティ

GISマップ 関西

関西地方を学ぶ

●木材資源容量

　関西地方全体では43.6%になりました。これも関東地方に次いで2番目に低い容量です。意外にも、大森林地帯があるにも関わらず需要量の半分弱しか有していません。1級水系についての容量は、平均値が360.8%、最大値が1,681.6%、最小値が8.4%になりました。由良川、円山川、揖保川、紀ノ川などは200〜350%の容量がありますが、最大流域の淀川では20%を切っており、大和川ではひとケタ容量の大変低い状況です。一方、大森林地帯の熊野川では1,700%ほどの高い容量を持っています。

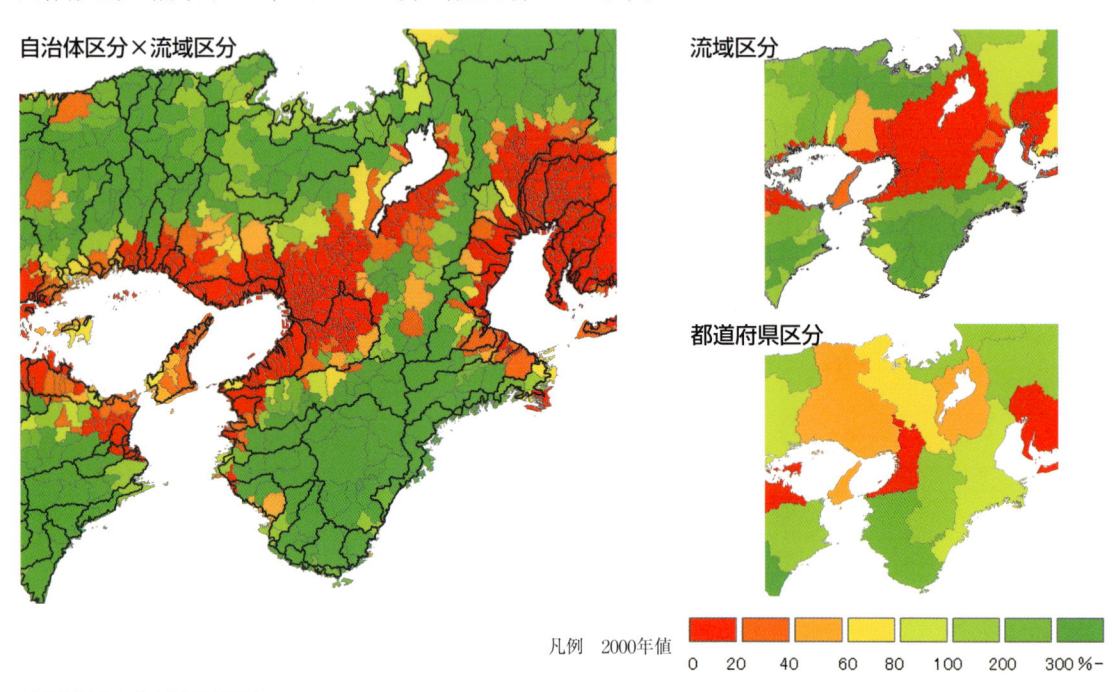

自治体区分×流域区分

流域区分

都道府県区分

凡例　2000年値　　0　20　40　60　80　100　200　300%-

淀川流域の木材資源容量

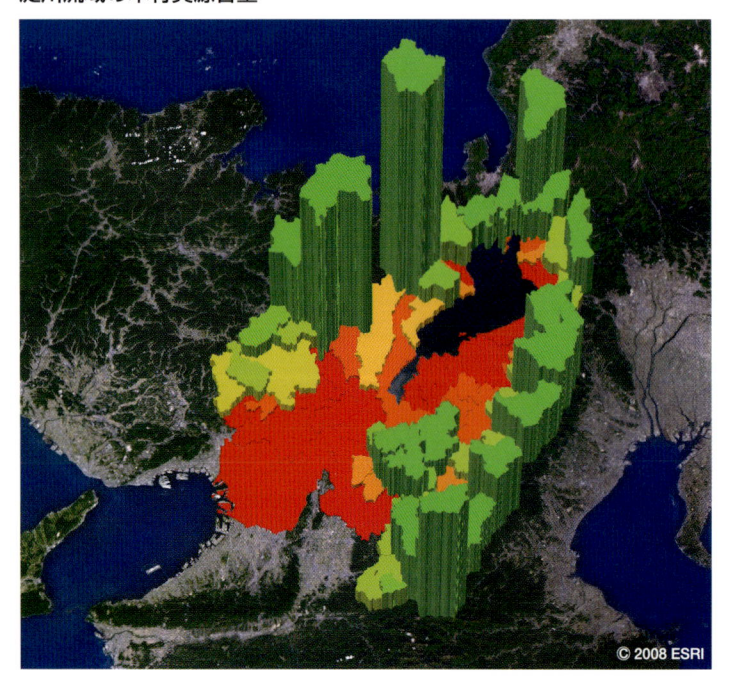

　淀川流域全体では、木材容量は18.1%になりました。全国では1級水系全体の平均値は369.3%であり、全国104位にあたり、関西地方では1級水系の平均値は360.8%であり、7位（8水系中）にあたります。また、淀川流域に立地する自治体の容量値の平均は162.3%、最大値は2,795.8%、最小値は0.0%であり、容量値が25%以下と極めて低い自治体は全体の57.1%、0〜50%は68.0%にのぼっています。一方、100%以上の自治体は全体の27.2%です。

第3章 日本のヒトと自然のキャパシティ

関西地方を学ぶ

GISマップ
関西

地方区分の環境容量

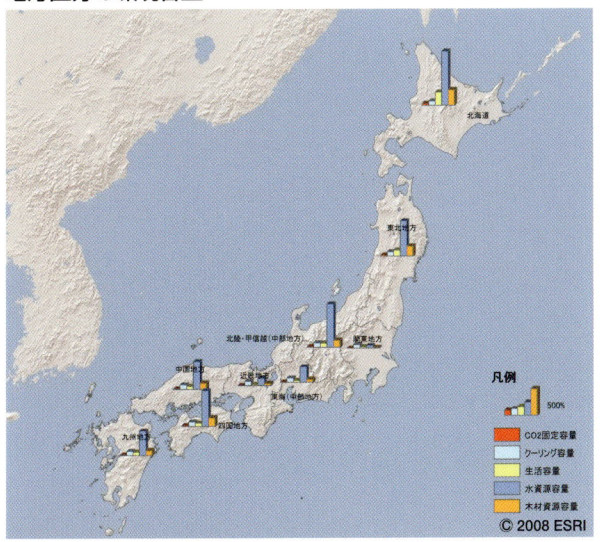

都道府県区分の環境容量

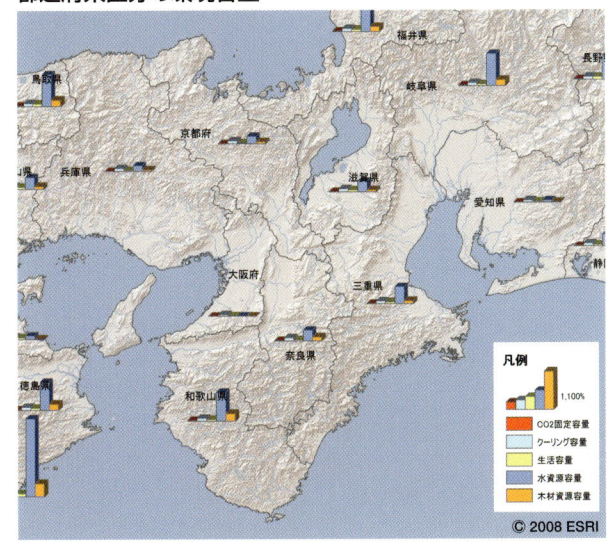

●関西地方からのイメージ

関西地方全体の環境容量は、CO_2固定容量が5.8%、クーリング容量が81.2%、生活容量が21.5%、水資源容量が172.1%、木材資源容量が43.6%になりました。総人口は約2,086万人。人口密度は、763.0人/km^{2}です。

また、地方区分および都道府県区分での環境容量の5指標値を左のGISグラフに示しています。

関西地方の特色は、約22%という低い生活容量と、約170%という低い水資源容量です。生活容量は、関東地方の約24%よりも低い容量で、9地方中で最も低い値です。人口密度はおよそ763人/km^{2}であり、関東地方の約1,247人/km^{2}よりかなり低い値ですが、広大な利根川の扇状地で構成される関東平野に対し、水系や山系が複雑に入込み、比較的、山地が多い関西地方の地形的な特性のためだと思われます。少ない平地に高密度に生活しているということのあらわれでしょう。水資源容量は、関東地方のように100%を切り、50%ほどということはありませんが、それでも、約170%という容量は、2章でふれた「バーチャルウォーター」を考慮すると、100%ぐらいにまで低下すると思われます。巨大地震をはじめとする自然災害に対するリスクマネージメントの視点からは、新しい都市のあり方を検討し、関東地方と同様に、都市のスリム化を進めることも必要ではないでしょうか。

環境エッセイ⑥

行政や環境計画に携わる人々へ

　総合的な流域管理による、都市再生や地域再生への期待も高まっています。

　尊敬する知人や先輩には、行政や環境計画に携わる方が多くおられ、このような提案は恐縮ですが、理系の技術者のみならず、文系のみなさまも、今、改めてそれぞれの市町村の所属する流域や環境容量の状況を知っていただきたいと思います。

　今やこれらの認識や確認は、避けては通れない時代となっています。明日を開く大きなヒントが潜んでいるような予感がします。また、山積した問題の解決にも、根源的に広範に対応できる、これ以上の糸口はないでしょう。多くの環境計画において基本的な目標を立て直し、ターゲットからゴールを目指す時代が訪れようとしています。プランニングやフジイカルデザインの大きさや形を超えて、自然の存在意義やヒトの活動の属性を重く受け止め、それらに、基本的な働きを意識して組み込まなければなりません。また、そうした行為により未来は開かれるのかも知れません。

　このマップブックには、首都圏、近畿圏、中部圏の3大都市圏をはじめ、北は北海道、南は沖縄県に至るまで、わが国全域の市町村のデータを解析し掲載しています。

　かつて、バックミンスター・フラー博士の「宇宙船地球号」のひとことで、地球環境の認識が飛躍的に向上しました。さらに、流域という身近な宇宙船の存在を知り、そのヒトと自然の現状や、源流域、上流域や下流域、河口域など、生態学的な環境単位との関わりをはじめ、地理、歴史、産業、交流など、多次元の理解を進め、プランニングやデザイン、コンストラクション、また、環境教育を通じ、社会に還元したいと思います。

　新しい国土や地域、また、都市の創造や再生を目指した、自治体の再編成や、道州制など地方分権、さらに、日本版グリーンニューディール政策を考えるうえでの基礎にもなりうるものと思います。

雪の乗鞍高原

7）中国地方を学ぶ

GISマップ
中国

都道府県区分

流域区分

●地方の概要と主要流域

　中国地方は鳥取県、島根県、岡山県、広島県、山口県の5県で構成されています。総面積は約3万1,900km²、総人口は約773万人、人口密度は242.3人/km²です。日本の総面積（約37万7,800km²）の8.4％、総人口（約1億2,700万人）の6.1％、平均人口密度（336人/km²）の72.1％にあたります。

　中国地方には13の1級水系があります。また、1,500km²以上の面積を持つ流域は、

- 斐伊川（ひいがわ）　　2,070km²
- 江の川（ごうのかわ）　3,870km²
- 吉井川（よしいがわ）　2,060km²
- 旭川（あさひがわ）　　1,800km²
- 高梁川（たかはしがわ）2,670km²
- 太田川（おおたがわ）　1,700km²

などの6流域です。

　最大流域は江の川（ごうのかわ）水系で、3,870km²の流域面積を持っています。流域内人口では、流域面積1,700 km²の太田川水系が約98万人の中国地方最大の人口を有しています。人口3万人以上の都市では、広島市と府中町が立地しています。

※参考文献　国土交通省2007：総務省2000

中国地方を学ぶ

●CO₂固定容量

中国地方全体では16.0%になりました。これは全国9地方中ちょうど真ん中にあたりますが、北海道の半分以下で、関西地方の3倍ほどの容量です。1級水系についての容量は、平均値が37.3%、最大値が112.6%、最小値が6.4%になりました。大型流域では最大流域の江の川が76.3%の高い容量を持っていますが、斐伊川、吉井川、旭川、高染川は20〜30%、太田川はひとケタ容量の状況です。流域面積1,000km²ほどの高津川が唯一100%ラインを超えています。

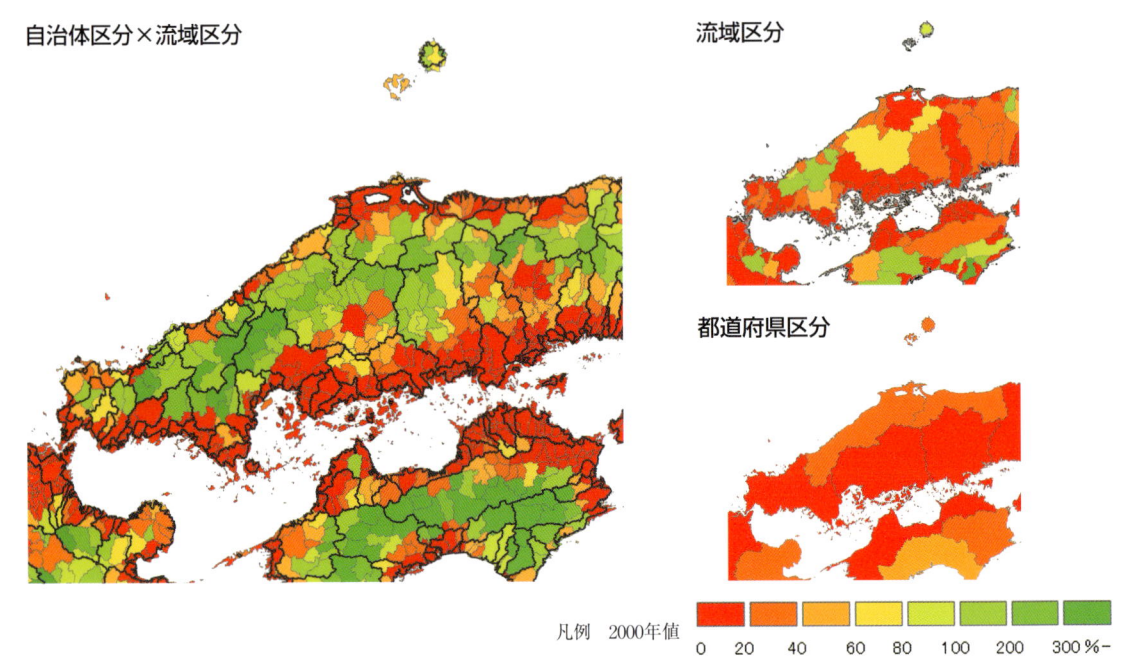

自治体区分×流域区分

流域区分

都道府県区分

凡例　2000年値　0　20　40　60　80　100　200　300%−

太田川流域のCO₂固定容量

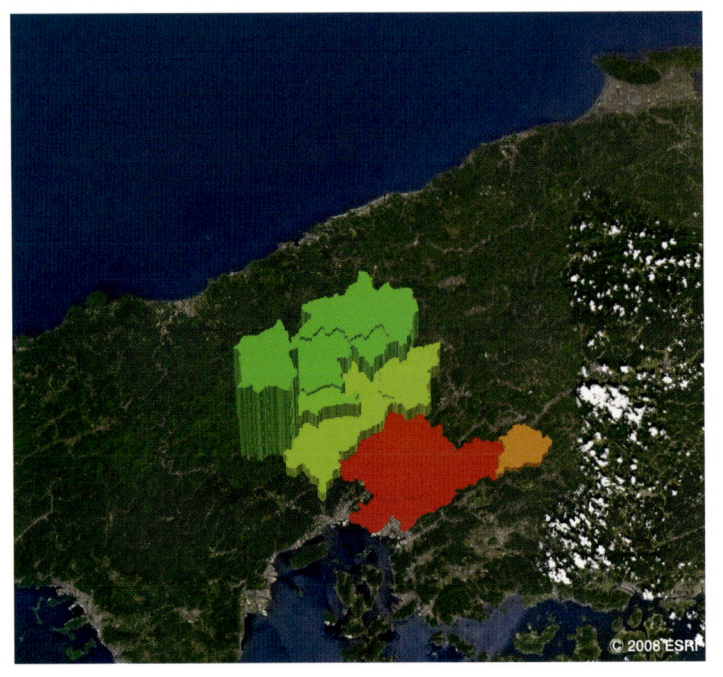

太田川流域全体では、CO₂固定容量は8.2%になりました。全国では1級水系全体の平均値は48.9%であり、全国89位にあたり、中国地方では1級水系の平均値は37.3%であり、12位（13水系中）にあたります。また、太田川流域に立地する自治体の容量値の平均は169.5%、最大値は931.8%、最小値は0.0%であり、容量値が5%以下と極めて低い自治体は、広島市の安佐北区を除く市域と府中町などで、5〜10%には、広島市の安佐北区、向原町が60%弱で、それ以外の町村は100%以上の高い容量を持っています。

第3章 日本のヒトと自然のキャパシティ

GISマップ 中国

中国地方を学ぶ

●クーリング容量

　中国地方全体では86.3%になりました。なんと緑の大地の北海道地方や東北地方も抜いて、9地方中で最も高い容量値を持っています。平野や盆地地域で都市化や耕地化されている地域が少なく森林が多いからだと思われます。1級水系についての容量は、平均値が89.3%、最大値が95.1%、最小値が82.5%になりました。平均値も最小値も高い水準です。6つの大型流域もすべて80%以上の高い容量を持っています。最大人口を有する太田川も87.3%の容量を持っています。

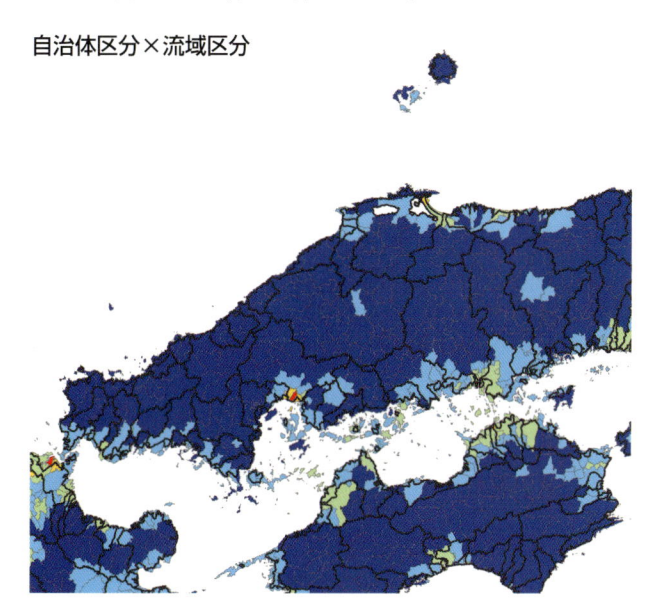

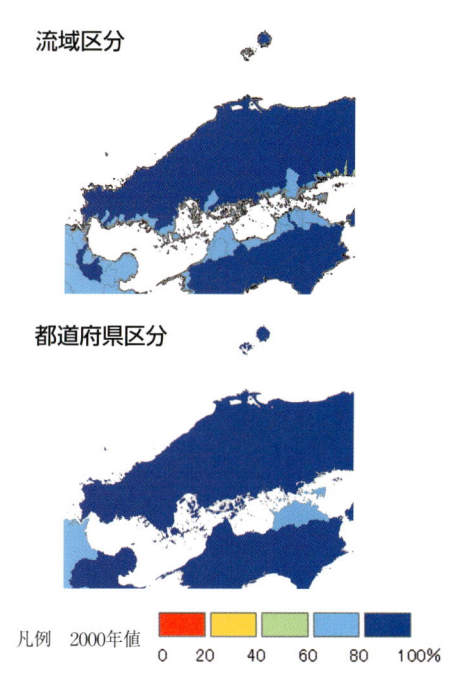

自治体区分×流域区分

流域区分

都道府県区分

凡例　2000年値　0　20　40　60　80　100%

太田川流域のクーリング容量

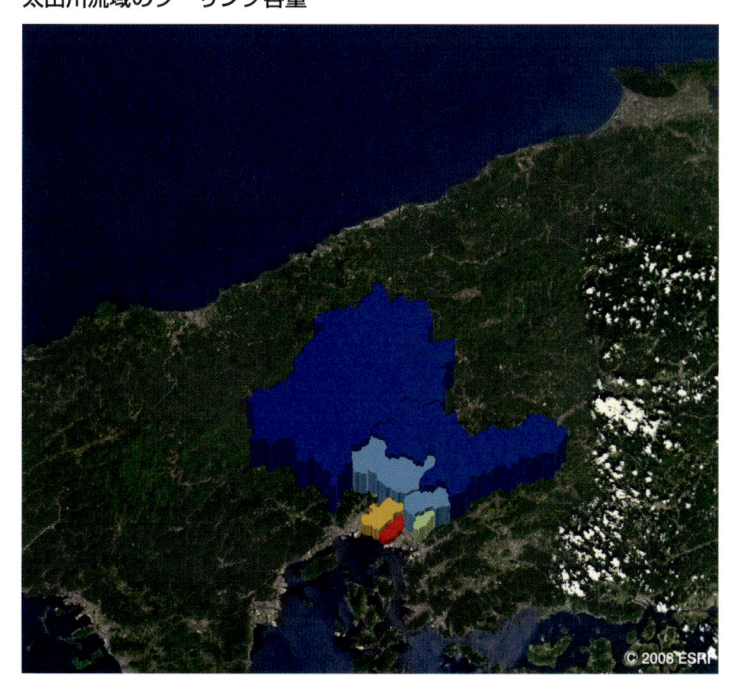

　太田川流域全体では、クーリング容量は87.3%になりました。全国では1級水系全体の平均値は81.8%であり、全国45位にあたり、中国地方では1級水系の平均値は89.3%であり、10位（13水系中）にあたります。また、太田川流域に立地する自治体の容量値の平均は76.7%、最大値は95.7%、最小値は17.4%であり、容量値が25%以下と極めて低い自治体は、広島市中区、25～50%では、広島市西区、府中町、50～75%では、広島市東区、同安佐南区であり、それ以外の自治体は80%以上の容量を有しています。

第3章 日本のヒトと自然のキャパシティ

GISマップ 中国

中国地方を学ぶ

● **生活容量**

　中国地方全体では58.0%になりました。これは全国9地方中4番目の低さですが、60%弱の自給率があります。1級水系についての容量は、平均値が86.8%、最大値が202.8%、最小値が21.0%になりました。大型流域では、最大流域の江の川が200%強の容量値を持っており、斐伊川、吉井川、旭川、高梁川では70～100%の容量を持っています。また1,000km²クラスの流域である日野川、高津川では120～140%の容量を持っています。一方、最大人口を有する太田川では21.0%の低い容量になっています。

自治体区分×流域区分

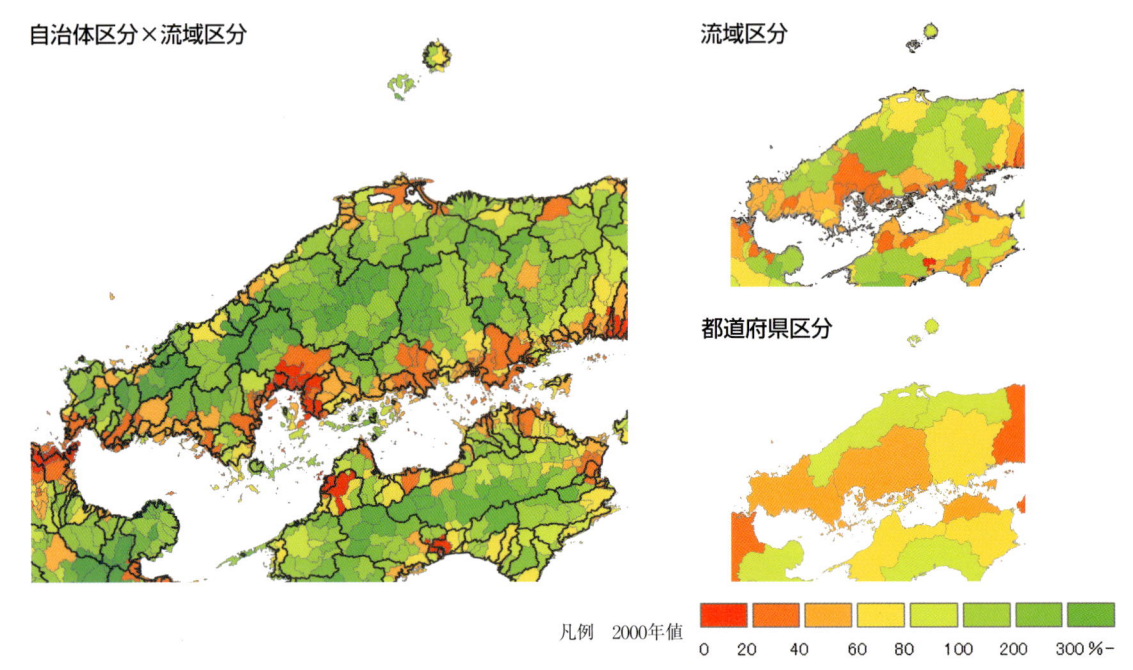

流域区分

都道府県区分

凡例　2000年値　0　20　40　60　80　100　200　300%-

太田川流域の生活容量

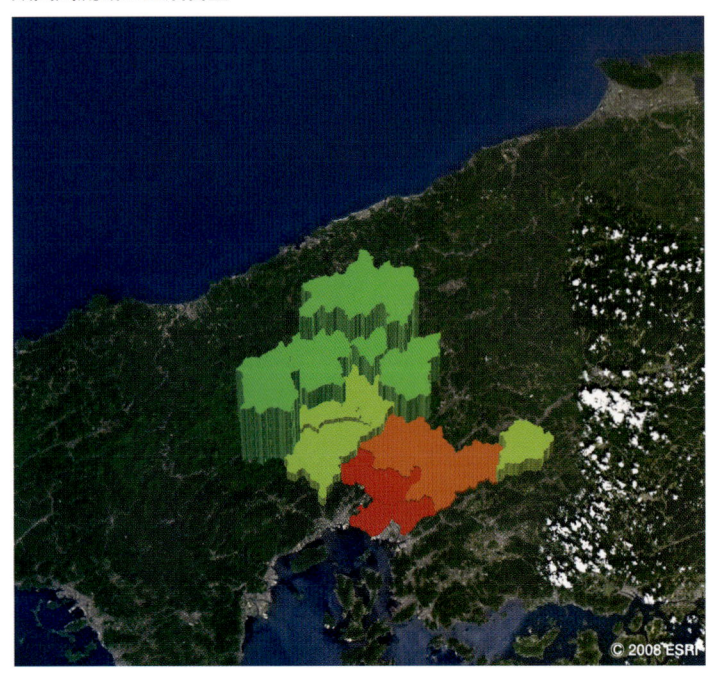

　太田川流域全体では、生活容量は21.0%になりました。全国では1級水系全体の平均値は156.7%であり、全国102位にあたり、中国地方では1級水系の平均値は86.8%であり、13位（13水系中）にあたります。また、太田川流域に立地する自治体の容量値の平均は199.8%、最大値は703.5%、最小値は5.8%であり、容量値が25%以下と極めて低い自治体は、広島市中区、西区、東区、安佐南区、府中町などであり、25～50%は、広島市安佐北区、それ以外の自治体は100%以上の容量を有しています。

第3章 日本のヒトと自然のキャパシティ

中国地方を学ぶ

GISマップ 中国

●水資源容量

中国地方全体では514.0%になりました。これは9地方中ちょうど真ん中の容量にあたります。1級水系についての容量は、平均値が1,224.6%、最大値が3,910.1%、最小値が180.9%になりました。最大流域の江の川では2,500%以上の容量を持っています。また、斐伊川、吉井川、旭川、高梁川では500〜800%の容量を持っています。太田川では、270%弱の容量になっています。

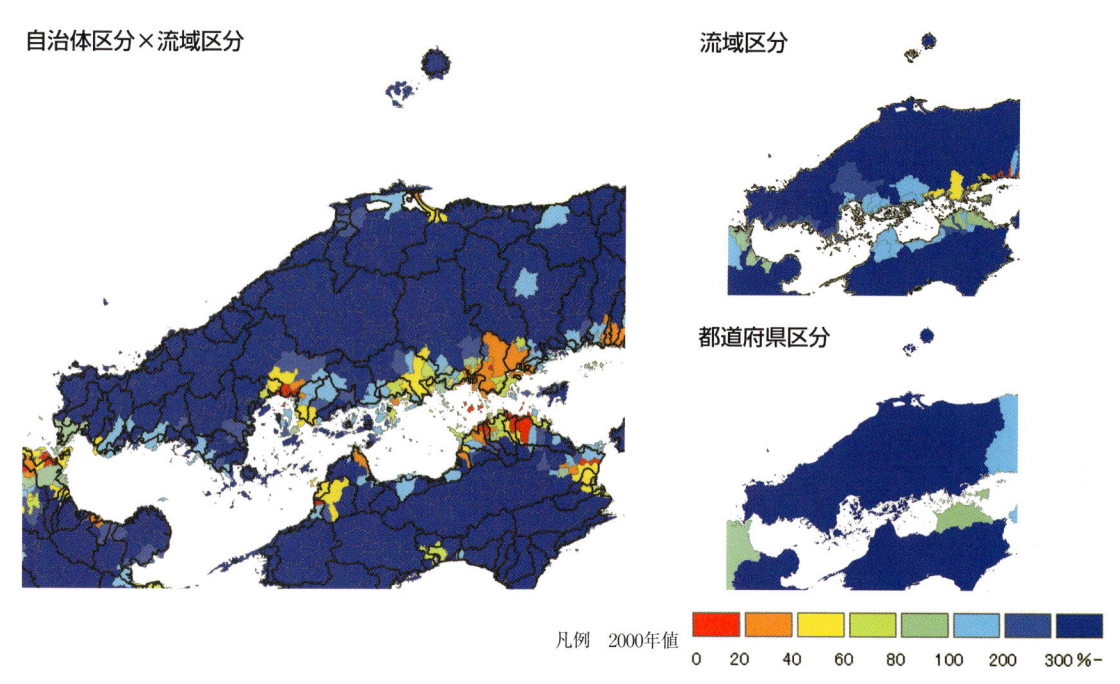

自治体区分×流域区分

流域区分

都道府県区分

凡例　2000年値
0　20　40　60　80　100　200　300%−

太田川流域の水資源容量

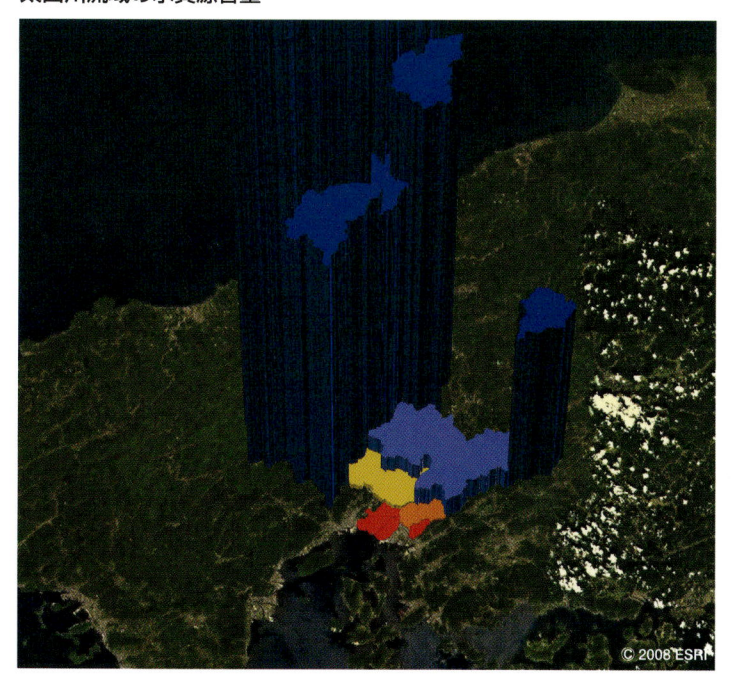

太田川流域全体では、水資源容量は268.5%になりました。全国では1級水系全体の平均値は1,575.5%であり、全国92位にあたり、中国地方では1級水系の平均値は1,224.6%であり、12位（13水系中）にあたります。また、太田川流域に立地する自治体の容量値の平均は5,788.3%、最大値は32,935.5%、最小値は1.8%であり、容量値が50%以下と極めて低い自治体は、広島市中区、西区、東区、府中町などであり、50〜100%では、安佐南区、広島市安佐北区が250%弱、それ以外の自治体は1,900%以上の容量を有しています。

第3章 日本のヒトと自然のキャパシティ

GISマップ 中国
中国地方を学ぶ

● 木材資源容量

中国地方全体では120.9%になりました。需給ラインの100%を超えています。これも全国9地方中ちょうど真ん中の容量にあたります。1級水系についての容量は、平均値が281.6%、最大値が850.1%、最小値が48.6%になりました。最大流域の江の川で580%ほどの容量を持っています。また、斐伊川、吉井川、旭川、高梁川では140〜200%強の容量を持っています。一方、最大人口を有する太田川では容量は61.6%と低くなっています。

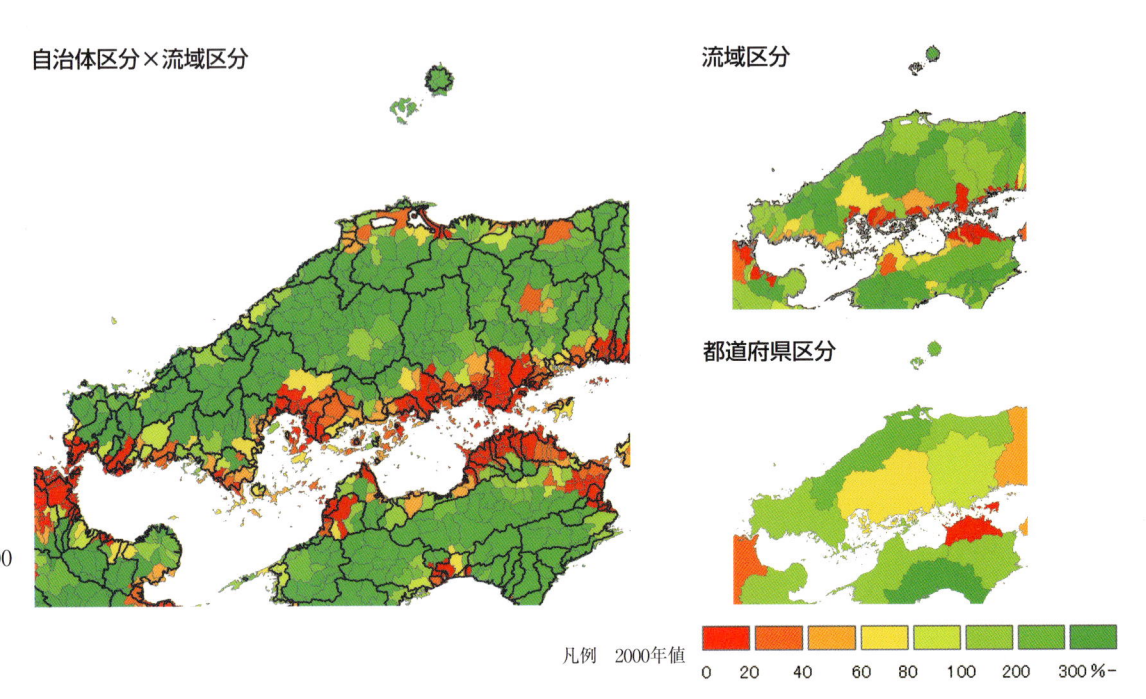

自治体区分×流域区分

流域区分

都道府県区分

凡例　2000年値　0　20　40　60　80　100　200　300 %-

太田川流域の木材資源容量

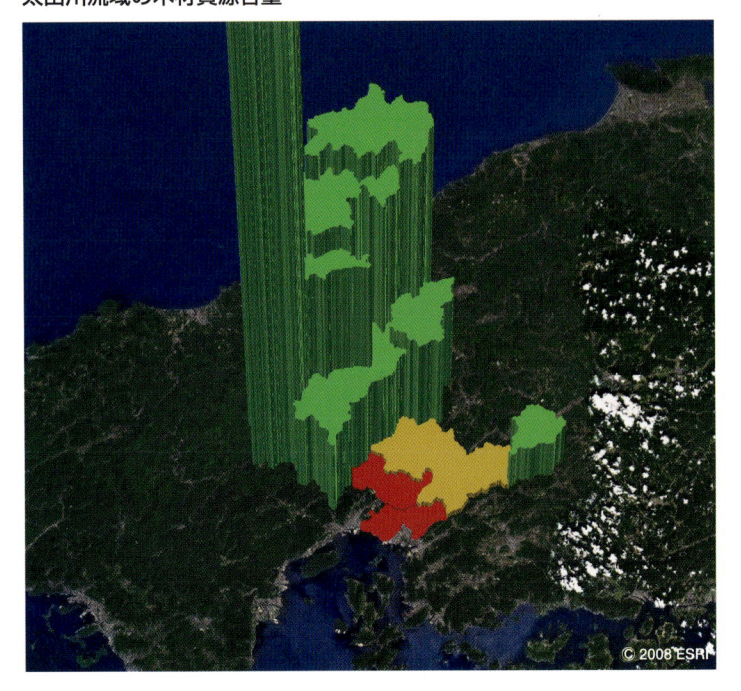

太田川流域全体では、木材容量は61.6%になりました。全国では1級水系全体の平均値は369.3%であり、全国89位にあたり、中国地方では1級水系の平均値は281.6%であり、12位（13水系中）にあたります。また、太田川流域に立地する自治体の容量値の平均は1,279.5%、最大値は7,036.0%、最小値は0.0%であり、容量値が25%以下と極めて低い自治体は、広島市中区、西区、東区、安佐南区、府中町などで、広島市安佐北区が60%強、それ以外の自治体は400%以上の容量を持っています。

第3章 日本のヒトと自然のキャパシティ

GISマップ
中国

中国道地方を学ぶ

地方区分の環境容量

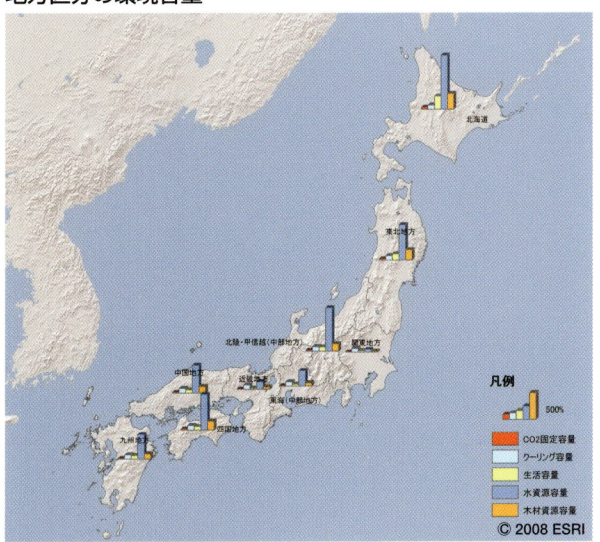

都道府県区分の環境容量

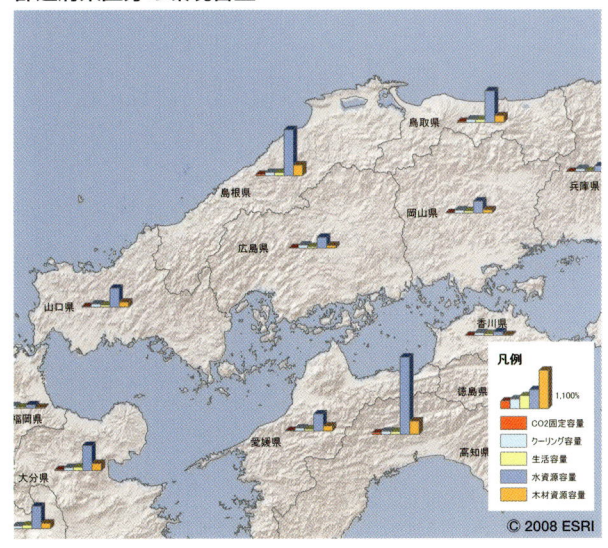

● 中国地方からのイメージ

　中国地方全体の環境容量は、CO_2固定容量が16.0%、クーリング容量が86.3%、生活容量が58.0%、水資源容量が514.0%、木材資源容量が120.9%になりました。総人口は約773万人。人口密度は242.3人/km²です。

　また、地方区分および都道府県区分での環境容量の5指標値を左のGISグラフに示しています。

　中国地方の環境容量は、全国9地方の真ん中ぐらいに位置することが特徴と思われます。生活容量は約58%であり、50%ラインは超えています。北海道地方の約244%、東北地方の約114%、北陸・甲信越地方の約78%、九州地方の約65%、四国地方の約63%に次いで、全国で6番目の容量値です。7番目には東海地方の約35%、8番目には関東地方の約24%、9番目には関西地方の約22%と続きます。中国山地を分水嶺として、各流域が日本海側と瀬戸内海側へ短冊状に立地し下流域に都市が立地しているという構成が中国地方の特色であり、それぞれの都市がスプロールし過ぎないことで、適正規模が保持されることが重要でしょう。中国地方は5県により構成されていますが、容量値は日本海側で高く、瀬戸内海側では低い傾向にあります。

第3章 日本のヒトと自然のキャパシティ

環境エッセイ⑦

ヒトと自然、そして、科学の未来

　ヒトと自然と科学のもとに、明日の地球はあるでしょう。また、私たちの都市もあるのでしょう。
　これは、よく言われていることで、みなさんもよくご存知かと思います。
　私は、時々、自分の好きな自動車やドライブに当てはめ、このことを確認しています。
　ドライブは、ヒトの趣味で、ヒトの行動です。ガソリンで走る自動車は、CO_2を発生します。森林や植物は、光合成により、そのCO_2を固定します。この現象が組み合わさり、環境や環境容量は変化します。
　ここで大切なのは、ヒトがドライブに行く頻度や走行距離です。また、自動車の燃費や排出CO_2に対する環境性能です。また、CO_2を吸収し固定する、森林の質や量です。この組み合わせのなかで、ヒトの要求・欲求の満足度や、自然に対する影響の程度が決まってきます。
　もし、森林の少ない状況で、CO_2を多く発生する自動車で、たくさんのドライブを楽しんだとしたら、また、ドライブを楽しむヒトがたくさんいたら、楽しいドライブかもしれませんが、環境は、どのようになるでしょう。おそらく、最悪の結果となるでしょう。
　ここで、現在、進められている、低排出ガス車やハイブリッドカーを使ったとします。どうでしょう。発生するCO_2は少なく、森林の少ない状況でも、環境への影響は、改善されるでしょう。たいへん良いことだと思います。
　しかし、さらに、ヒトが、がんばって、ドライブの仕方、急発進、急ブレーキをやめたり、アイドリング・ストップを心がけたり、乗りあったり、ドライブでの走行距離を少なくしたらどうでしょう。ドライバーには、多少、欲求が満たされないことになるかもしれませんが、環境にとっては、さらによい結果を示すことになります。
　そして、ヒトが、もうひとつ、がんばって、森林を大切にし、さらに豊かになるように森林育成を意識し、努力すれば、本来、森林は、ドライブで出されたCO_2を吸収するために存在するものではありませんが、たまたま、持ち合わせてくれた、光合成のおかげで、環境への負荷はさらに少なくなるのです。
　自動車への科学技術、森林への意識や育成、私たちヒトの心くばりにより、自然への負荷を減らしつつ、もっともっと、ドライブを楽しむことができるようになるのです。
　ヒトと自然が織り成す環境は、なかなか理解しにくいものですが、この例は、多くに当てはめ考えられると思います。
　豊かな自然、豊かな科学、豊かなヒト、この実現により、豊かな未来が訪れるのです。

川あそび・木津川

8）四国地方を学ぶ

都道府県区分

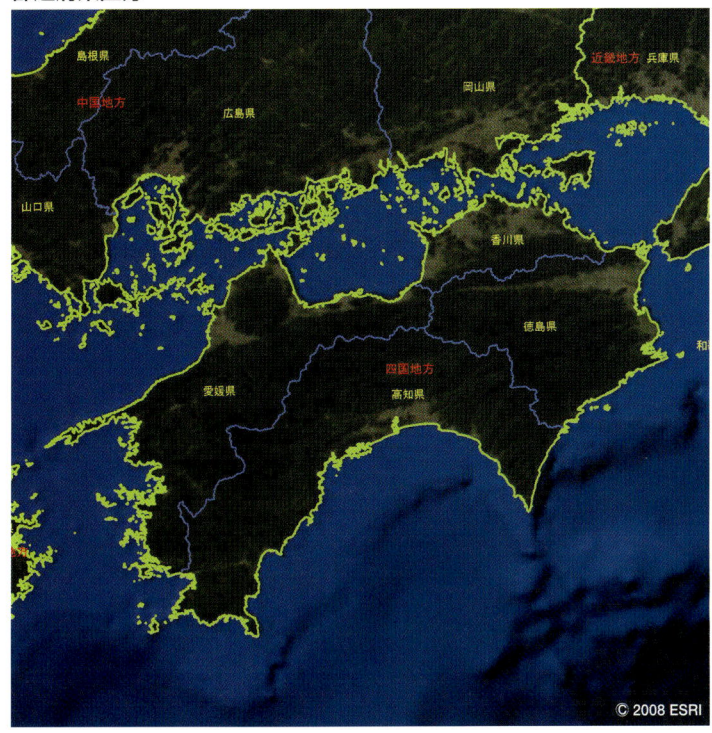

流域区分

●地方の概要と主要流域

四国地方は徳島県、香川県、愛媛県、高知県の4県で構成されています。総面積は約1万8,800km²、総人口は約415万人、人口密度は220.9人/km²です。日本の総面積（約37万7,800km²）の5.0％、総人口（約1億2,700万人）の3.3％、平均人口密度（336人/km²）の65.8％にあたります。

四国地方には8つの1級水系があります。また、1,500km²以上の面積を持つ流域は、
- 吉野川（よしのがわ）　　3,750km²
- 仁淀川（によどがわ）　　1,560km²
- 四万十川（しまんとがわ）　2,270km²

などの3流域です。

最大流域の吉野川（よしのがわ）水系は、3,750km²の流域面積と約64万人の流域内人口を持ち、四国地方を代表する水系です。人口3万人以上の都市では、徳島市、鳴門市、伊予三島市、藍住町が立地しています。次いで流域面積の大きい四万十川水系は、「最後の清流」として名高い流域です。

※参考文献　国土交通省2007：総務省2000

GISマップ 四国

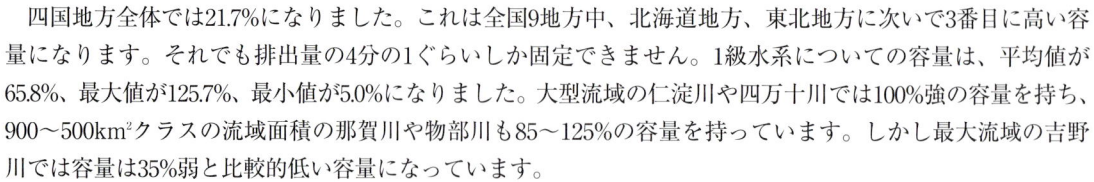

四国地方を学ぶ

●CO_2固定容量

　四国地方全体では21.7%になりました。これは全国9地方中、北海道地方、東北地方に次いで3番目に高い容量になります。それでも排出量の4分の1ぐらいしか固定できません。1級水系についての容量は、平均値が65.8%、最大値が125.7%、最小値が5.0%になりました。大型流域の仁淀川や四万十川では100%強の容量を持ち、900〜500km^{2}クラスの流域面積の那賀川や物部川も85〜125%の容量を持っています。しかし最大流域の吉野川では容量は35%弱と比較的低い容量になっています。

自治体区分×流域区分

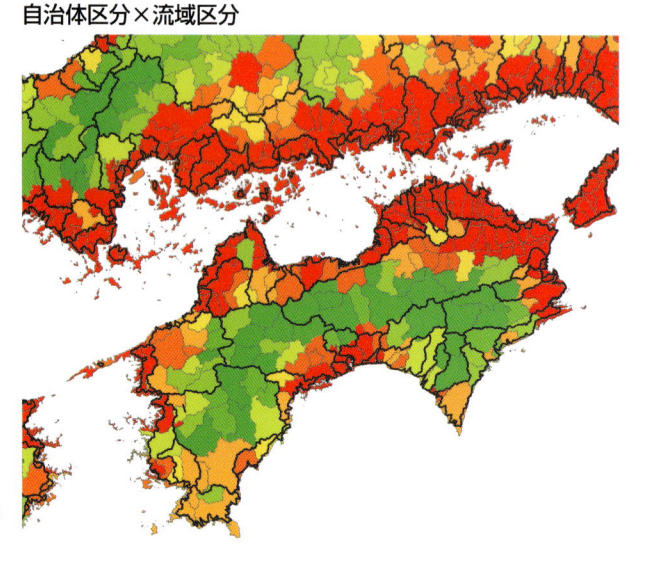

流域区分

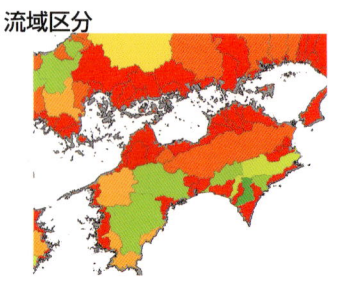

都道府県区分

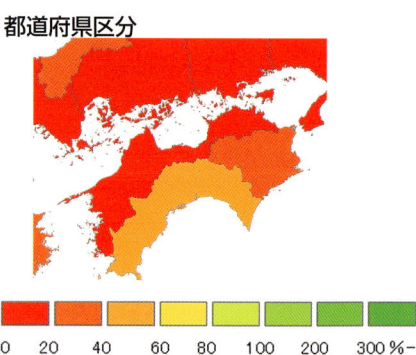

凡例　2000年値　0　20　40　60　80　100　200　300%-

吉野川流域のCO_2固定容量

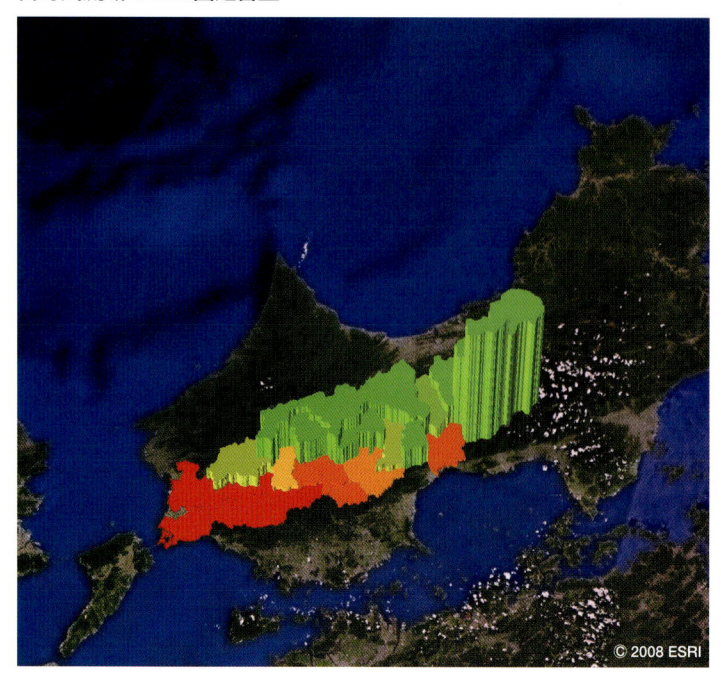

　吉野川流域全体では、CO_2固定容量は34.4%になりました。全国では1級水系全体の平均値は48.9%であり、全国40位にあたり、四国地方では1級水系の平均値は65.8%であり、6位（8水系中）にあたります。また、吉野川流域に立地する自治体の容量値の平均は217.5%、最大値は1,916.7%、最小値は0.0%であり、容量値が10%以下と極めて低い自治体は、人口3万人以上の都市では、藍住町、徳島市、鳴門市などで、次いで、伊予三島市が40%弱になっています。

第3章　日本のヒトと自然のキャパシティ

GISマップ 四国

四国地方を学ぶ

● クーリング容量

　四国地方全体では85.7%になりました。これは全国9地方中では中国地方に次いで2番目に高い容量値です。豊かな森林が影響していると思われます。1級水系についての容量は、平均値が87.9%、最大値が94.1%、最小値が76.6%になりました。流域面積が450km²クラスの重信川の76.6%を除いて80%以上の高い容量を持っています。大型流域である吉野川や四万十川、仁淀川でも90%前後の高い容量を持っています。

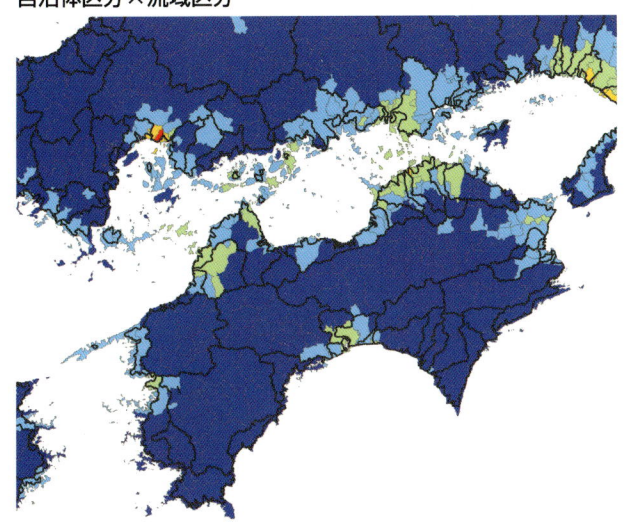

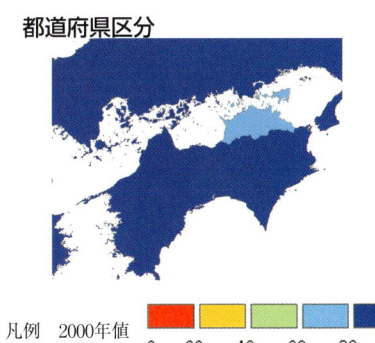

自治体区分×流域区分

流域区分

都道府県区分

凡例　2000年値　0　20　40　60　80　100%

吉野川流域のクーリング容量

　吉野川流域全体では、クーリング容量は88.1%になりました。全国では1級水系全体の平均値は81.8%であり、全国39位にあたり、四国地方では1級水系の平均値は87.9%であり、6位（8水系中）にあたります。また、吉野川流域に立地する自治体の容量値の平均は81.3%、最大値は95.4%、最小値は42.3%であり、容量値が25%以下と極めて低い自治体は存在しません。50〜75%では、人口3万人以上の都市では、藍住町、徳島市、鳴門市などです。伊予三島市は90%弱を有しています。

第3章　日本のヒトと自然のキャパシティ

GISマップ 四国

四国地方を学ぶ

●生活容量

　四国地方全体では62.7%になりました。これは全国9地方中、ちょうど真ん中の容量にあたります。1級水系についての容量は、平均値が111.1%、最大値が240.2%、最小値が24.4%になりました。大型流域では仁淀川で120%、四万十川で240%の容量を持っています。また1,200～500km^{2}クラスの流域面積の肱川や物部川も130～140%の容量を持っています。また最大流域の吉野川は75.6%の容量を持っています。

自治体区分×流域区分

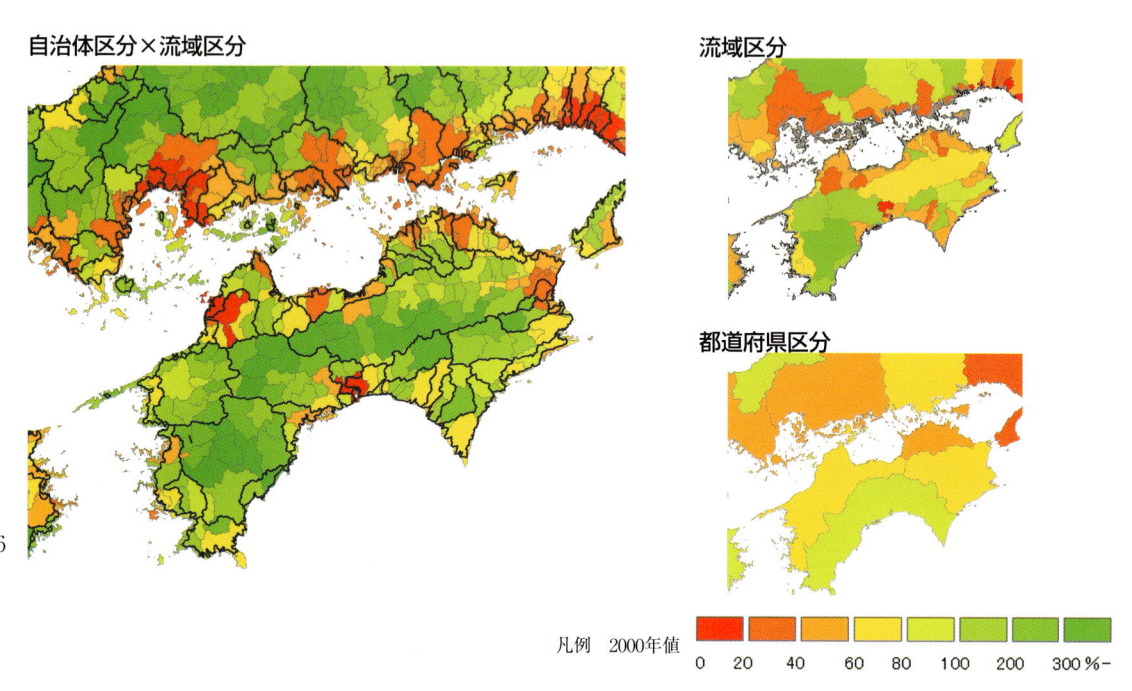

流域区分

都道府県区分

凡例　2000年値　0　20　40　60　80　100　200　300%-

吉野川流域の生活容量

　吉野川流域全体では、生活容量は75.6%になりました。全国では1級水系全体の平均値は156.7%であり、全国69位にあたり、四国地方では1級水系の平均値は111.1%であり、6位（8水系中）にあたります。また、吉野川流域に立地する自治体の容量値の平均は251.1%、最大値は1,693.9%、最小値は23.6%であり、容量値が25%以下と極めて低い自治体は、人口3万人以上の都市では、徳島市のみで、次いで25～50%で低い自治体は、藍住町、伊予三島市、鳴門市などです。

第3章 日本のヒトと自然のキャパシティ

四国地方を学ぶ

GISマップ
四国

●水資源容量

四国地方全体では814.4%になりました。これは北海道地方、北陸・甲信越地方に次いで3番目に高い容量です。1級水系についての容量は、平均値が2,407.5%、最大値が4,909.9%、最小値が117.9%になりました。最大流域の吉野川での1,090%をはじめ、大型流域の仁淀川で3,400%、四万十川で4,900%の容量を持っている。

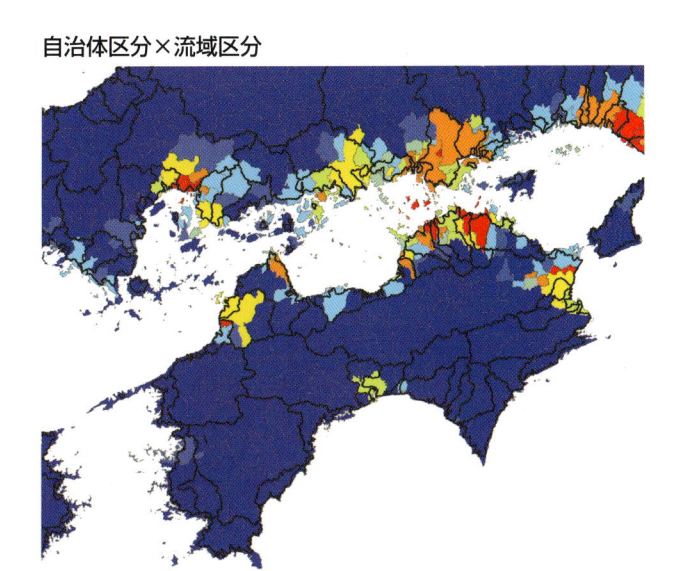

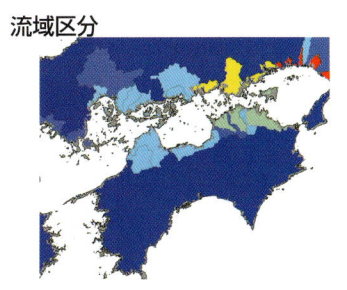

自治体区分×流域区分

流域区分

都道府県区分

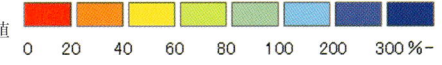

凡例　2000年値　0　20　40　60　80　100　200　300%－

吉野川流域の水資源容量

吉野川流域全体では、水資源容量は1,090.8%になりました。全国では1級水系全体の平均値は1,575.5%であり、全国43位にあたり、四国地方では1級水系の平均値は2,407.5%であり、6位（8水系中）にあたります。また、吉野川流域に立地する自治体の容量値の平均は7,558.7%、最大値は70,162.4%、最小値は8.0%であり、容量値が50%以下と極めて低い自治体は、人口3万人以上の都市では、藍住町、徳島市などです。次いで、鳴門市が160%強、伊予三島市が850%強となっています。

第3章 日本のヒトと自然のキャパシティ

GISマップ 四国

四国地方を学ぶ

●木材資源容量

四国地方全体では164.2%になりました。これは全国9地方中、北海道地方、東北地方に次いで3番目に高い容量です。1級水系についての容量は、平均値が497.1%、最大値が949.4%、最小値が37.8%になりました。大型流域である仁淀川で760%、四万十川で830%ほどの容量を持ち、最大流域の吉野川でも260%ちかくの容量を持っています。

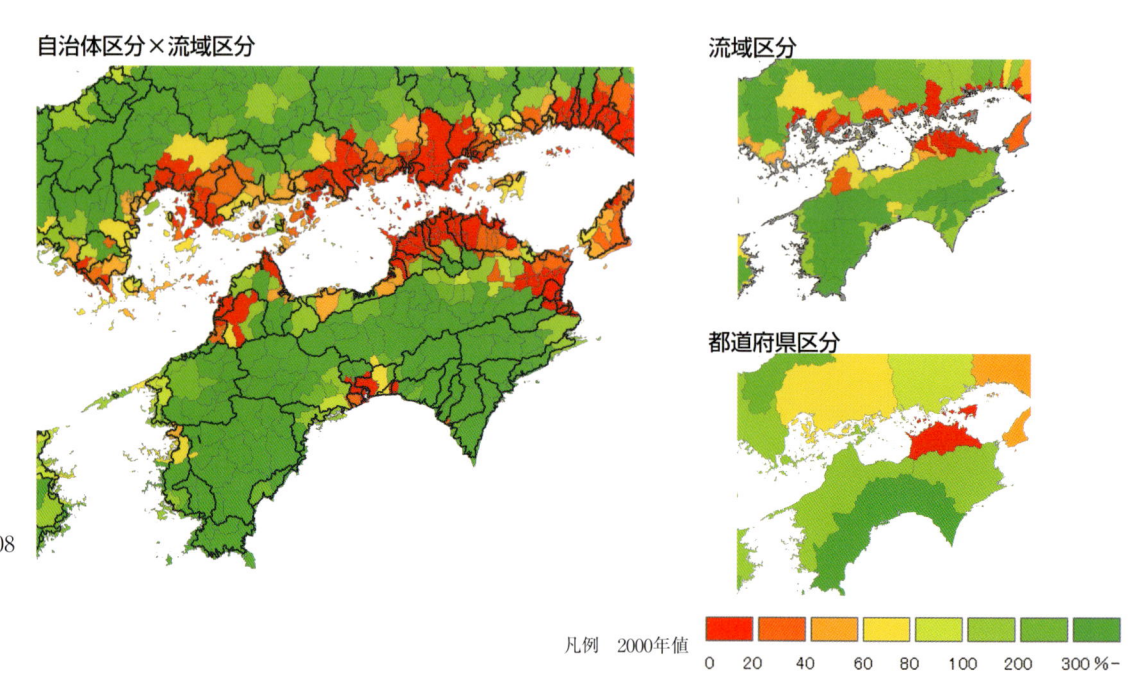

自治体区分×流域区分

流域区分

都道府県区分

凡例　2000年値　0　20　40　60　80　100　200　300%-

吉野川流域の木材資源容量

吉野川流域全体では、木材容量は259.9%になりました。全国では1級水系全体の平均値は369.3%であり、全国40位にあたり、四国地方では1級水系の平均値は497.1%であり、6位（8水系中）にあたります。また、吉野川流域に立地する自治体の容量値の平均は1,642.2%、最大値は14,472.4%、最小値は0.0%であり、容量値が25%以下と極めて低い自治体は、人口3万人以上の都市では、藍住町、徳島市などで、次いで25～50%で低い自治体は、鳴門市です。伊予三島市は290%強を有しています。

第3章 日本のヒトと自然のキャパシティ

四国地方を学ぶ

GISマップ
四国

地方区分の環境容量

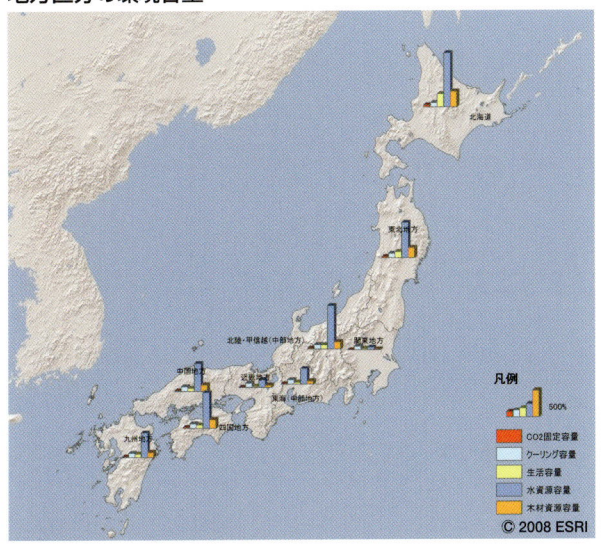

都道府県区分の環境容量

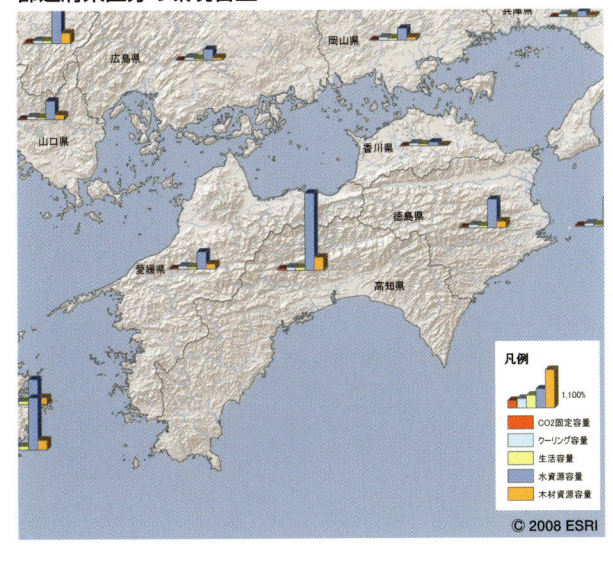

●四国地方からのイメージ

　四国地方全体の環境容量は、CO_2固定容量が21.7%、クーリング容量が85.7%、生活容量が62.7%、水資源容量が814.4%、木材資源容量が164.2%になりました。総人口は約415万人。人口密度は220.9人/km²です。

　また、地方区分および都道府県区分での環境容量の左のGISグラフに示しています。

　四国地方の環境容量の特徴は、CO_2固定容量が約22%と高いことで、北海道地方の39%、東北地方の25%についで、全国9地方中3番目に高い容量を持っています。豊かな森林資源によるものでしょう。ただ、高いといっても北海道地方の約40%から四国地方の約22%という容量なので、あまり安心はできませんが、将来、CO_2の排出量を50%削減できたら、容量は2倍の約80%や約44%に回復するため期待が持てます。また、全国の各地方の最大流域は都市化が進み、環境容量は低くなる傾向にありますが、四国地方の最大流域の吉野川流域の環境容量が5つの指標すべてにわたり比較的高い容量値を持っていることも特徴のひとつです。四国地方は4県により構成されていますが、容量値は太平洋側で高く、瀬戸内海側では低い傾向にあります。

第3章 日本のヒトと自然のキャパシティ

環境エッセイ⑧

ばくざん先生の思い出

　むかし、むかし、50年ぐらい前になりますが、私の小学校に、とても人気のある、絵の先生がいました。大きな先生で、髪はモジャモジャ、目はギョロッとし、ちょっと恐そうですが、実はやさしくて、友達のような先生でした。名前は、榊莫山先生といい、みんな、ばくざん先生と呼んでいました。

　今もお元気で、みなさんも、NHKなどの番組でもご存知かもしれません。ばくざん先生に、私たちは、6年間、絵を習いました。とても、楽しい思い出になっています。

　あまり児童の絵に筆を入れない先生でしたが、時々、ちょっと描いてもらえ、みんな、楽しみにしていました。何年生のときか、忘れましたが、校舎を描いていたときです。先生が周ってきたとき、立ち止まり、「ちょっとかしてみ」と私の絵筆をとり、水で絵具をおとしだしました。「何するのかなあ？」と思っていると、私を見、「開いている窓も、描いとこか！」といい、さらさらと、筆を運び、私が描いた、閉まっている窓を、開けだしたのです。またたく間に、窓が2つ、3つと開かれ、「あっ！」と思うと同時に、絵の中から新鮮なそよ風を受けたように爽やかで、自由な気持ちになりました。そのあと、私も、自分で、窓を次々と開けていきました。その時のすがすがしさは、今でも忘れられません。「うれしかったなあ！」と、子どものころは、思っていましたが、のちに、私が、大人になり、新しい事にチャレンジしかけたとき、ふっと、このことを思い出し、あの時、「先生は、『窓を開き、新しいものを見、感じ、新しいものに向かって飛び出し、いろいろやってみなさい！』ということを言っておられたのかなあ？」と思い、たいへん勇気づけられました。

　子どもたちには、大きく、窓を開き、新しいものを見、感じ、新しいものに向かって飛び出し、生き生きとした、夢のある生活を送ってほしいと思います。

名張川

9）九州地方を学ぶ

都道府県区分

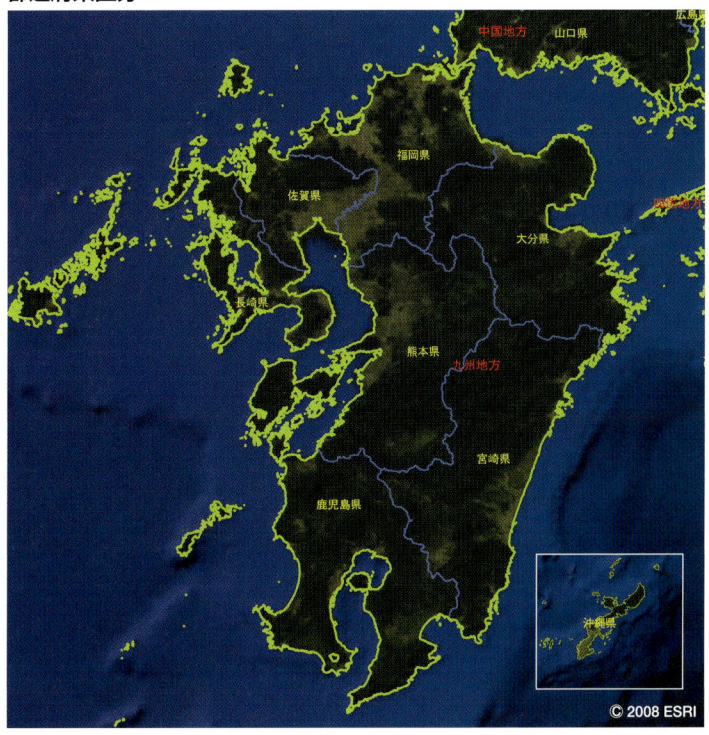

流域区分

●地方の概要と主要流域

九州地方は福岡県、佐賀県、長崎県、熊本県、大分県、宮崎県、鹿児島県、沖縄県の8県で構成されています。本島7県の総面積は約3万9,800km²、総人口は約1,345万人、人口密度は337.8人/km²です。また、沖縄県の総面積は2,275km²、総人口は約132万人、人口密度は579.3人/km²です。九州・沖縄全体では、総面積は約4万2,100km²、総人口は約1,476万人、人口密度は350.8人/km²であり、日本の総面積（約37万7,800km²）の11.1%、総人口（約1億2,700万人）の11.6%、平均人口密度（336人/km²）の104.4%にあたります。

九州・沖縄地方には20の1級水系があります。また、1,500km²以上の面積を持つ流域は、

- 筑後川（ちくごがわ）　　2,863km²
- 球磨川（くまがわ）　　　1,880km²
- 五ヶ瀬川（ごかせがわ）　1,820km²
- 大淀川（おおよどがわ）　2,230km²
- 川内川（せんだいがわ）　1,600km²

などの5流域です。

最大流域の筑後川（ちくごがわ）水系は2,863km²の流域面積と約109万人の流域内人口を有しています。人口が3万人以上の都市では、久留米市、佐賀市、筑紫野市、日田市、鳥栖市、小郡市、筑後市、甘木市、柳川市、大川市、八女市などが立地しています。

※参考文献　国土交通省2007：総務省2000

GISマップ 九州

九州地方を学ぶ

●CO₂固定容量

九州地方全体では12.8%になりました。これは全国9地方中、関東地方、関西地方、東海地方に次いで4番目に低い容量です。1級水系についての容量は、平均値が32.8%、最大値が100.3%、最小値が4.6%になりました。大型流域である球磨川や五ヶ瀬川では90～100%近い容量を持っていますが、大淀川や川内川では20～40%、また最大流域の筑後川では13.6%と低い容量値になっています。

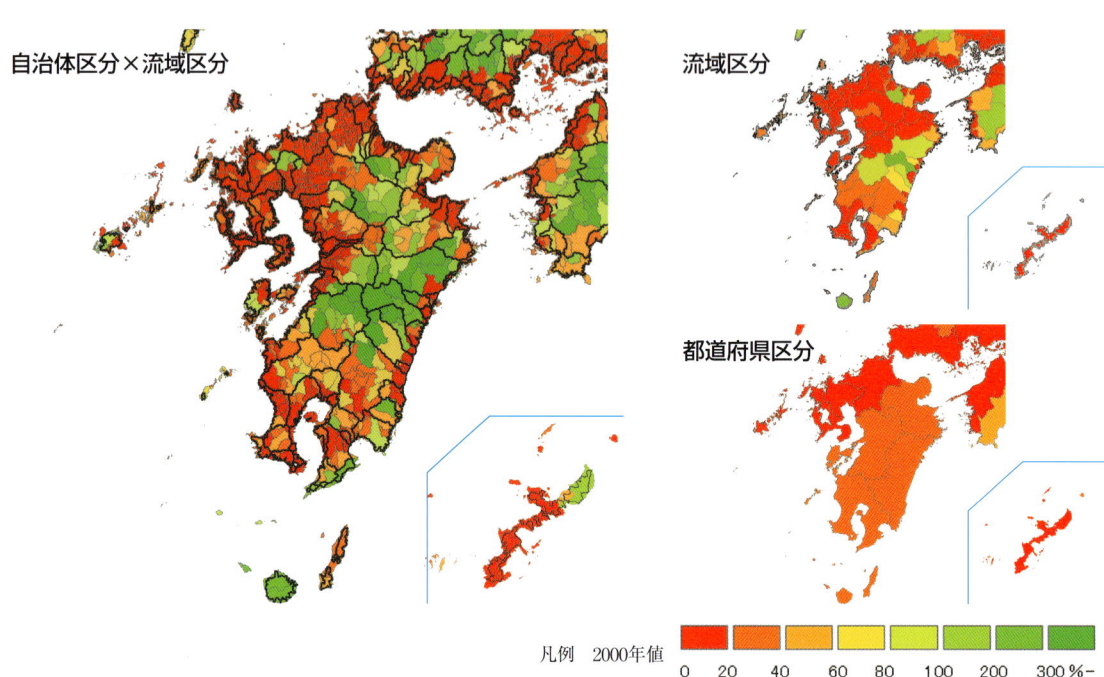

自治体区分×流域区分

流域区分

都道府県区分

凡例　2000年値　0　20　40　60　80　100　200　300%-

筑後川流域のCO₂固定容量

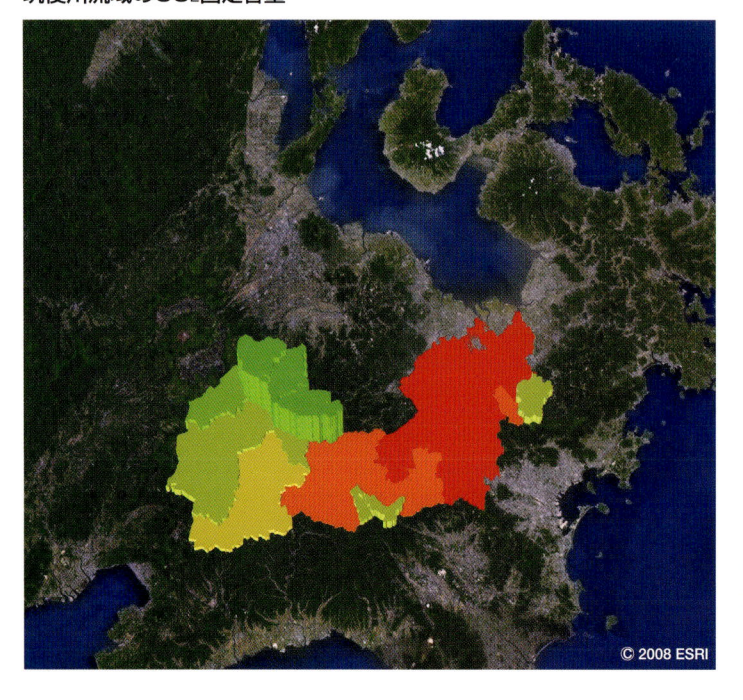

筑後川流域全体では、CO₂固定容量は13.6%になりました。全国では1級水系全体の平均値は48.9%であり、全国76位にあたり、九州地方では1級水系の平均値は32.8%であり、13位（20水系中）にあたります。また、筑後川流域に立地する自治体の容量値の平均は82.7%、最大値は896.3%、最小値は0.0%であり、容量値が5%以下と極めて低い自治体は、人口3万人以上の都市では、筑後市、柳川市、大川市、小郡市、佐賀市、八女市、久留米市、鳥栖市、筑紫野市などです。次いで低い自治体は、人口3万人以上の都市では、甘木市の25%弱、日田市の32%弱などです。

第3章　日本のヒトと自然のキャパシティ

●クーリング容量

　九州地方全体では77.1%になりました。これは全国9地方中、関東地方の64.4%に次いで2番目に低い容量値にあたります。北海道地方と同様に生産緑地や牧草地が多いことが影響していると思われます。1級水系についての容量は、平均値が77.3%、最大値が94.0%、最小値が57.6%になりました。大型流域の球磨川、五ヶ瀬川、川内川では80%以上の容量を持っていますが、大淀川では77.4%、最大流域の筑後川では73.7%と低い容量値になっています。

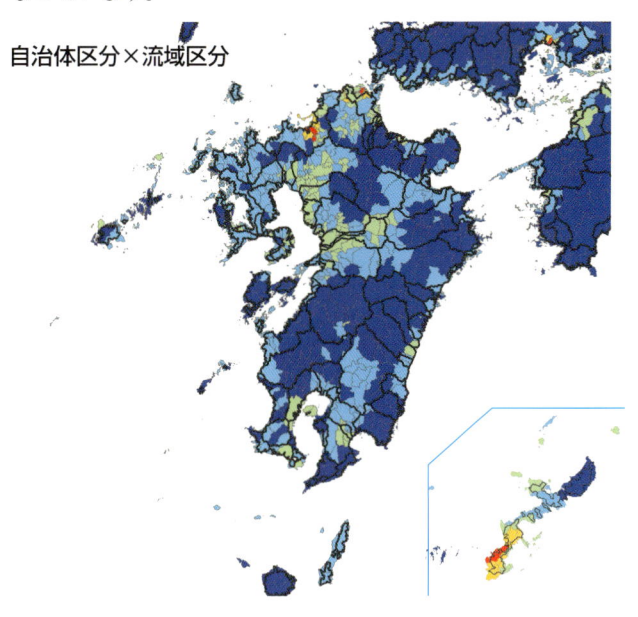

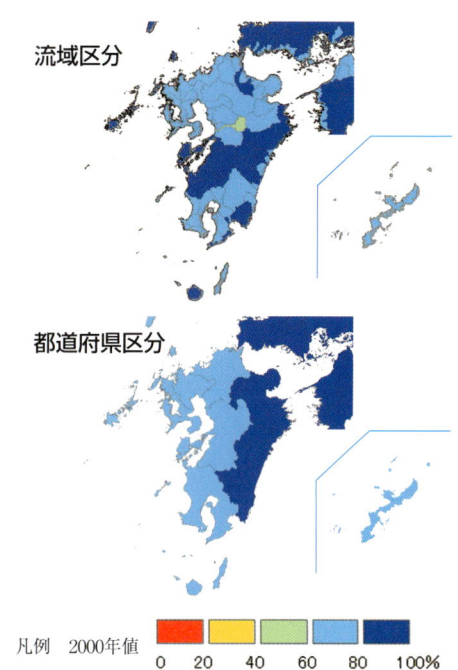

自治体区分×流域区分

流域区分

都道府県区分

凡例　2000年値　0　20　40　60　80　100%

筑後川流域のクーリング容量

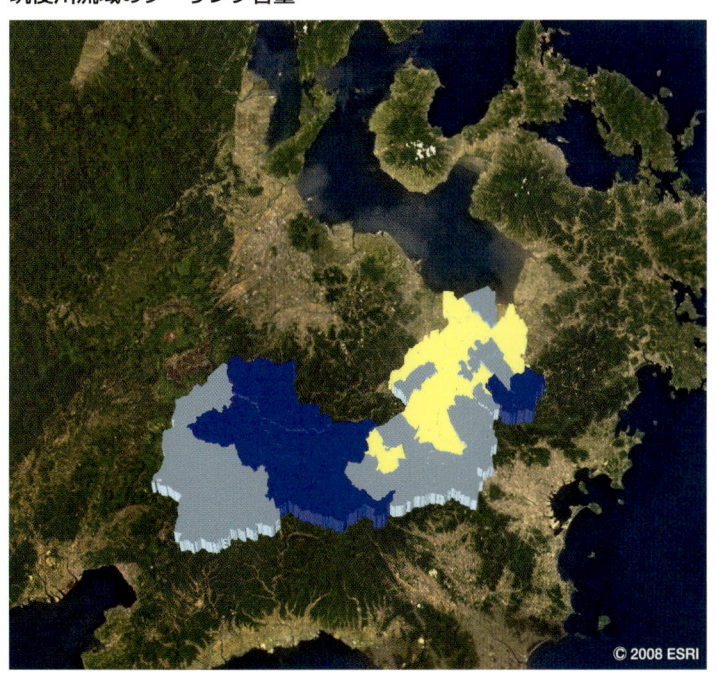

　筑後川流域全体では、クーリング容量は73.7%になりました。全国では1級水系全体の平均値は81.8%であり、全国90位にあたり、九州地方では1級水系の平均値は77.3%であり、13位（20水系中）にあたります。また、筑後川流域に立地する自治体の容量値の平均は68.0%、最大値は96.9%、最小値は47.8%であり、容量値が25%以下と極めて低い自治体は存在しません。次いで25〜50%で低い自治体は、人口3万人以上の都市では、八女市、筑後市、小郡市、久留米市、大川市、佐賀市などで、50〜75%では、柳川市、鳥栖市、筑紫野市などです。

GISマップ 九州

九州地方を学ぶ

●生活容量

九州地方全体では64.9%になりました。これは全国9地方中、北海道地方、東北地方、北陸・甲信越地方に次いで4番目に高い容量値です。1級水系についての容量は、平均値が105.5%、最大値が183.5%、最小値が40.1%になりました。大型流域では、球磨川、五ヶ瀬川、大淀川、川内川で180〜100%の容量を持っていますが、最大流域の筑後川では70%を切る低い容量になっています。

自治体区分×流域区分

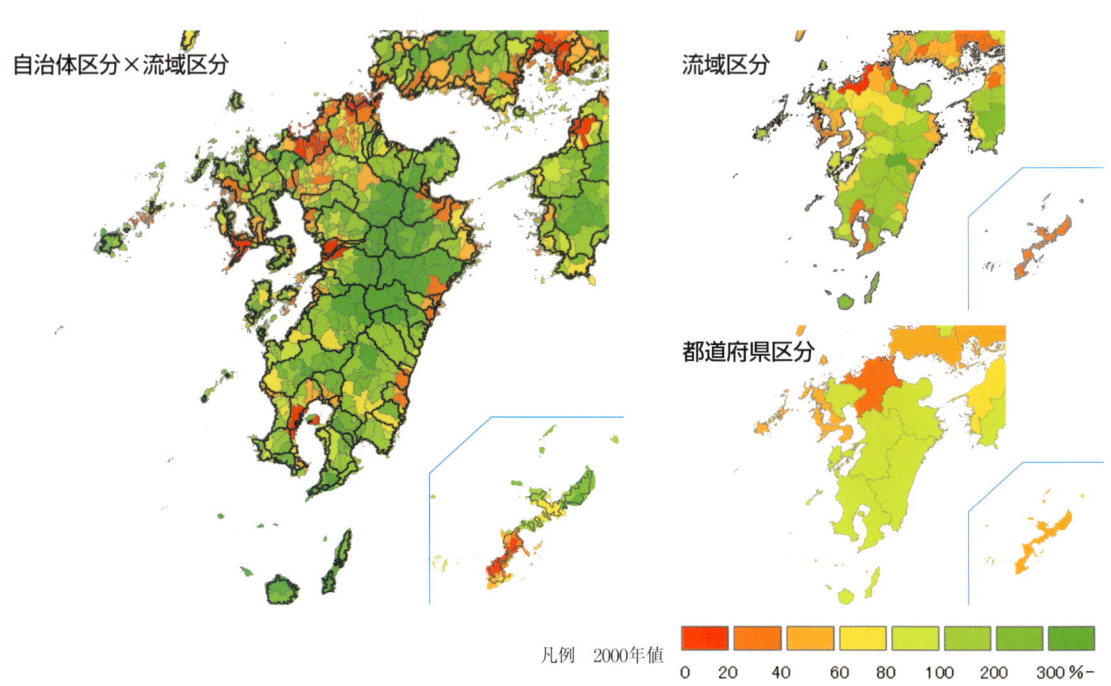

流域区分

都道府県区分

凡例 2000年値　0　20　40　60　80　100　200　300%−

筑後川流域の生活容量

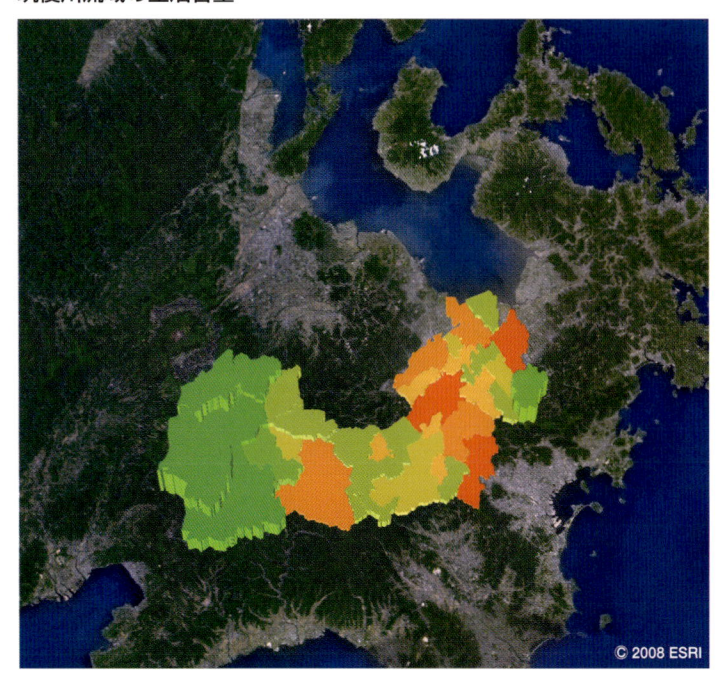

筑後川流域全体では、生活容量は68.4%になりました。全国では1級水系全体の平均値は156.7%であり、全国73位にあたり、九州地方では1級水系の平均値は105.5%であり、16位（20水系中）にあたります。また、筑後川流域に立地する自治体の容量値の平均は131.7%、最大値は620.6%、最小値は24.1%であり、容量値が25%以下と極めて低自治体は、久留米市のみで、次いで25〜50%で低い自治体は、筑紫野市、佐賀市、大川市、鳥栖市、小郡市、柳川市などです。

第3章 日本のヒトと自然のキャパシティ

九州地方を学ぶ

GISマップ 九州

●水資源容量

九州地方全体では498.3%になりました。これは全国9地方中、関東地方、関西地方、東海地方、に次いで4番目に低い容量です。1級水系についての容量は、平均値が1,100.0%、最大値が3,401.1%、最小値が158.1%になりました。大型流域では、球磨川、五ヶ瀬川、大淀川、川内川で1,000～3,300%の容量を持っていますが、最大流域の筑後川では330%ほどの容量になっています。

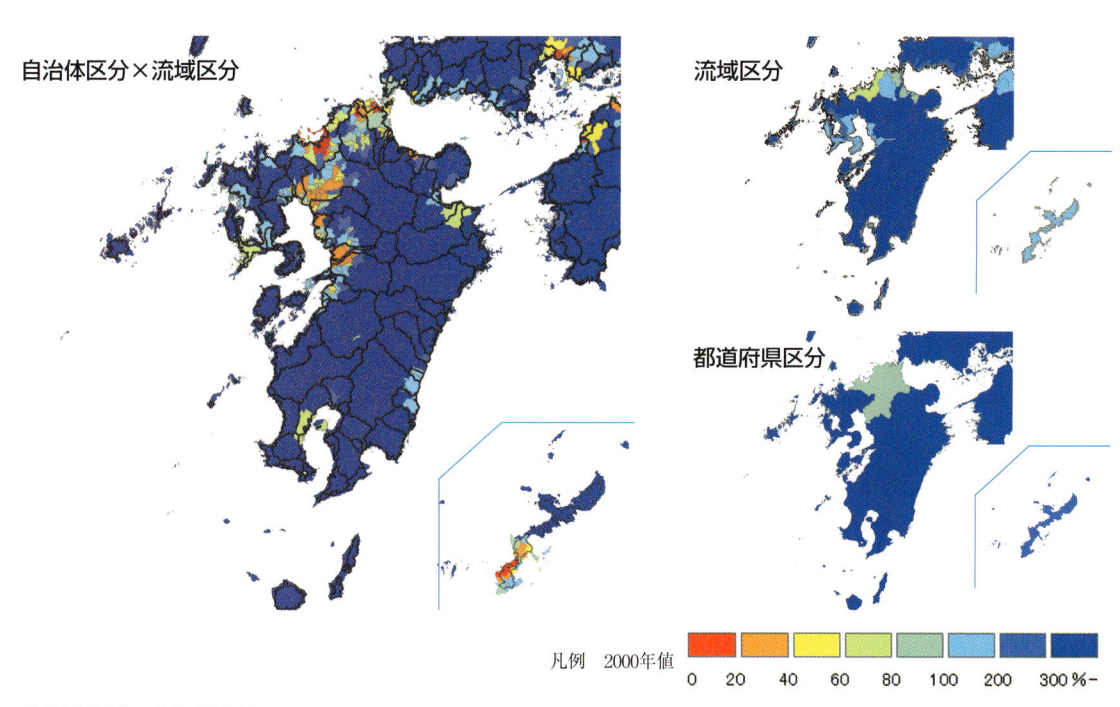

自治体区分×流域区分

流域区分

都道府県区分

凡例　2000年値　0　20　40　60　80　100　200　300%－

筑後川流域の水資源容量

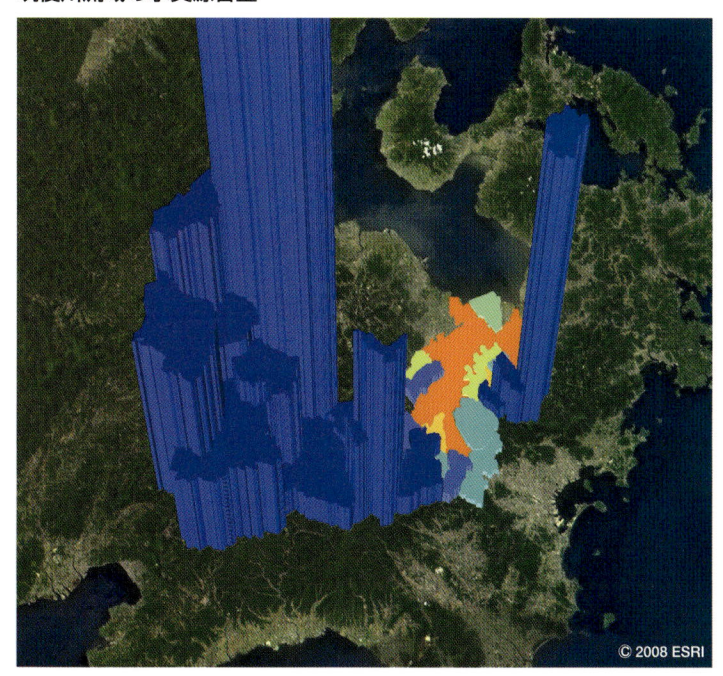

筑後川流域全体では、水資源容量は331.9%になりました。全国では1級水系全体の平均値は1,575.5%であり、全国87位にあたり、九州地方では1級水系の平均値は1,100.0%であり、17位（20水系中）にあたります。また、筑後川流域に立地する自治体の容量値の平均は1,795.5%、最大値は17,192.3%、最小値は21.5%であり、容量値が50%以下と極めて低い自治体は、人口3万人以上の都市では、大川市、柳川市、佐賀市、筑後市、久留米市、小郡市などで、50～100%では、八女市、次いで、筑紫野市と鳥栖市の120%弱になっています。

第3章 日本のヒトと自然のキャパシティ

GISマップ 九州

九州地方を学ぶ

●木材資源容量

　九州地方全体では96.7%になりました。自給ラインの100%を少し割り、全国9地方中、関東地方、関西地方、東海地方に次いで4番目に低い容量です。1級水系についての容量は、平均値が247.7%、最大値が757.6%、最小値が35.0%になりました。大型流域では、球磨川で730.4%、五ヶ瀬川で672.4%の高い容量を持ち、大淀川、川内川でも170〜300%の容量を持っていますが、最大流域の筑後川では102.9%と自給ラインぎりぎりにあります。

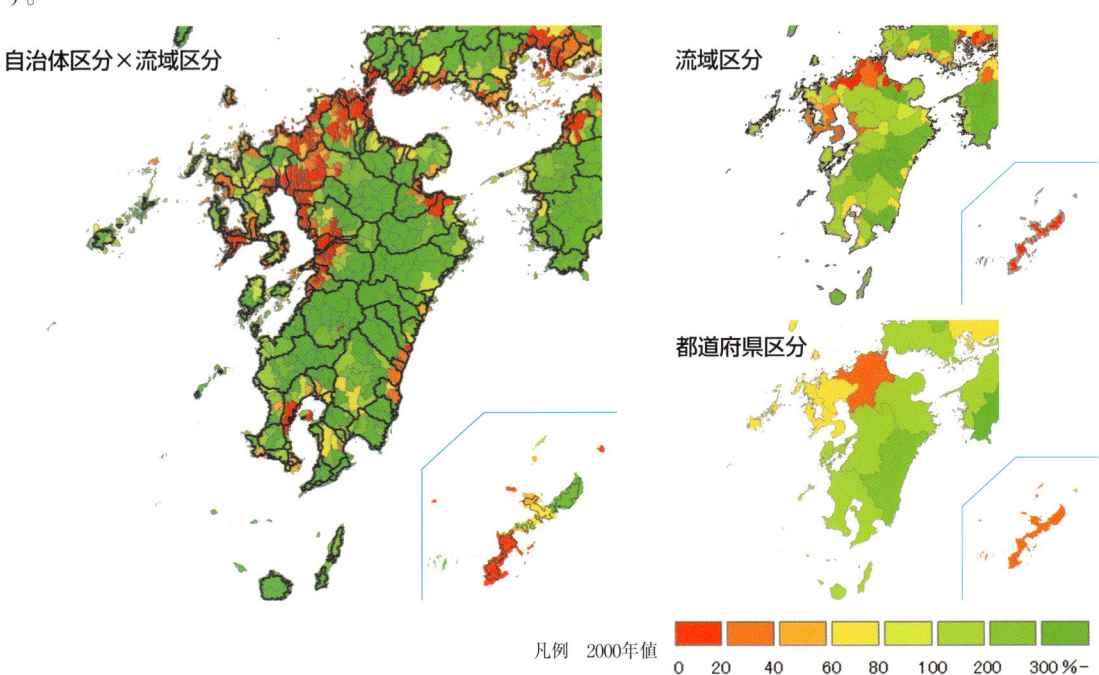

自治体区分×流域区分

流域区分

都道府県区分

凡例　2000年値　0　20　40　60　80　100　200　300%－

筑後川流域の木材資源容量

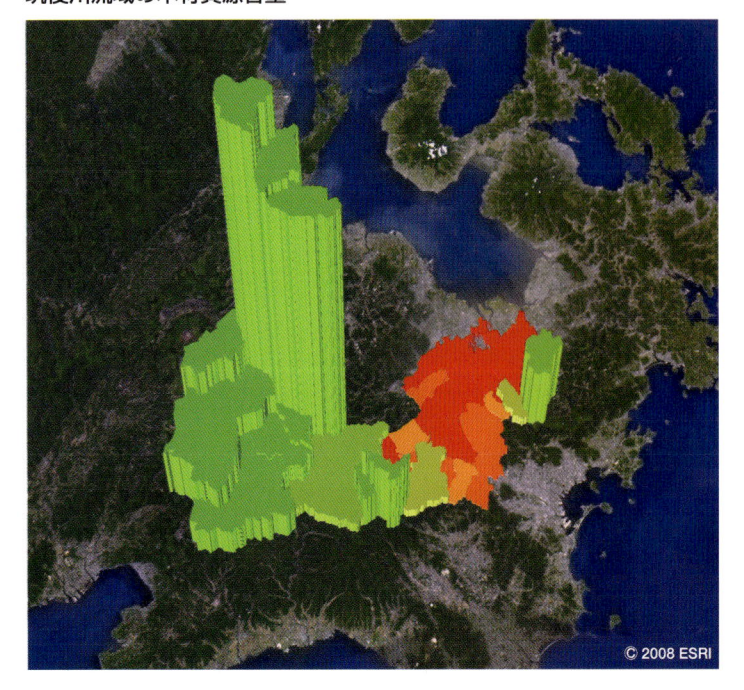

　筑後川流域全体では、木材容量は102.9%になりました。全国では1級水系全体の平均値は369.3%であり、全国76位にあたり、九州・沖縄地方では1級水系の平均値は247.7%であり、13位（20水系中）にあたります。また、筑後川流域に立地する自治体の容量値の平均は624.5%、最大値は6,767.4%、最小値は0.0%であり、容量値が25%以下と極めて低い自治体は、人口3万人以上の都市では、大川市、柳川市、筑後市、小郡市、佐賀市、八女市、久留米市、鳥栖市などで、次いで25〜50%で低い自治体は、筑紫野市などです。

第3章 日本のヒトと自然のキャパシティ

九州地方を学ぶ

GISマップ
九州

地方区分の環境容量

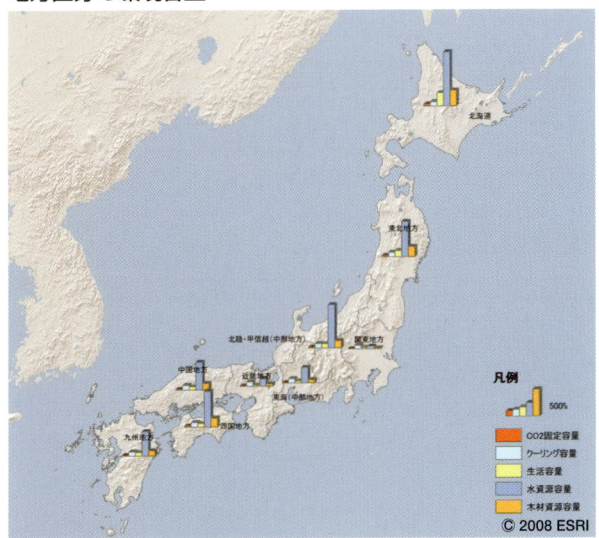

都道府県区分の環境容量

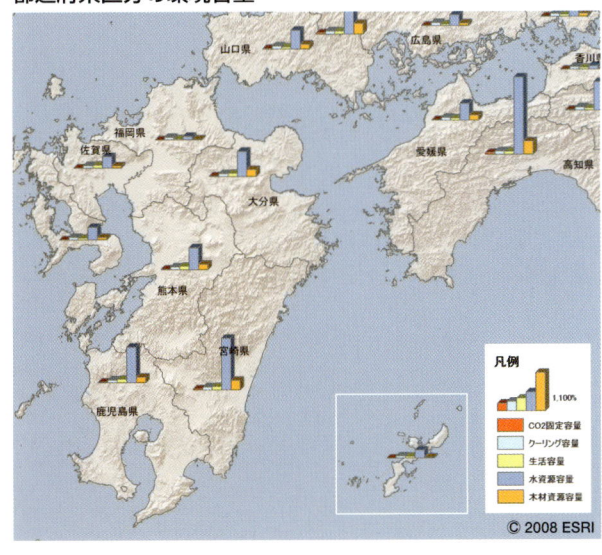

●九州地方からのイメージ

九州地方全体の環境容量は、CO_2固定容量が12.8％、クーリング容量が77.1％、生活容量が64.9％、水資源容量が498.3％、木材資源容量が96.7％になりました。総人口は約1,476万人。人口密度は350.8人/km²です。

また、地方区分および都道府県区分での環境容量の5指標値を左のGISグラフに示しています。

九州地方の環境容量の特徴は、クーリング容量が低いことでしょう。全国9地方中では、2番目に低い状況です。最も低いのは、関東地方であり、3番目には東海地方、4番目には北海道地方が続いています。都市化が進んだ地方の容量値が低いのは理解できますが、みどりの大地を思い浮かべる九州地方や北海道地方のクーリング容量が低いのは予想外です。ほんとうに冷やす効果を持っている森林や水面の割合が低いためでしょう。同時に、クーリング容量が低いことは、地表形態の非森林化を示し、このことは、先にお話したように、ゲリラ豪雨や洪水災害を招く要因にも繋がります。また、台風の進路に立地し、大雨の時には注意が必要でしょう。そのほかの環境容量は全国9地方中の真ん中ぐらいに位置することが特徴と思われます。九州地方は8県で構成されていますが、沖縄県は九州本島のおよそ1.8倍の人口密度を持っており、環境容量も低くなる傾向にあります。

明日の地球と子どもたちへ！

今、わが国の教育の体系が大きく変わろうとしています。ひとりひとりがもっている、創造性や独創性など、個性を大切にしたものに重点が移ります。与えられるものをこなす時代から、自分で好きな事や得意分野を見つけ、自分のものにしていく時代に急速に変わり、今まで以上に、自分のことを自分で考えなければならない時代になるようです。

しかし、同時に、ひとりひとりが、今まで以上に、「みんなの事」を考えて行動しなければならない時代になります。みんなの事とは、家族や友達など周りのヒトへの気づかいはもちろんですが、私たちが生活している地域や地球のこと、そして、地球に暮らす動物や植物など、ほかの生きもののこと、また、食べたり使ったりしている食糧や資源のことなども含まれてきます。

「みんなでみんなのことを、見守っていく時代」になると思います。

誰もが知っているように、地球の環境は、ヒトの活動が大きくなりすぎ、全体の調子も悪くなってきています。ヒトが誕生していらい、森林を伐採し、水や大気や土壌を汚し、資源を消費し、残ったものをごみとしてすて続けたためです。誰が良いとか、悪いとかの問題ではなく、地球の自然にとって、ヒトという生きものはみんな同じように、本当にこまったものなのです。

40年ぐらい前に、世界中で話題になり、いろいろな改善や努力がなされてきましたが、悪化の一途を辿り、近年、その速度が加速しています。「大丈夫かなあ？」とみんなで心配しています。21世紀を担う子どもたちには、教わったいろいろな知識や独自のアイデアを、自分で組み立て、地球が喜び、再び元気になるような、新しいライフスタイルを見つけていってほしいと思います。その途中には、きっと、新しい発見や、楽しみや幸せ、また、夢へのきっかけも、見つけることができるでしょう。

今、子どもたちひとりひとりに、お茶の水博士のような、やさしくて、正確な判断力のあるヒトになることが求められています。そのためには、自然の息吹を感じ、学び、自ら考えることが大切であり、家族や友達、また、恋人と、自然のなかでゆっくりとした時間を持つことが、何よりも必要と思います。これからの多くのめぐりあい、そのひとつひとつを大切にし、また、たくさんの思い出とともに、子どもたちが、みんなで、仲良く、自然と遊び、自然に学び、そして、おともだちやふるさと、また、環境や地球を、大切にしていってほしいと思います。

いろいろチャレンジし、たくさんの夢をかなえ、素敵な夢で、ヒトと自然の未来を開いてください。

春の北八ヶ岳

環境コラム
Part 2

未来可能性・Futurability

日高敏隆 元総合地球環境学研究所 所長、京都大学 名誉教授

今、世の中では何かといえば「環境、環境」だ。では環境問題とは何か？

ぼくが以前いた地球研（総合地球環境学研究所）は、いわゆる地球環境問題の解決に資する学問的研究をするための機関である。では地球環境問題とは何か？ それは人間の文化が生みだしたものではないかというのが、地球研の根本的認識であった。

つまり、他のすべての動物とは異なって、この人間という動物は、どうやら何万年前もの大昔から、自然を支配して生きようと考えてしまったらしい。そのために、100万種、200万種もいるという動物の中で、人間だけが地球環境問題なるものを引きおこすことになった。ではわれわれはどうしたらよいのか？ 科学・技術をもっと発展させれば地球環境問題を解決できるのか？

もはやそうではないことは明らかである。地球研が昔から考えてきた「未来可能性」（Futurability）という概念が今や不可欠なものだと、ぼくは思っている。

環境問題の解決方法として、まず出てくる「技術」という考え方がある。これは、儲かるから歓迎される。でも、環境問題というのは、なんでもかんでも技術で解決するわけではない。

そういったことに対して、根拠はなくても「本当に大丈夫かいな？」と思うこと、感覚がすごく大切である。「やる」ことが必ずしも良いのではなくて、「やらない」ということを選ぶことも重要なのではないか。

新しいモノや技術をつくることで喜んでいるようでは、もうダメだと思う。もうひとつ先まで考え、場合によっては「何もしない」ことも選びながら、未来をつくっていくこと――「未来可能性」――を考える必要があるのではないだろうか。

地球研第1回国際シンポジウム 2006年（京都国際会館）

氷河と人とオアシスと

中尾正義 総合地球環境学研究所 名誉教授、人間文化研究機構 理事

　ユーラシア大陸の中央部には広大な乾燥・半乾燥地帯が広がっている。茶褐色にひたすら彩られた荒涼たる沙漠と黄緑色に輝く大草原。真っ青な空を背にくっきりと白い頂きを見せる山々。この大地こそが、遊牧民による人類史上稀有の活動が繰り広げられてきた舞台である。

　彼らがよって立ってきた草原は、わずかな雨に支えられている。日頃は一面に広がっている草原も、その雨がいくらかでも少なくなると、たちまちにして緑を失い、茶褐色の世界へと変わる。生命にとって不可欠な水というものが極めて限られている地だからこそ、わずかな降水量の変化が、草原に劇的な変化をもたらすのだ。そして、草原に生きる人々にとっても。

　こんな大地でも、雨の変化に惑わされずに、豊かに命を育む場所がある。いつでも水が得られる河の畔だ。人々は、河の水を引き込んでは木を植え、畑を耕し、自然の恵みを享受して、天に感謝しながら暮らしてきた。この地を人はオアシスと呼ぶ。

　オアシスがオアシスたるゆえんは、ひとえにその地で水が得られることにある。その水は、乾燥・半乾燥地帯の周囲に横たわる山脈から、河としてまた地下水として流れ出てくる。その源を遡れば、山脈の峰々に懸かる氷河にたどり着く。毎年毎年降り積もる雪を蓄えた氷の河。

　草木が芽吹きの季節を迎えると、氷河はゆっくりと融けだして、命の水を与え始める。夏を過ぎ、雨が降ることの少ない秋になっても、乱れることなく氷河は水を流し続けるのだ。

　雨の量が少ない年には、氷河はいつもよりもたくさんの水を供給する。雨が多い年には、いつもより少しだけ水を流す。つまり、氷河は降水量の変化を飲み込み、降水量に多少の変化があっても、河に流れる水の量を年によらずに安定させてくれる。人々は安心して河の水を使うことができるのである。いつものように炊事をし、いつものように体を洗い、いつものように畑の作物に水を与える。

　人類は氷河時代を生きてきた。そして生きている。氷河とともに暮らすシステムを作り上げ、その恩恵を受けてきたのである。

　温暖化が氷河を襲っている。世界中で氷河が小さくなっているのだ。

　気候が暖かくなった分だけ、動物も植物もそれまでよりも多くの水を必要とする。すると氷河は、その身を削ることによって、いつも以上に沢山の水を河に流してくれているのである。

　でも氷河にも限界がある。少しづつ小さくなって、自分自身の全てを失くしたら、オアシスに息づく草木にも人々にも命の水を豊に供給することができなくなるのである。

　その時が近づいているのだろうか。

崑崙草原羊

フィールド科学と環境教育

吉岡崇仁　京都大学フィールド科学教育研究センター 教授

　環境教育においては、実際に自然環境を体験することが重要であると言われている。机上の環境科学教育では、理念や自然界における生物間、物質間のつながりを精緻に学ぶことはできても、感性として環境を感得しなければ、その保全や利用について具体的に身をもって考えることは困難であろう。総合地球環境学研究所の「環境意識プロジェクト」が実施した社会調査「環境についての関心事調査」では、子どもの頃に身近に森があった人とそうでない人とで、森林の多面的機能に対する関心の程度が異なっていることが示された。即ち、子どもの頃に身近に森があった人は、木材やその他林産物の生産という森林の直接利用に関する機能に関心が高い傾向が見られた。一方、各種マスメディアや学校教育などを通して環境情報を得ることには、国土保全や水源涵養、動植物の生息場所の提供など森林の間接利用や生態系機能への関心を高める効果のあることが分かった。身近に森があることは森を「実体験」すること、情報として森のことを知ることは森を「仮想体験」すること、と考えるならば、この両者の体験を持つことが、バランスの取れた森林の利用と保全を考える上で重要であることが示唆される。

　フィールド科学は、自然環境下で繰り広げられる生物間相互作用や物質循環のメカニズムを研究することが中心課題ではあるが、その研究の実践と成果の公表を通じて、環境教育を支援することも重要な使命であろう。その意味でフィールドは、実体験と仮想体験とがともにできる現場として有効活用していく必要がある。

　京都大学フィールド科学教育研究センター（フィールド研）では、いままで森林・河川・沿岸域をフィールドとして、大学生・院生の実習や研究・調査のほか、一般市民への公開講座や学習会などの活動を続けてきたが、フィールド研が新たな学問分野として構想した「森里海連環学」の場としてもこれらのフィールドを位置づけている。「里」とは、人間社会を包含する空間領域であり、従来の自然科学としてのフィールド科学では必ずしも十分に扱われてこなかった人文・社会科学分野の対象地である。しかし、今後の地球環境を考えれば、自然科学と人文・社会科学の融合・協働の現場として、フィールドを捉える必要があろう。公開実習や講座などで環境情報の提供に工夫が凝らされているが、環境の実体験と仮想体験の観点から環境教育のあり方を考えることは、これからの新しい流れになるであろう。本書でまとめられたGIS情報は、森林環境を仮想体験として俯瞰的イメージで捉えるために有効である。その俯瞰的イメージに、個別に実体験される目の前の森林環境を上書きすることで、あるいは、実体験をGIS上に再配置することで、森林に対する豊かな感性を生み、森林環境の保全と利用の方策を主体的に考えることが可能となるものと期待する。それが新しいフィールド科学による環境教育の1つの形になるかもしれない。

実体験：林内散策（上）樹木実習（下）

仮想体験：講義から知識を得る

環境意識プロジェクト

関野 樹　総合地球環境学研究所 准教授 環境意識プロジェクトリーダー

　私たちは、環境に対してどのように価値を見出しているのでしょうか。また、このような価値判断の違いは周囲の環境の違いとどのような関係があるのでしょうか。環境意識プロジェクトでは、そのような環境に対する価値判断（環境意識）と実際の環境との関係を調べる手法を構築することを目的としています。プロジェクトの正式な名称は「流域環境の質と環境意識の関係解明—土地・水資源利用に伴う環境変化を契機として」といい、現在は京都大学フィールド科学教育研究センターに在籍されている吉岡崇仁教授により立案され、2004年から5年間、総合地球環境学研究所の研究プロジェクトとして研究活動を進めました。

　現在、国内では一定の規模以上の環境改変に対して、環境影響評価、いわゆる環境アセスメントを事前に実施することが義務付けられています。この中では、計画されている環境改変が環境にどのように影響するのかを予測すること、その予測を踏まえて計画に対する市民の意見を集めること、そして、それらの意見を計画にフィードバックさせることが求められます。しかしながら、もしその計画を策定する段階で市民の環境に対する価値判断が明らかになっていれば、さらに、それ以前の事業そのものを立案するかどうかの時点で明らかになっていれば、より市民が持つ環境意識に即した事業が行えるはずです。この研究でまず明らかにしようとするのは、このような人々が持つ潜在的な環境に対する価値判断です。

　では、そのような潜在的な意識をどのように引き出すのでしょうか。ここで、環境アセスメントの仕組みを逆手にとったような方法を利用します。つまり、人々は、普段身の回りの環境をあまり意識することなく生活しています。しかしながら、ひとたびその環境を大きく変えるような開発が実施もしくは計画されると、その環境の何が大切なのか、それは何故なのかといったことを考えるようになります。この研究ではシナリオと呼ばれる仮想の開発計画を市民に提示し、それに対する反応を見ることで人々の環境意識を探ることにしました。2007年度には、北海道にある朱鞠内湖周辺での仮想的な森林伐採計画と、それによって起こりうる環境の変化からなるシナリオを作成し、アンケート調査により、人々がどのようにそれらのシナリオを評価するかを調べました。その結果、森林伐採に伴う河川の水質の変化が調査対象者にとって懸念事項であることなどが示され、森林伐採そのものよりも河川の水質に価値判断を置いていることなどが推測されました。このような環境意識プロジェクトで開発された調査手法は、今後、書籍などの形で公表されてゆく予定です。

調査対象地域となった北海道の朱鞠内湖

View Point 2

Backstage of Environmental Change

第4章
環境変動の舞台裏

黒部湖・黒部川

知らないうちに、こんなに減少する自然の恵み、増加するヒトの活動の集積。
変化する環境容量の舞台裏を探ります。

舞台裏 環境はなぜ変動するのでしょう

●解析地域：琵琶湖・淀川、大和川流域

```
変動解析の地域概要
琵琶湖・淀川流域、大和川流域

琵琶湖流域
桂川流域
木津川流域
奈良盆地流域
大阪
石川流域

●琵琶湖・淀川流域、大和川流域
25 0 25 50 75 100km
```

　本章では「環境」はなぜ変化してきたのか、それを1975年と1991年のGISデータをもとに比べます。変化の理由を探ることで、未来への環境を作るためのヒントがあるのではないかと思います。

　ここでは、関西地方の母なる大河と呼ばれる淀川と、古来から大和の国の舞台でもあった大和川の流域について、環境がなぜ変化したのか探ってみたいと思います。

　環境容量の変動を探るため琵琶湖・淀川流域と大和川流域を解析地域とし、試算年次は1975年と1991年の二時期。用いる指標は、CO_2固定容量と水資源容量の2指標です。一人当たり排出量や需要量の変化や環境容量の変化、その変動のメカニズムを探り、ヒトがどうしていかなければならないのか、未来へ新しいシナリオの姿を見つけましょう。

　また、関東地方の那珂川流域、東海地方の天竜川流域、関西地方の紀ノ川流域について、大きな流域を構成する、支流域や自治体の環境分析を通じ、流域や環境容量の階層構成についての認識を深め、環境変動の要因、舞台裏を探ります。

※参考文献　大西1995、1998、1999、2002

1）1人当たり排出量や需要量の変化

舞台裏
1人当たり量

●1人当たり量の推移

●CO₂排出量
・8.48トン/年/人 → ・9.65トン/年/人
　　　　　　増　加

CO₂排出量関連の1人当たり原単位値の推移と設定

$$1人当たり排出量（CO_2換算トン/年） = \frac{総排出量（炭素換算トン/年）}{わが国の総人口（人）} \times 3.67$$

出典：
・気候変動枠組条約国別報告書、　3.67：炭素と二酸化炭素の分子比
・国勢調査結果
・全国人口・世帯数表

（CO₂排出量関連グラフ）
総量：年平均で約2％の増加
1人当たり：同約0.9％の増加

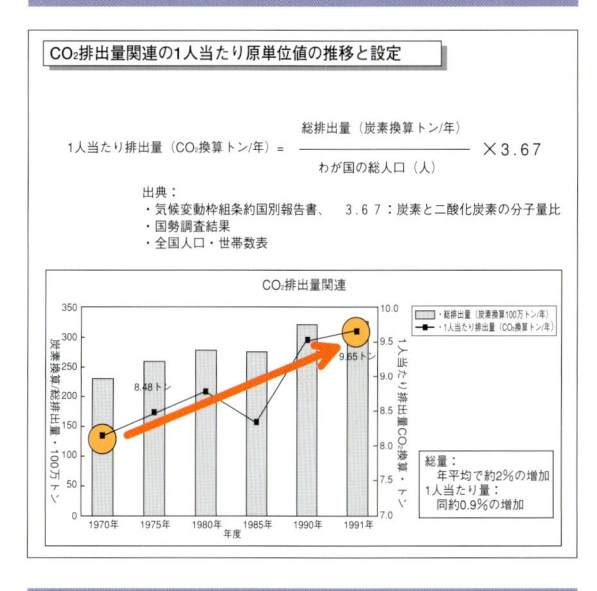

●水需要量
・783トン/年/人 → ・737トン/年/人
　　　　　　減　少

水需要量関連の総量と1人当たり原単位値の推移と設定

$$1人当たり水需要量（トン/年） = \frac{総水需要量（トン/年）}{わが国の総人口（人）}$$

出典：
・日本の水資源・水資源白書
・国勢調査結果
・全国人口・世帯数表

（水需要量関連グラフ）
総量：年平均で約0.3％の増加
1人当たり量：同約0.4％の減少

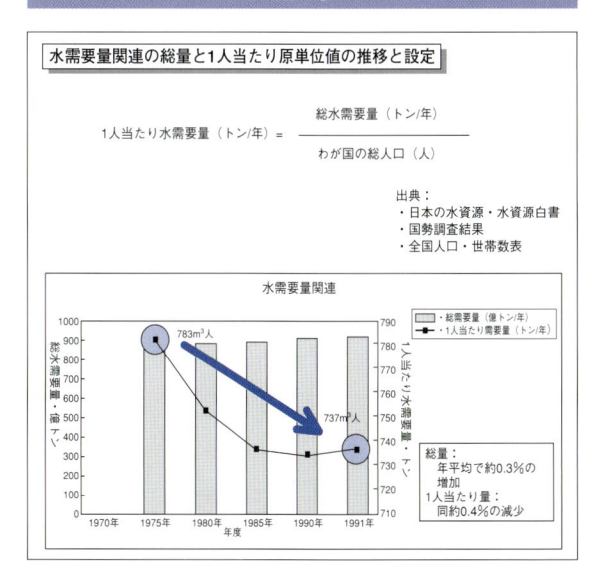

先ず、原単位値としての一人当たり量の推移を見ていきましょう。左図にCO₂排出量と水需要量の推移を示しています。

●CO₂排出量

CO₂排出量では、1975～1991年では、8.48トン/年/人から9.65トン/年/人へ増加しています。

2000年では9.76トン/年/人、2006年では9.97トン/年/人とどんどん増加しているのが現状です。世界各国の平均1人当たりCO₂排出量は2005年では、アメリカでは19.8トン/年/人、オーストラリアでは18.0/年/人、カナダが14.2トン/年/人、ドイツが9.6トン/年/人、イギリスが9.5トン/年/人、韓国が9.1トン/年/人、中国が2.2トン/年/人、インドが1.1トン/年/人などとなっています。わが国の1人当たり排出量は、概ね、世界平均の2倍強、アメリカの半分といわれています。この1人当たり排出量には産業部門、民生部門などすべて含まれていますが、産業部門での削減実績に比べ、一般家庭からの排出量は増加しています。1人当たりCO₂排出量の削減は、まさに私たちひとりひとりの意識改革とそれに伴うライフスタイルの進化に委ねられているのです。

●水需要量

水需要量では、1975～1991年では、783トン/年/人から737トン/年/人に減少しています。

水需要量には農業用水需要、工業用水需要、家庭用水需要、都市活動用水需要が含まれています。2000年が685トン/年/人、2005年が653トン/年/人と減少しており、「節水効果」と評価することもできますが、食料など農産物の輸入が多いことから、原産国での水資源を消費しているというバーチャルウォーターの事実も忘れてはいけません。国内の灌漑用の水需要量が年間約580億トンであり、輸入する食料などの原産国で消費される、いわゆるバーチャルウォーターがそれを越える約640億トンであることを知ると、一概には節水などの努力で水需要が減ったと喜べない状況です。

※参考文献　環境省2007：国土交通省2008：沖2003：大西1995、1998、1999、2002、2005、2007

2）変動パターン

●変動パターンの概要

グラフの変動状況を見ると、CO_2固定容量は増加し、水資源容量は減少しています。これは、CO_2排出量は増加しましたが、森林の固定量がそれを上回ったこと、また、水需要量は減少したのですが、地表面の降水浸透量がそれを上回り減少したという変動パターンが要因と考えられます。

●CO_2固定容量

CO_2固定容量の変動のグラフを見ると、全体的に容量は増加していることが読み取れます。CO_2固定容量は、支流域区分では60％、流域区分では80％の環境単位で増加ました。増減率の平均は支流域区分で3.32％、流域区分で0.33％になりました。地域的には桂川流域の上流域で51.1％、琵琶湖流域の北西部で9.2～6.4％、木津川流域の上流と中流域で15.0～5.6％の増加を示しました。これは、森林での蓄積量の増大によるものであると考えられます。しかし、全体的に容量値は低く、特に淀川流域の下流域や奈良盆地では向上傾向が認められず０％に近い値で推移しています。

この増加原因は、1人当りCO_2排出量は増加しましたが、国内の森林が成長を維持できCO_2固定量がそれを上回ったためです。1人当り排出量が抑えられていれば、さらに増加させることができたでしょう。しかし、流域の源流や上流の地域でも排出量を固定するだけの容量は有していません。絶対量は極めて低い状況です。ヒトはさぼったが自然がフォローした結果向上しました。また外材の輸入で、自国の森林が保護された結果の出来事であり大きな課題が残ります。

CO_2固定容量変動グラフ

●CO_2固定容量の変動（琵琶湖・淀川・大和川流域：1975～1991）

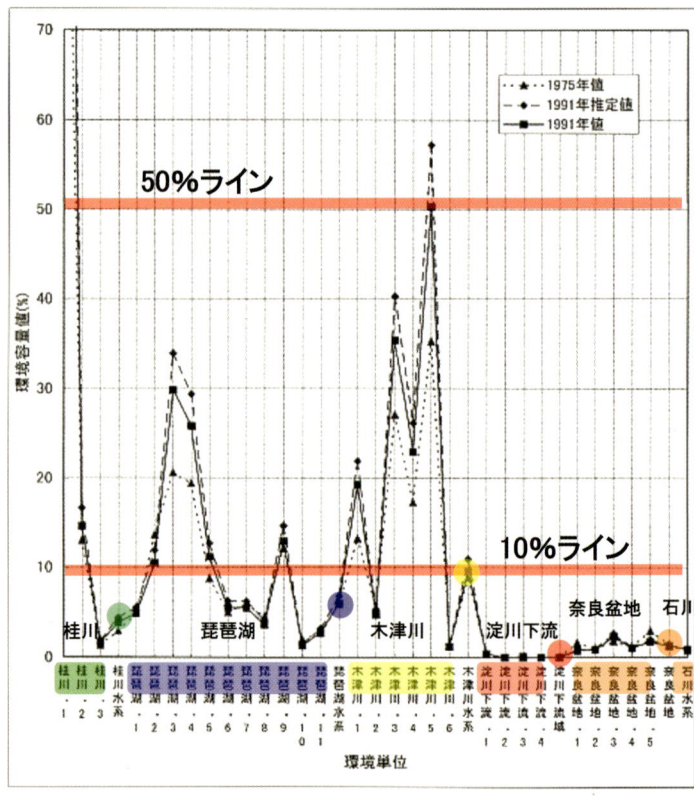

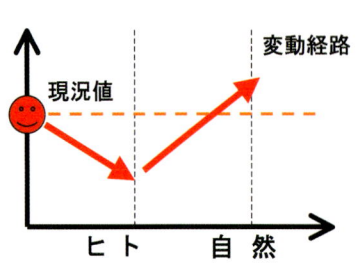

※参考文献　大西1995、1998、1999、2002、2005

●水資源容量

次に、水資源容量の変動について見ていきます。左のグラフは、水資源容量の変動を示しています。全体的に容量は減少しています。水資源容量は、支流域区分で73.33％、流域区分で60％の環境単位で減少しました。増減率の平均は支流域区分で−17.00％、流域区分で−29.44％と大きな減少傾向を示しています。特に琵琶湖流域の南西部と南東部、木津川流域の上流の盆地域、桂川流域の中流域で372.7～62.9％と大きな減少幅を示しています。流域区分では1975年においても木津川流域、琵琶湖流域のみが100％以上の容量を有し、水源としての機能を持っていることを示していましたが、1991年では共に低下し、供給域であった地域での都市化が進み供給余力の低下現象が明らかになっています。

この原因は、土地利用の都市化により降水浸透機能が低下したことと居住人口の増加によるものであると考えられます。1人当りの水資源需要量は減少しましたが、人口増や土地利用の都市化が要因となり、水資源涵養量が減少し容量は激減したからと考えられます。節水をはじめ、バーチャルウォーターのお陰による1人当りの水資源需要量の減少がなければ、さらに容量値は減少したものと考えられます。 都市地域における極めて低い容量値を、周辺地域が支えている現状を示していますが、近畿圏全域としてもゆとりのある状況ではありません。

水資源容量変動グラフ
●水資源容量の変動（琵琶湖・淀川・大和川流域：1975～1991）

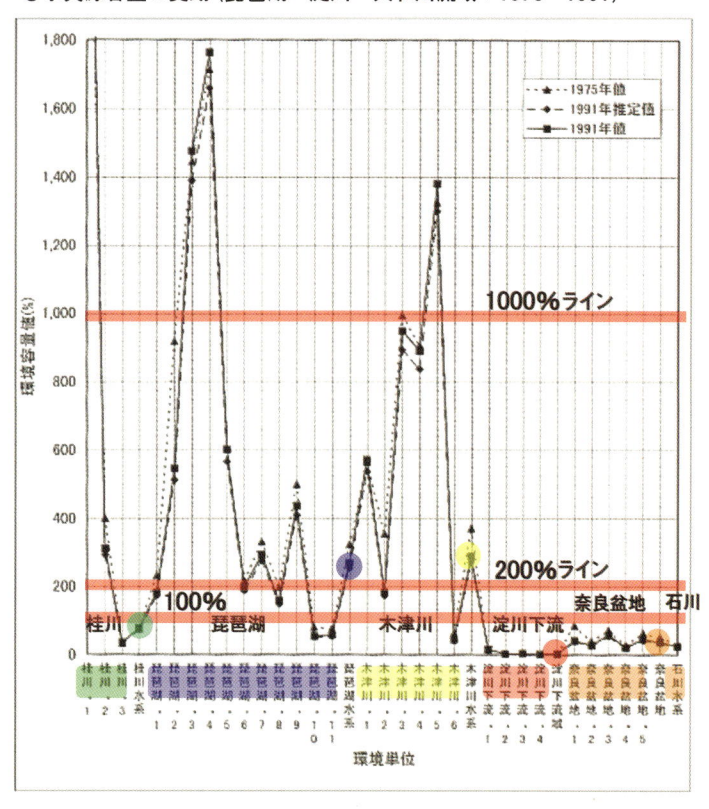

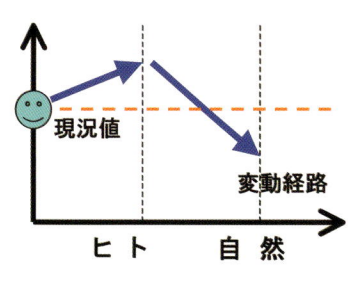

※参考文献　大西1995、1998、1999、2002、2006

舞台裏
消滅予測

3）環境容量の消滅年数の予測

次に、これらの変動がどれほどの速度で進行し、このまま進むと環境容量はどうなるのか、その改善のためにどんなシナリオを考えないといけないのか考えていきましょう。

●CO_2固定容量の変動率

CO_2固定容量の変動率を見ると、減少傾向の強い上位5単位での年間減少率の平均は約0.09％、上位3単位では0.11％となりました。CO_2固定容量についてはその絶対量はきわめて低い状況です。

●CO_2固定容量の予測試算

この変動が続くとCO_2固定容量はいつごろ消滅してしまうのでしょうか。簡単な方法で、この状況が今後も続いたと仮定した場合、1991年時点に保有されていた環境容量が消滅することに要する期間を試算してみました。減少傾向の著しい環境単位の上位5単位の平均では、約36.4年、上位3単位では21.9年という予測結果になりました。地域的には、奈良盆地流域の西部、琵琶湖流域の南部などが消滅の早い地域と考えられます。

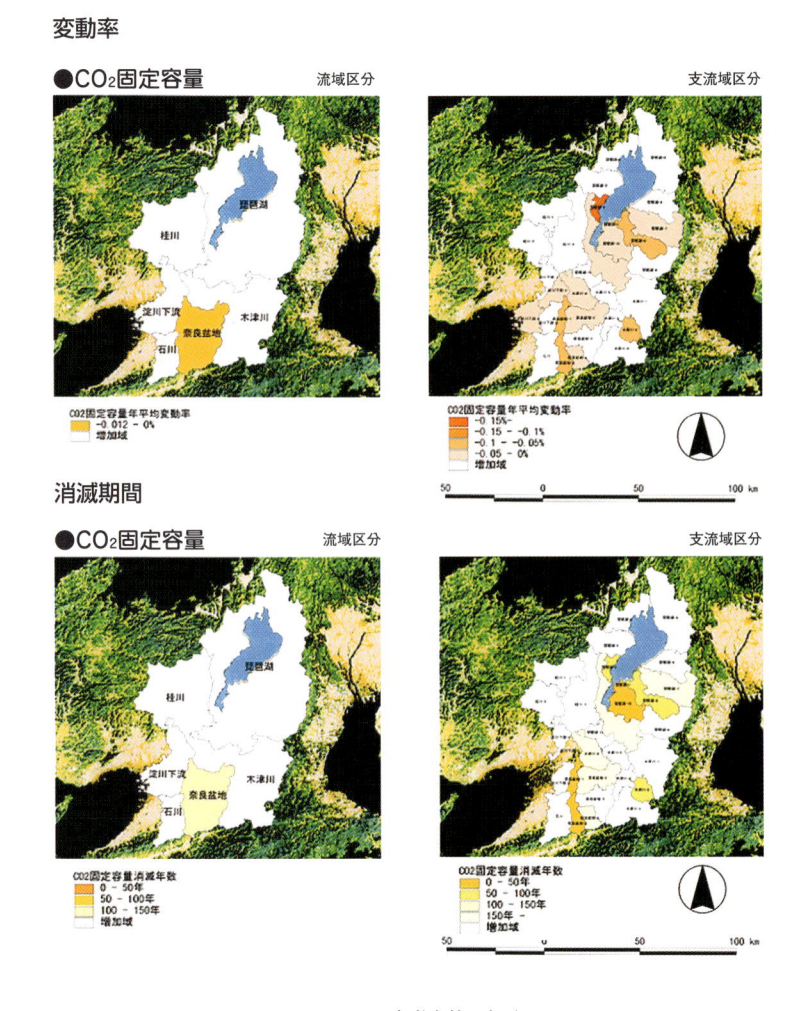

変動率
●CO_2固定容量　流域区分　　　支流域区分

消滅期間
●CO_2固定容量　流域区分　　　支流域区分

※参考文献　大西1995、1998、1999、2002、2005

環境容量の消滅年数の予測

●水資源容量の変動率
　水資源容量では、減少傾向の強い上位5単位での年間減少率の平均は約9.72%、上位3単位では13.16%となりました。水資源容量については、大変高い減少率になっています。

●水資源容量の予測試算
　この変動が続いた場合、水資源容量はいつごろ消滅してしまうのでしょうか。CO_2固定容量と同様に、簡単方法で、この状況が今後も続いたと仮定した場合、1991年時点に保有されていた環境容量が消滅することに要する期間を試算してみました。減少傾向の著しい環境単位の上位5単位の平均では、約25.2年、上位3単位では、18.6年とという予測結果になりました。。地域的には、奈良盆地流域の北西部、木津川流域の上流の盆地域や下流域、琵琶湖流域の南部などが消滅の早い地域と考えられます。

●新しいシナリオの姿
　25～35年の間には、CO_2固定容量や水資源容量の容量はゼロになる地域も出現してしまうという予測になりました。次章では、このような深刻な状況の改善のためにどのようなシナリオが必要か考えて見ましょう。

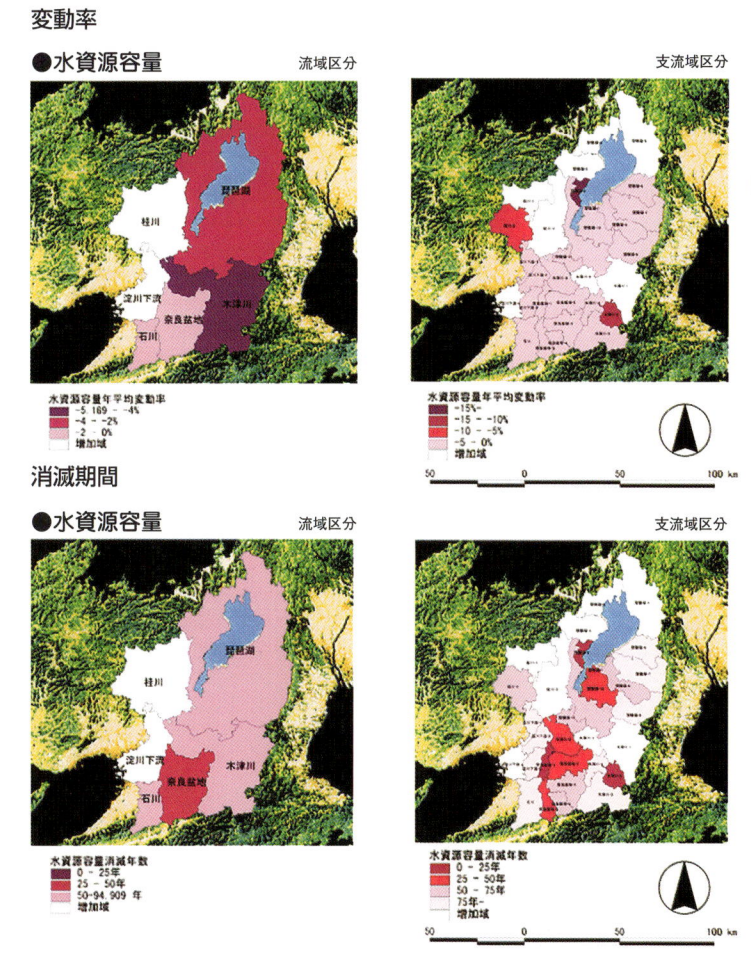

※参考文献　大西1995、1998、1999、2002、2007

舞台裏 階層構成

4）環境容量の階層構成

　GIS解析をもとに、流域区分を構成する支流域、また、支流域を構成する自治体といった視点から環境の階層構造を把握することが可能になりました。関東地方の那珂川流域、東海地方の天竜川流域、関西地方の紀ノ川流域の階層構成を概観し、環境変動の要因、舞台裏を探ります。

●紀ノ川流域の階層構成（関西地方）

　関西地方に立地する紀ノ川流域は、上流部に屈指の森林を有する自然地域、中流部に五条市や橋本市の市街と農耕地域、また、森林域からなる支流域を有し、下流部、河口部に和歌山市を有する構成となっています。図にはレーダーチャートで、紀ノ川流域での環境容量の階層構成を示しています。環境容量の視点からみると、流域区分としての紀ノ川流域の全体での環境容量は、CO_2固定容量が14％、クーリング容量が88％、生活容量が28％、水資源容量が255％、木材資源容量が90％でした。紀ノ川水系を、6単位の支流域区分し、各支流域の環境容量をみると、森林域である源流域に属する紀ノ川-1で環境容量の豊かさが示され、中流域に属し、五条市を有する紀ノ川-2、橋本市を有する紀ノ川-3で環境容量の減少、また、森林域を有する紀ノ川-4で環境容量の豊かさが示されている。さらに、下流域に近づくにしたがい、市街地化が進み、紀ノ川-5ではさらに環境容量は低下し、河口域であり和歌山市や海南市を有する紀ノ川-6では環境容量は、支流域区分中でもっとも低くなっています。

　紀ノ川水系では、このような支流域により全体としての流域が構成され、自治体区分レベルも同様と考えられます。

紀ノ川流域の階層構成

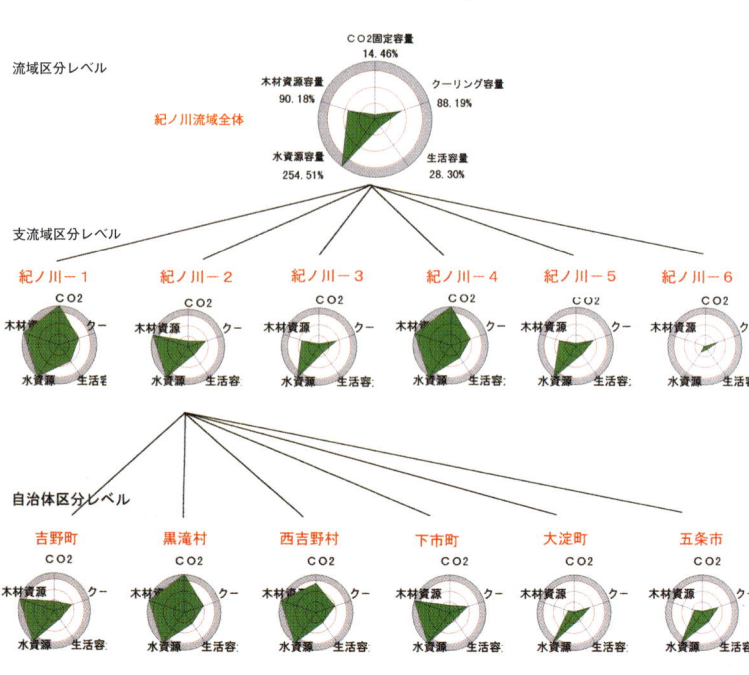

※参考文献　大西1995、1999、2002

舞台裏 階層構成

環境容量の階層構成

●那珂川流域の階層構成（関東地方）

　関東地方に立地する那珂川流域は、上流部に黒磯市、矢板市、那須町などが立地する森林域と農耕域を有する地域、中流部に烏山村、茂木町、御前山村などが立地する森林域を有し、下流部、河口部に水戸市や那珂湊市の市域を有する構成になっています。

　図にはレーダーチャートで、那珂川流域における支流域区分うち6単位での環境容量の階層構成を示しています。環境容量の視点からみると、集水域区分としての那珂川流域の全体での環境容量は、CO_2固定容量が8％、クーリング容量が77％、生活容量が85％、水資源容量が238％、木材資源容量が52％でした。那珂川流域を、8単位の支流域区分し、各支流域区分の環境容量をみると、源流域に属する那珂川-1で環境容量の豊かさが示され、上流域の那珂川-2で環境容量の減少、中流域に属し、森林域を有する那珂川-3、4、5、6で環境容量の増加がみられます。また、下流域に近づくにしたがい、市街地化が進み、那珂川-7では環境容量が低下し、さらに、河口域であり、水戸市や那珂湊市を有する那珂川-8では環境容量は、支流域区分中でもっとも低くなっています。

　那珂川流域では、このような支流域により全体としての流域が構成されています。

那珂川流域の階層構成

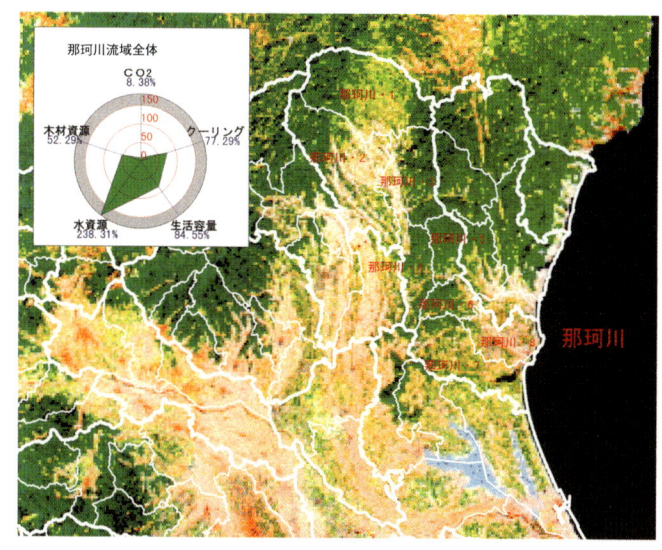

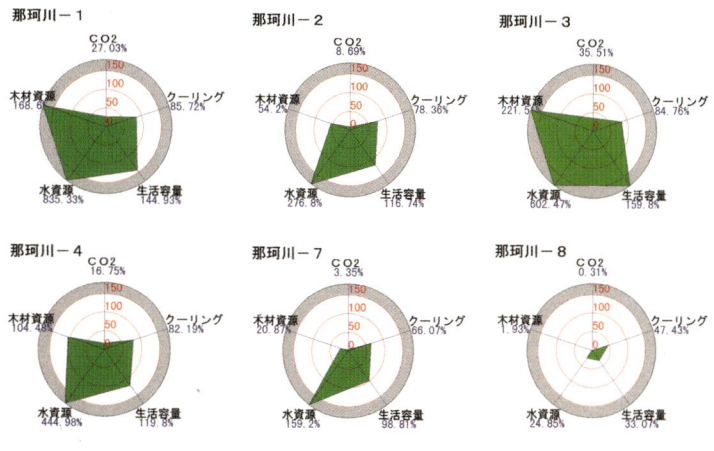

※参考文献　大西1995、1999、2002

第4章 環境変動の舞台裏

環境容量の階層構成

舞台裏 階層構成

●天竜川流域の階層構成（東海地方）

　東海地方に立地する天竜川流域は、上流部に諏訪湖と茅野市、諏訪市、岡崎市などの市域を有し、中流域に伊那市、駒ヶ根市、飯田市の市域、中流域下部に森林域、また、下流部に天竜市を有する構成となっています。

　図にはレーダーチャートで、天竜川流域における支流域区分うち6単位での環境容量の階層構成を示しています。環境容量の視点からみると、集水域区分としての天竜川流域の全体での環境容量は、CO_2固定容量が32％、クーリング容量が91％、生活容量が70％、水資源容量が1178％、木材資源容量が202％でした。天竜川流域を、13単位の支流域区分し、各支流域区分の環境容量をみると、源流域に属する天竜川-1、3で、茅野市、諏訪市、岡崎市などによる市街地化による環境容量の低下が示され、中流域に属し、伊那市、駒ヶ根市、飯田市の市域を有する天竜川-5、7、9で環境容量の減少、また、森林域を有する天竜川-4、6、8で環境容量の豊かさが示されています。さらに、下流域に近づくにしたがい、豊かな森林域のため、天竜川-10、11、12で環境容量は増加し、下流域であり天竜市を有する天竜川-13で環境容量は低下しています。

　天竜川流域では、このような支流域により全体としての流域が構成されています。

天竜川流域の階層構成

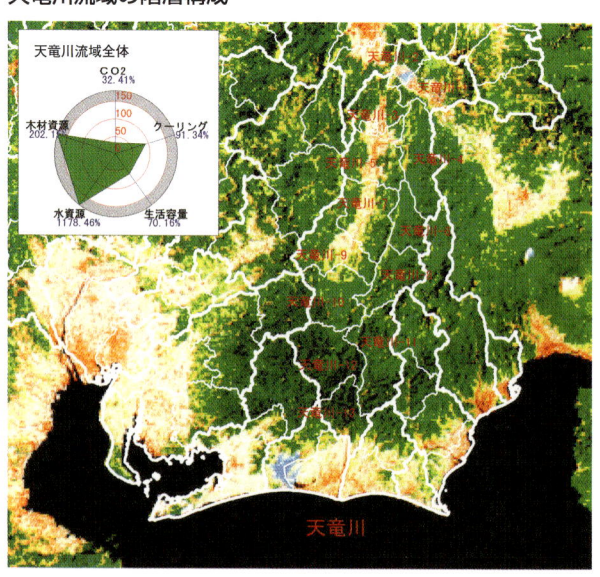

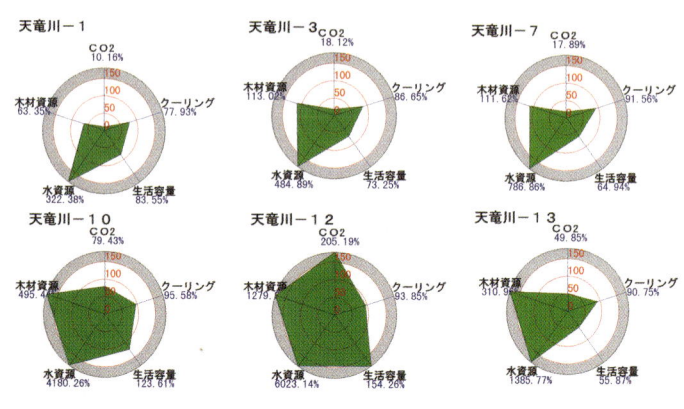

※参考文献　大西1995、1999、2002

第4章 環境変動の舞台裏

環境コラム
Part 3

環境コラム⑧

土木技術者と地球温暖化

松岡　譲　社団法人 土木学会地球環境委員会 委員長、京都大学工学研究科 教授

　地球温暖化問題は世界共通の重大関心事となっている。土木技術者は、これまで地球温暖化の原因となる行為と多くの解決手段の提供に深く関わってきており、また今後もそうである。水力・原子力発電などエネルギー基盤の整備、交通体系の適正化、施設計画・設計の適正化、構造物の長寿命化などを通じて温暖化の緩和策に貢献するとともに、海面上昇や気象の凶暴化に対する適応策を提供する立場に立っている。

　温暖化緩和の面から、セメントや鉄鋼の生産工程での二酸化炭素排出量の削減、材質高機能化による素材量自体の低減、施工の工夫等による排出量削減は、当然行わなければならない。市街地の中心に高利用頻度の施設を、低利用頻度の施設は中心からやや離れた地域に配置させるとともに、各中心間を利便性が高い公共交通機関のネットワークで結び、自動車には土地利用密度が低い地区内の移動を受け持たせ、公共交通機関とパークアンドライドや乗合タクシー、カーシェアリング等で連携させる。国土全体あるいは全世界をこのように変革し、低炭素社会とするには数十年はかかるであろうが、それ以上かかるのでは間に合わない。超長期ではあるが現実性あるガントチャート（スケジュール表）を描き、遅滞なく手をうっていかなければならず、土木技術者は、否応なくそのフロントに立たざるを得ない。

　しかし、既に、そして上述した努力の成果が表れる前に、温暖化は襲いかかってきている。悪影響を最小限に抑えるためには、さまざまな適応策を導入しなければならない。しかるに温暖化の適応というのは、土木技術者が営々として行ってきた諸策、すなわち安全で安心な国土・都市づくりの一端にほかならず、これまた、これまで蓄積してきた技法と知恵とノウハウを如何なく発揮させる場に他ならない。高頻度・巨大化した洪水に対する治水政策の強化、激化する土石流等への対応強化、高潮対策の強化、水門施設等の管理強化、冬季雪対策の変更、大気汚染警報システムの強化など、すぐに、かつ、しかも今後数十年の長丁場にわたりしなければならないことは沢山ある。

　土木学会は、土木技術者の中心的な組織として、早くから地球環境問題への取り組みを開始し、1992年には地球環境委員会を設置、また1994年には土木学会地球環境行動計画―アジェンダ21／土木学会―を宣言し、土木技術者に期待される行動原則を示した。爾後、10年以上経過したが、土木技術者の地球環境問題、とりわけ地球温暖化問題へのかかわりはますます強くなる一方である。この課題に対しどう対処するかは、まさに、シビル・エンジニアとしての正念場であろう。

土木技術が、良かれ悪しかれ、地球環境問題と強い関連性を持たざるを得ないことは、以前から認識されていた。1996年、土木学会は、土木技術者集団として、早急に取り組むべき8項目を、「地球環境行動計画 アジェンダ21／土木学会」として公表している。

近代の次の世界

大野秀敏　建築家、東京大学新領域創成科学研究科 教授

　核が20世紀的問題であったとするなら、環境はすぐれて21世紀的問題である。核兵器は20世紀に発明され、1945年の広島と長崎の人体実験で世界は悲惨さに打ちのめされたが、現実はむしろ核が拡散している。しかし、一方で核が封印された兵器だという認識も広まっている。つまり、核兵器をひとたび使用すれば報復によってたちどころに自己破滅を招くという根本的矛盾を抱えている。すこし大げさに言えば、これは近代という世界観の矛盾である。つまり、近代は物資的満足を求めて切磋琢磨と競争をエネルギー源に発展してきたが、競争が引き起こす問題を解決する術を編み出さないまま、世界の拡大で問題を取り繕ってきたからである。

　環境問題は環境汚染から始まり、地球温暖化、資源枯渇、食料危機など広範囲におよび、地球がもはや持続不可能なレベルを超えているという認識に至っている。

　そして、子々孫々にまで現在程度の地球環境を引き渡すつもりであれば、天然資源の消費を抑制し、二酸化炭素をはじめとする排出規制が必要であり、そのためには、緊急に現実的行動を取らなければならない。ここで重要なことは、環境問題はいろいろな側面を持っているということである。一つには技術開発の方向性の転換、もう一つは豊かさの概念の見直しである。平たく言えばアメリカ的豊かさからの転換である。三つ目は、先進地域と発展途上地域とのあいだでの環境の利用権の配分の問題である。どういう形で解決を見いだすのであれ、資源の利用者と利用量の増大と資源の枯渇は避けられず1人当たりの資源利用可能性は減少し、それに応じて物質消費を抑制する新たな生活倫理が必要であり、世界の平和のためには先進諸国は厳しい成長の可能性の限界を引き受けなければならない。つまり、21世紀は「縮小の時代」であるが、それを戦争や大災害などのカタストロフィを伴うことなく平和裏に解決を人類が得ることができるとするのなら、そのとき、人類は、今とは異なった価値の体系を持つことになるであろう。つまり、中世に続く世界として近代をくくるとするのなら、近代の次の世界が生まれることを意味する。環境問題は、このくらいの大きなことであろうと思っている。省エネの単純な延長上にある問題ではない。

　これまで、環境問題の存在すらなかなか認めようとしなかったアメリカが政策を大きく転換しようとしている。いわば、環境問題は世界公認の問題となり、問題提起の時期から真の解決の模索の時期に入ろうとしているように思う。そのときに、環境問題の深刻さをキャンペーンする今までとは異なり、問題を誠実に真摯に取り組む姿勢が重要になってくるであろう。気分的に環境に良さそうだという思い込みを排し、合理的な行動目標を立てることである。そのために我々大学人はもっと貢献すべきだと考えている。

ファイバーシティ2050東京

大地の都市

中村　勉　社団法人 日本建築家協会環境行動委員会 委員長、ものつくり大学 名誉教授

下の図は建築と地球環境を考えるときに示す図である。建築の立つ土地は山から海までの水と空気を軸とした物質循環の中にあって、社会的な地域の特徴をもった場所性に特徴付けられている。エネルギーは一般的には遠くの地域で作られ、タンカーやパイプライン、送電線などの方法で輸送されてくるものと考えられていたが、化石燃料の枯渇を考えるとできるだけ身の周りの自然エネルギーを利用することが必要となってきた。大地の力や太陽、風の力、そして植物などを利用した自然かつ再生可能なエネルギーを垂直的な環境の中にみつけることができる。今後さらに宇宙への放熱などの新しい技術も期待されるところである。私たちは大地の力をもっと意識し、その可能性を利用した都市や建築を考えることが求められているのではないかと思う。これからの私たちは、どこかに輝ける都市があるのではなく、自分の足元に大地の都市がうづくまっていることに目を向けなければならないと思う。

2007年の環境立国戦略会議では、地球環境の持続性を確保するために、この温暖化対策としての低炭素社会をつくりあげる目標と同時に、循環型社会、生物多様性を確保する自然共生型社会をつくりあげるという総合的視点が必要であることが指摘された。そして日本は世界全体で1991年基準年より50％以上のCO_2排出量の削減を行うことをハイリゲンダムサミットで宣言した。その後2008年に70％以上の削減が日本は必要だという温暖化対策行動方針が閣議決定されている。

建築のエネルギー消費を考えてみると、新エネルギーを開発するだけでは十分でなく、エネルギー負荷をパッシブ手法によって低減することがまず重要である。これがこれからの建築の持つべき環境基本性能である。その上に再生可能エネルギーを投入することによって、家庭・業務部門でのCO_2排出量を新築・改築により50％以上、改修により30％以上削減することが必要となる。

このような計画は、現状から少しずつ進めるというやりかたでは多くは望めない。CO_2排出量はゼロなのだということを前提として、すべてをその敷地で可能なパッシブ環境基本性能と再生可能エネルギー、そしてゼロエミッションなどを考え、目標をゼロカーボン建築において闘うところから生まれるのだと思う。

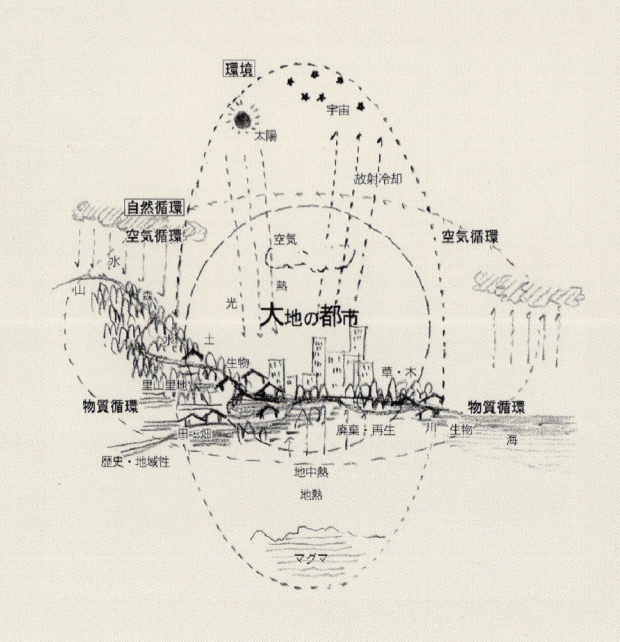

地球時代のライフスタイルと環境デザイン
100年後の景観を夢みて淀川さくら街道ネットワークで子どもたちと

槇村久子　NPO法人 淀川さくら街道ネットワーク 理事長
京都女子大学現代社会学部 教授

どう生きれば幸せになるかモデルがない時代は、ライフデザインを創るしかない。毎日24時間、人生90年で、私と家族、私と仕事、私と地域（社会）をどう創るか。私たちは多層な時間のリズムの継続性の中に在る。地球時間、歴史的時間、人間の人生、技術・科学の進化。様々な場で関係性の見直しが必要で自分のライススタイルが地球環境を決めていく。

さて、夢を始めようと2004年に市民や企業の仲間たちとNPO法人淀川さくら街道ネットワークを設立した。「次世代に継承する関西の文化創造事業として、淀川流域におけるさくら街道に関する事業の実践と連携を通じ、周辺の市民・子どもたちによる美しい街づくり、環境づくりに寄与する」が目的である。

私たちNPOは、まず桂川、宇治川、木津川の三川合流地点から大阪湾の河口まで全長40キロに及ぶ流域を桜やサイクリングロードや歴史などで結び、川とまちが共生する場を創り出す。河口には地域や景観や環境を守り育てていく心と技術を育成する活動拠点として国内外の人々が集まる環境パークを造る。淀川からアジアへ持続可能性社会の想いと技術を次世代に拡げていきたい。

活動の一つが「さくらの学校」である。城北河畔地区のスーパー堤防部に地域の大宮小学校の子どもたちと親、校長と植樹したのを始めに、守口地区、枚方地区と毎年雪の降る時期に植える。ネイチャーゲーム、桜を運んで、「わたし桜」にメッセージを書く。PTA、青少年育成指導員、校長も、一緒に小さい兄弟も、車椅子の子ども、シルバーマラソングループも参加する。河川環境管理財団や河川事務所の人も来る。4月には花見を兼ねてフォローアップ。子どもたちが一首詠んだり、NPOメンバーが野点をする。「わたし桜」が気にかかる。なんと子どもたちはいつも桜を見に行ってメールをくれるのだ。川辺の桜から校庭、街の緑へ、川とまちをつなぐ、自分たちの地域の再生を期待する。

生態系の創出や美しい景観ができあがるには100年以上はかかる。100年後は人口は半減するかもしれない。市民ニーズも変わる。市民ニーズと生態系や環境保全をどのように両立させていくか。相反するものではない。長い時系列で変化を促すための生態系と土地利用と市民のかかわりのシステムをどのように創っていくかが課題である。「この調子でいけば何百年もかかりそうやなあ」と言いながら、100年後の桜街道をみんなで夢見ている。

2009年「さくらの学校」集合写真、淀川河川公園、守口地区

2008年「さくらの学校」記念植樹、淀川河川公園、守口地区

View Point 3

Epilogue: Message for the Future

第5章　エピローグ
環境容量から学ぶ未来へのメッセージ

チャールズリバー・ハーバード

明日の地球と子どもたちのため、エコロジカルライフを目指しましょう。
その実現に向けて、私たちはどのように行動すればよいのでしょう。
また、ヒトと自然をどのように認識すればよいのでしょう。その手がかりを探りましょう。

環境容量から学ぶ未来へのメッセージ

　日本全国の環境について、環境容量の5つのエコモデルとGISマップを活用し、その特性を探りました。また、琵琶湖・淀川、大和川流域では環境容量の変動メカニズム、また、関東地方の那珂川流域、東海地方の天竜川流域、関西地方の紀ノ川流域では環境の階層構成を概観し、環境変動の舞台裏を探ってきました。データが語るこれらの現実を、私たちはどのように受け止め、地球の生態系にやさしいライフスタイルや環境計画の実現、また、政策の立案や実施に向かっていけばよいのでしょうか。環境容量から学ぶ未来へのメッセージとして、未来をひらくライフスタイルや環境計画について考えてみましょう。

●環境を想い育むヒト

　私たちは「住む環境」を大切にしてきたでしょうか。ヒトは、自給可能人口を超えた高密度な状況で生活することに慣れ、環境やすみかを大切に思う生きものとしてのセンサーが麻痺しているのではないでしょうか。すみかを大切にしない生きものはいないのです。自らやその子孫が暮らす将来の環境の動向について注意をはらう必要があるのではないでしょうか。そのための最初のステップとして、ハビタットとしての環境や流域を大切にすることが重要になります。資源や環境面で厳しさを増し、急激な人口減少と高齢化を向かえようとしている日本。ただシュリンクするのではなく、地域の環境容量をベースに、将来計画やシナリオをたて、それに向かっていく、まさに新しいライフスタイルと環境計画をスタートさせなければならない時代になっています。目標とした環境性能を具現化する、プランニングやデザイン、またライフスタイルや政策も立案されなければなりません。この未来のためには、ヒトと自然の2変数をもつ新しいタイプのシナリオ・政策づくりと発想が必要です。ヒトが努力し資源消費や排出量を削減することと、これまでに改変した自然に対し、地表形態や土地利用を修復し再生し、自然に戻すことが基本になり、同時に平等にイメージし、実行されなければなりません。

　日本のみならず、多くの国々でこうした発想の転換・チェンジがなければ、永くともにした地球と文明の未来はないのです。

　次に、新しいシナリオをイメージし未来を拓くために次項についてお話します。
　　1．都市域と自然域、流域の上流域と下流域、そして階層性
　　2．宇宙船地球号とThink Globally、Act Locally、そして流域
　　3．環境性と資源性、環境は相互作用環
　　4．環境の変動パターン、新しいシナリオ、そしてゴール
　　5．地球と地域をつなぐ流域

1）都市域と自然域、流域の上流域、下流域、そして階層性

メッセージ
都市域と自然域

●都市域と自然域

流域を構成する、都市域と自然域、また、上流域や中流域、下流域に関する相互関係の認識は重要です。都市域（人工域）が注目されがちですが、その存在を支えるのは自然域（生命域）です。これをきっちり考えることが重要です。都市と農山村の相互作用の認識が大切だと感じます。流域や水系としての連続性が基本であり、「上流域と下流域」、「都市域と自然域」、「都市域と農山村域」など、流域を構成する地域間の相互関係や役割分担の理解が必要です。

●流域圏の階層構造

流域の階層構造については4章で示しましたが、関西地方の紀ノ川流域を例に少し補足したいと思います。図には紀ノ川流域の階層性について5指標のレーダーチャートで示しています。上段は流域全体を示しており、それを支流域区分で見ると中段のようになります。下段は、自治体区分を示し、この場合は紀ノ川-2の支流域を構成する自治体を示しています。流域はこの様な階層構造を持ち、大きな流域も小さな支流域が集まり形成されています。それぞれに属性があり、私たちはそのどこかで生活しているのです。従って環境を育むためには、このような環境の階層構造の理解を通じ、環境単位の自立性や、地域間、流域内、上流、中流、河口域などの自然構成要素や社会活動などの相互依存の関係についての認識も必要です。またこうした階層性を考えることにより、環境へのインパクトによる影響圏の予測も可能になります。

●都市部と自然域、流域の上流域、下流域、階層性

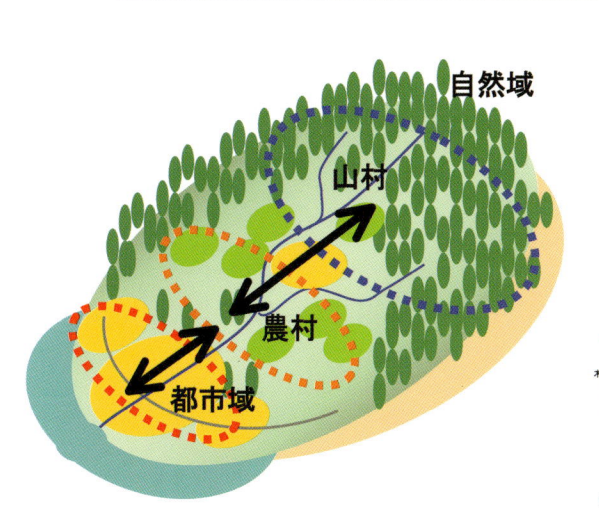

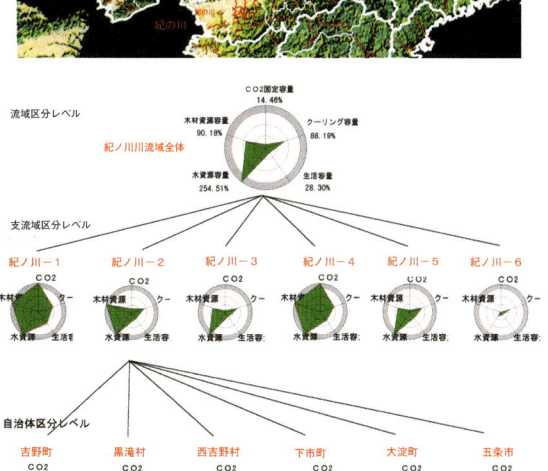

メッセージ
もうひとつの宇宙船

2）宇宙船地球号とThink Globally、Act Locally、そして流域

●宇宙船地球号とThink Globally, Act Locally

30～40年前、著名な、バックミンスター・フラー博士の「宇宙船地球号」という言葉により、当時無尽蔵かと思われた地球の環境が、そうではなく有限なものなのだと気付かされました。私たちが運命共同体である地球という宇宙船の乗組員であることを実感した時代でした。また、バーバラ・ウォード女史の「Think Globally, Act Locally」という言葉により、地球環境の悪化はただ漠然と発生するのではなく、地域の環境悪化がもたらす結果であり、その解決には、地域に暮らすひとりひとりの活動が重要だということを感じさせられ、私たちの環境認識を飛躍的に向上させました。

この偉大な先人の言葉をヒントに、「もうひとつの宇宙船」としての流域・Spaceship River Basinについての認識が有効ではないかと思っています。

●土地利用、産業、就労形態の多様性

多様な土地利用が存在するにはそれを支える多様な産業が不可欠です。また多様な産業を支えるのは多様な就労形態であり、新しい土地利用を目指すためには産業や就労形態を視野に入れた社会システムの構築が必要になります。

●ボーダレス時代の限界

この様な、土地利用、産業、就労形態の多様性の再考や再生は、自国に限ったことではありません。地球に存在する国々の、多様な自然や文化を尊重し、それぞれにふさわしい土地利用を再生させることにより、地球の土地利用の適正化も進み、生態系や人間活動も持続できるのです。ボーダレス化を前提としてきた近代社会も世界同時経済危機を契機に新たな局面を迎えています。

●宇宙船地球号、Think Globally、Act Locally、そして流域

- "Think Globally, Act Locally" by Dr. Barbara Ward
- "Spaceship Earth（宇宙船地球号）" by Dr. R. Buckminster Fuller

▽

もうひとつの宇宙船 : "Alternative Spaceship River Basin"

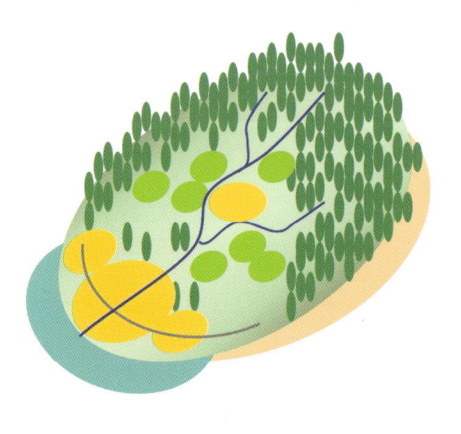

3）環境性と資源性、環境は相互作用環

●環境は相互作用環

環境問題が語られ報道されるとき、特定の課題に特化し、単次元的なまとめで終了することが多いと思います。CO_2排出量の削減で森林資源の有効性が話題になることはあり、また、木材資源の確保についての議論で森林資源の重要性が話題になることはよくありますが、ほとんどが個別の話としてなされ、CO_2排出量と木材資源の関係で述べられることはほとんどありませんが、本当は、密接な関係があり同時に議論されなければ、根本的な解決や理解にはつながっていきません。環境は「相互作用環」であり、ツケは必ず回ってくるのです。エコシステムが生命活動の永続を目的とした系・システムであるということは最初に示しましたが、私たちのライフスタイルにも、環境計画にもこの永続性をゴールのひとつにしなければなりません。

●環境性と資源性

森林資源は、CO_2固定容量や木材資源容量に影響を与え、土地利用だとか地表形態はクーリング要量や水資源容量に影響を与えます。このように環境要素は、環境面だけに限って影響を与えるのではありません。環境要素が持つ、「環境的特性」と「資源的特性」の密接な関係に対する理解と解明が必要です。多元的な働きに対する理解が必要です。

●新しい環境学習

環境問題には相互作用で考えないといけないことがたくさんあります。ヒートアイランドとゲリラ豪雨、洪水も同様です。単発で話題が進むとその系が解決しても根本的な問題が残り、完全解決していないのです。いつまでも問題が残り発生するのです。こうした総合的な環境学に対応した新しい環境学習の方法が必要になっています。

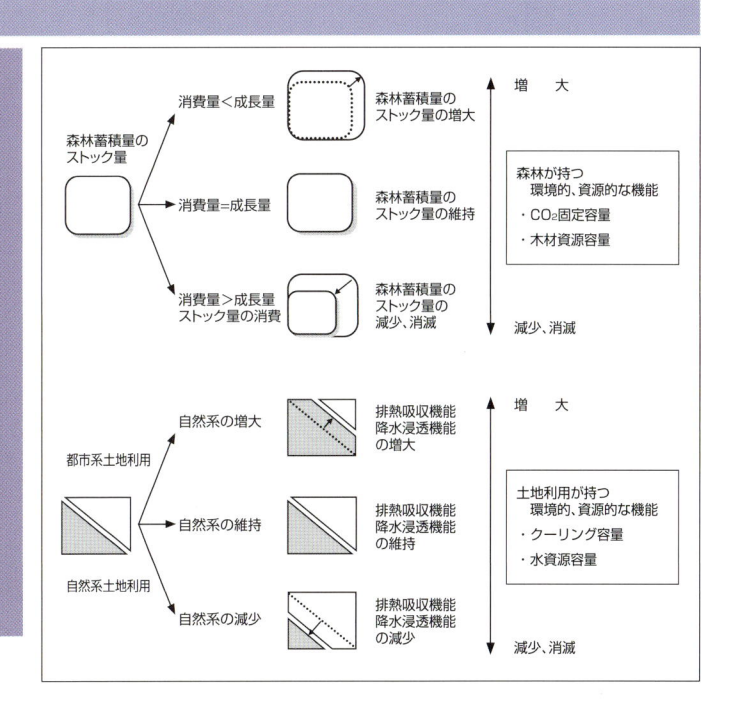

4）環境の変動パターン、新しいシナリオ、そしてゴール

●環境の変動経路

環境は、自然の抱擁量とヒトの活動量の「向上」、「維持」、「悪化」により、多様な変動経路を持ちます。4章で示した環境容量の変動パターンを思い出してください。CO_2固定容量では、節電やガソリンの節約などヒトの努力が十分ではなくCO_2排出量は増加したにもかかわらず、森林の固定量が上回ったため、結果的には向上しました。水資源容量は、節水に努めるなどヒトの頑張りにより水需要量は減ったけれど、地表形態の変化で透水性が落ちたために、現状よりは低いレベルに留まったというように、いろんな経路があります。より深くヒトと自然との関係を考えることにより、計画的なコントロールも可能ではないかと思います。その実現には、ヒトと自然の学際研究への一層の挑戦が必要です。

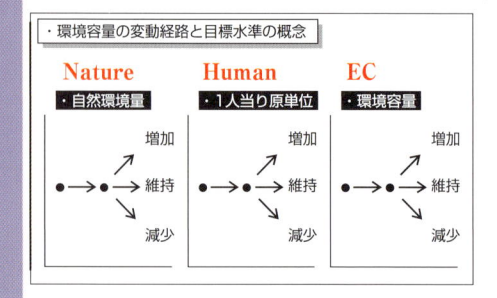

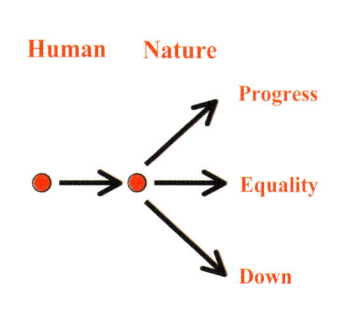

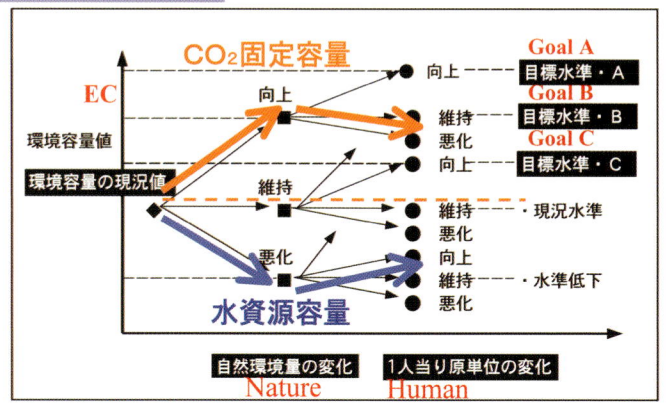

●新しいシナリオの姿

森林任せのCO_2固定容量の上昇や、バーチャルウォーターによる水資源容量の向上などの「舞台裏」を知ると、私たちが従来から行ってきた一律に「何%削減」したらどうなるといったタイプのシナリオではなく、新しいシナリオとして、ヒトの努力と自然へのいたわりや再生が一体になった、いわば、「ヒトと自然の2変数を備えたシナリオづくり」が必要になると思われます。このような環境容量の変動経路を活用した新しいタイプのシナリオづくりを通じ、国土の土地利用の適正化や国レベルでの政策や産業や就労形態のバランス、さらにひとりひとりのライフスタイルを進化させ、国や地球の適正化を進める必要があるのです。

5）地球と地域をつなぐ流域

●ヒトのハビタットとしての流域

　ヒトの住みか「ハビタット」としての流域と地球環境の相互関係について考えてくると、地球環境が多様な地域や大きな流域、小さな流域がモザイク状に組み合わさり、成り立っていることを実感します。流域はまさに、地域と地球の環境をつなぐ、環境を考える場合に重要な懸け橋となるものなのです。

●活力のある流域づくり

　日本全国の流域を5つのエコモデルを通して見てくると、まだまだ環境容量が豊かで生き生きとした流域が多いことに驚かされます。しかしその一方では、大都市が立地するなどヒトの活動が容量を上回り、活力が大きく低下した流域も見られました。これらの流域の活力を取り戻すことが必要ですが、人口の減少時代を迎える日本においては十分実現可能だと思います。このためには、自らが住む流域の環境容量に注意をはらい、容量の向上に心がけ、環境計画やライフスタイルを進化させることが必要で、そうすることで、無駄や矛盾の少ない生活環境の実現へのスタートを切ることができるでしょう。また流域の活力は土地利用の多様性によりもたらされるもので、土地利用の多様性は、産業や就労形態の多様性により実現でき、持続できるものでしょう。流域の上流や中流、下流など、いろいろな地域においてヒトが流域と如何に親しく付き合えるのか、こうした個々の流域でのヒトの営みが地球の未来につながっていくのです。

●地球と地域をつなぐ流域

ヒトのハビッタとしての流域
地球環境を構成するモザイクとしての流域
流域は地球と地域の環境を繋ぐ存在

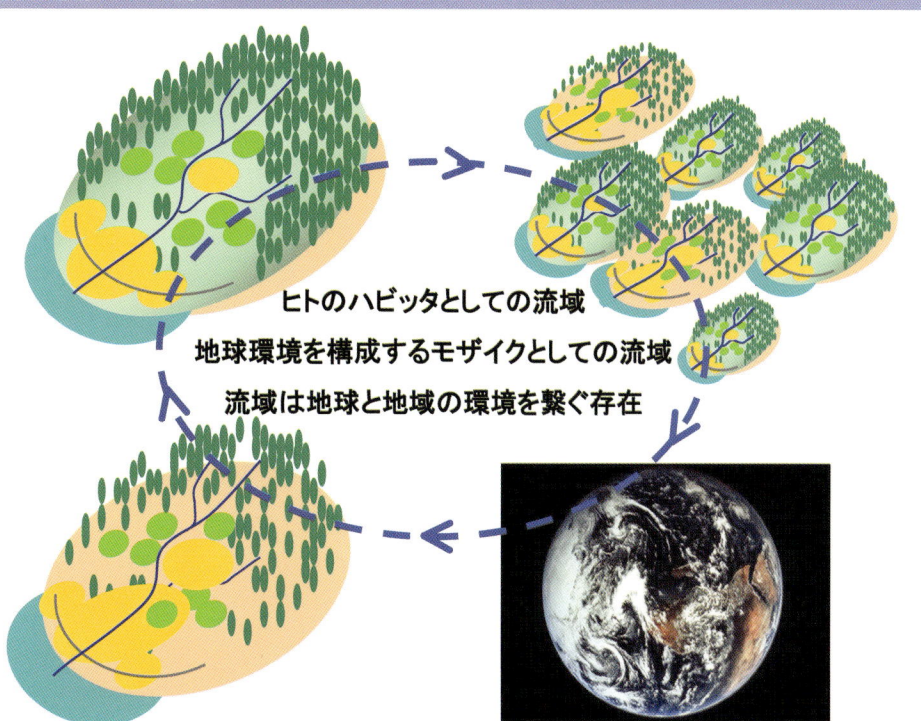

View Point 4

3D-GIS Environmental Capacity Map for Japanese Major Watershed

3D-GIS 全国9流域 環境容量マップ

小櫻川・熊野川

1．3D-GIS 全国9流域 CO$_2$固定容量

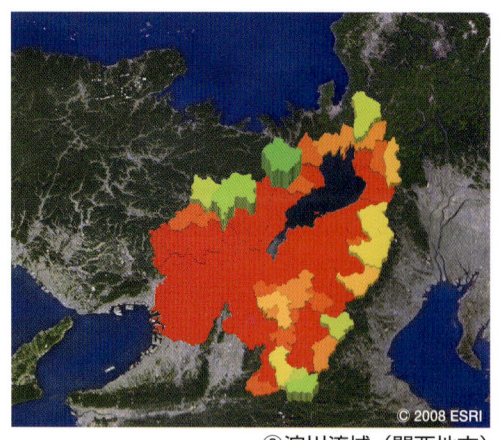

⑥淀川流域（関西地方）

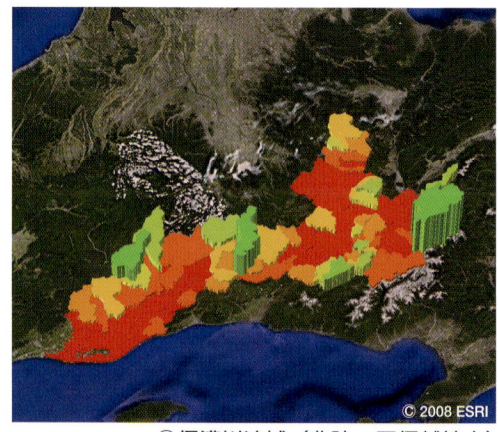

④信濃川流域（北陸・甲信越地方）

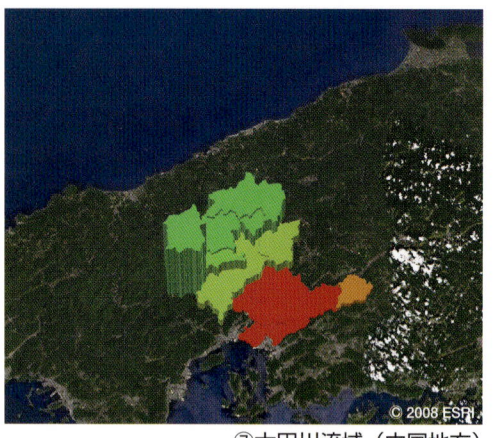

⑦太田川流域（中国地方）

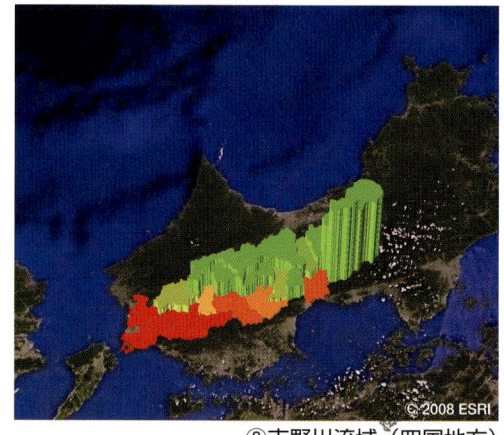

⑧吉野川流域（四国地方）

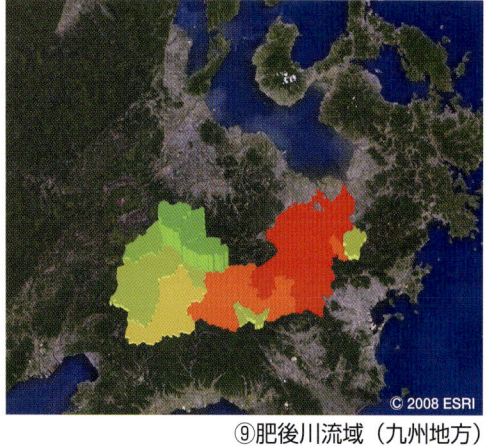

⑨肥後川流域（九州地方）

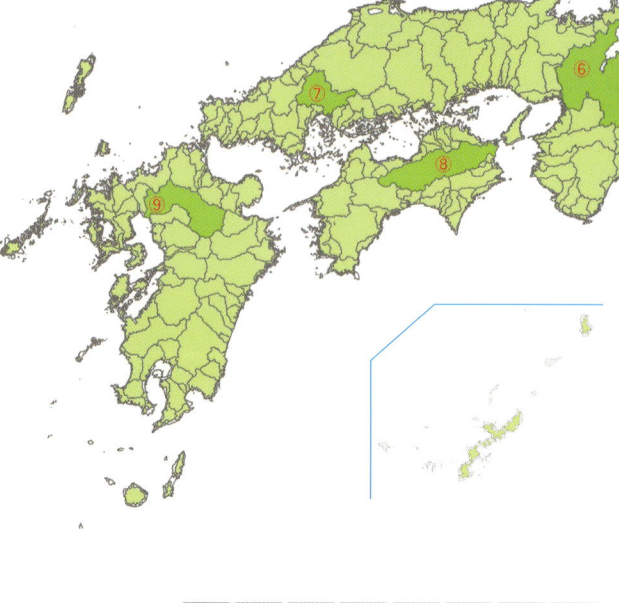

凡例　2000年値

0　20　40　60　80　100　200　300％-

3D-GIS 全国9流域 環境容量マップ

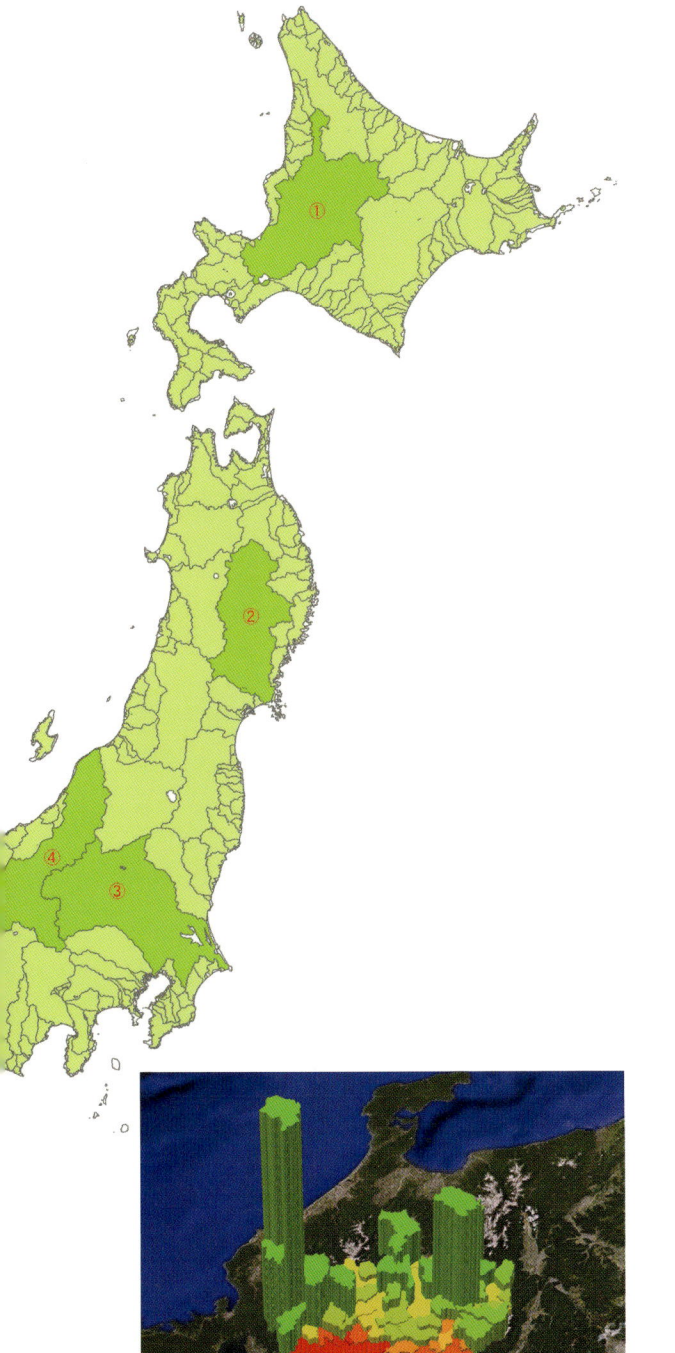

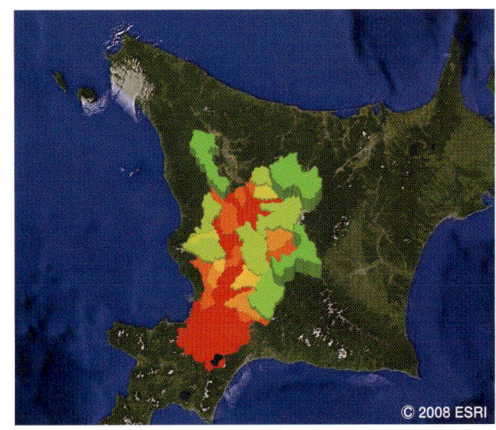

3D-GIS 全国9流域 CO$_2$固定容量

①石狩川流域（北海道地方）

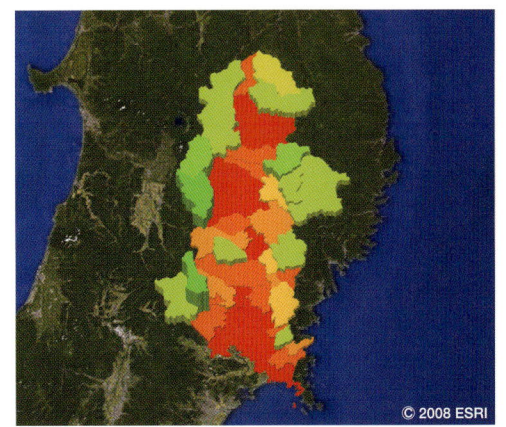

②北上川流域（東北地方）

⑤木曽川流域（東海地方）

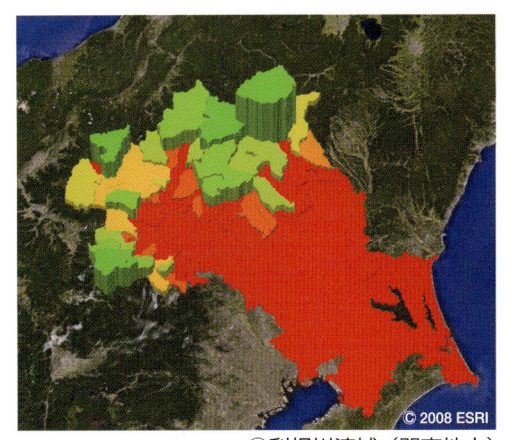

③利根川流域（関東地方）

3D-GIS 全国9流域 環境容量マップ

2．3D-GIS 全国9流域 クーリング容量

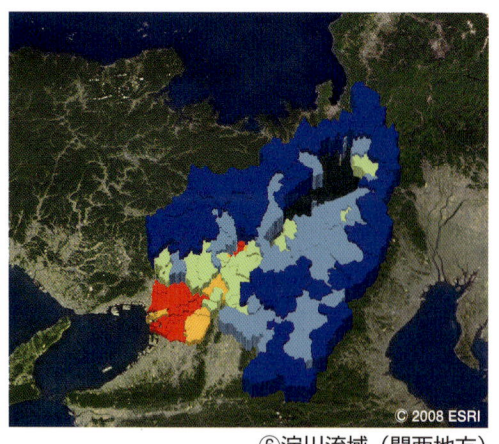

⑥淀川流域（関西地方）

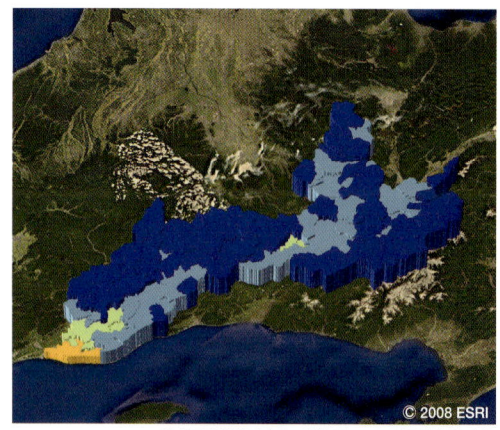

④信濃川流域（北陸・甲信越地方）

⑦太田川流域（中国地方）

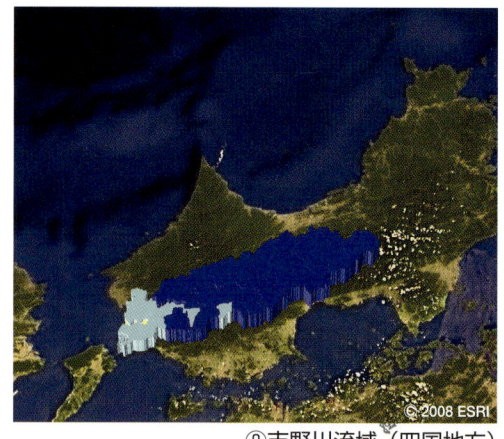

⑧吉野川流域（四国地方）

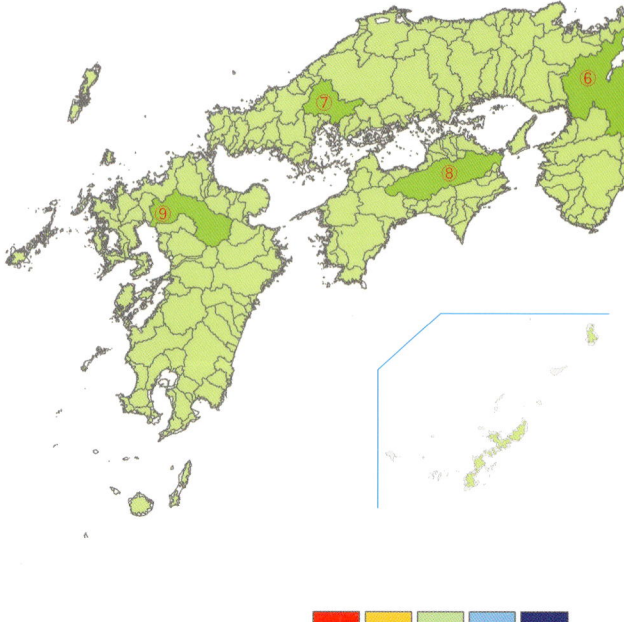

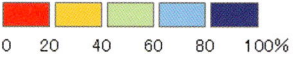

⑨肥後川流域（九州地方）

凡例　2000年値　0　20　40　60　80　100%

3D-GIS 全国9流域 環境容量マップ

3D-GIS 全国9流域 クーリング容量

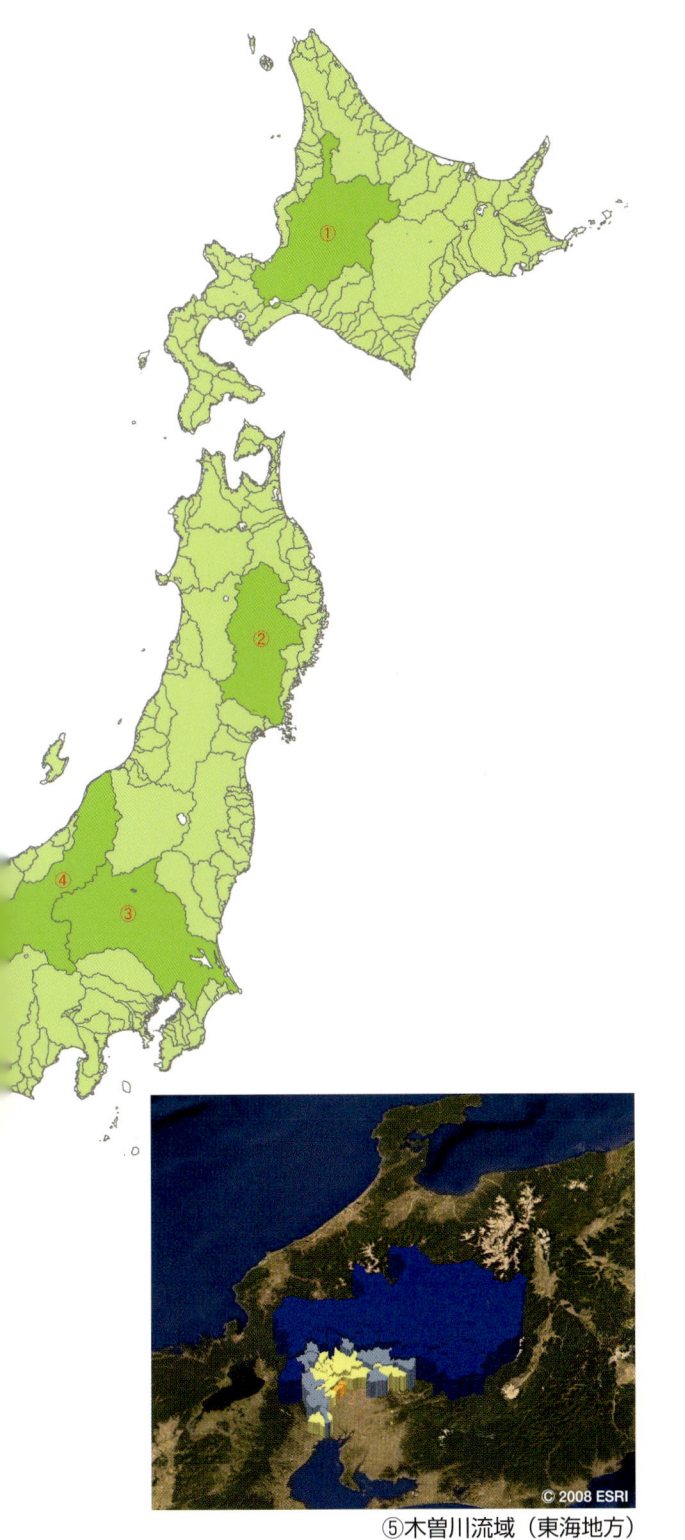

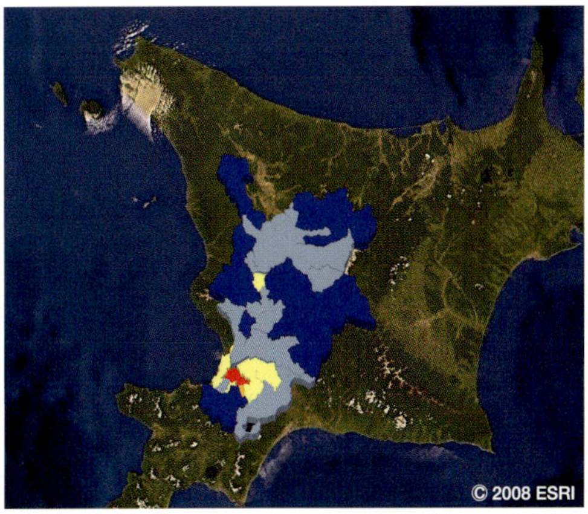

①石狩川流域（北海道地方）

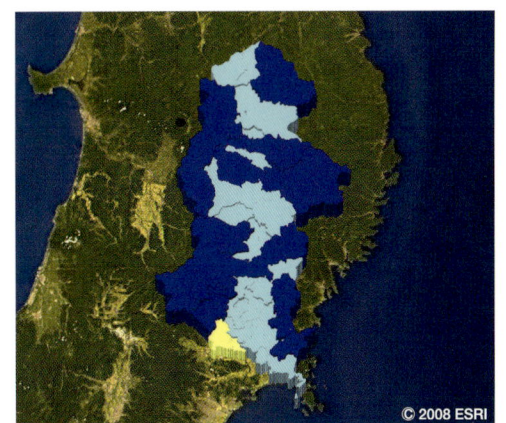

②北上川流域（東北地方）

⑤木曽川流域（東海地方）

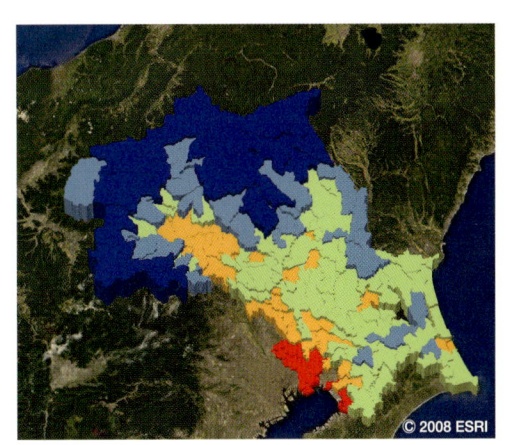

③利根川流域（関東地方）

3D-GIS 全国9流域 環境容量マップ

3．3D-GIS 全国9流域 生活容量

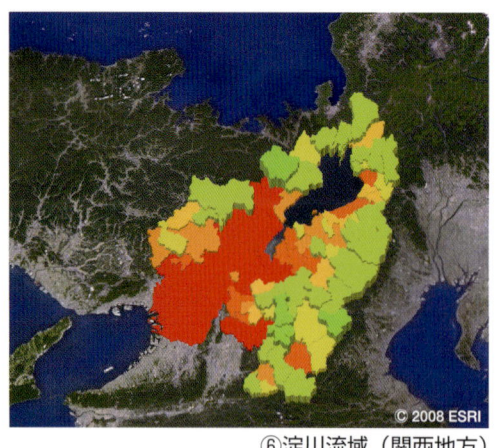

⑥淀川流域（関西地方）

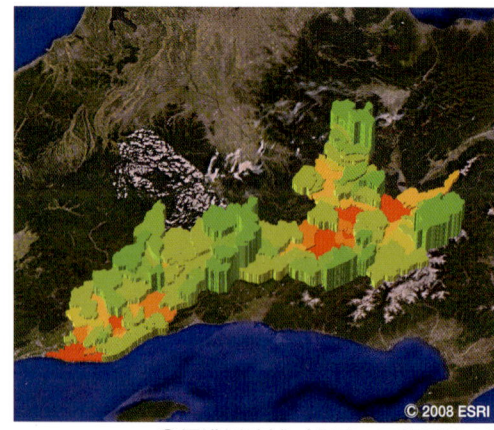

④信濃川流域（北陸・甲信越地方）

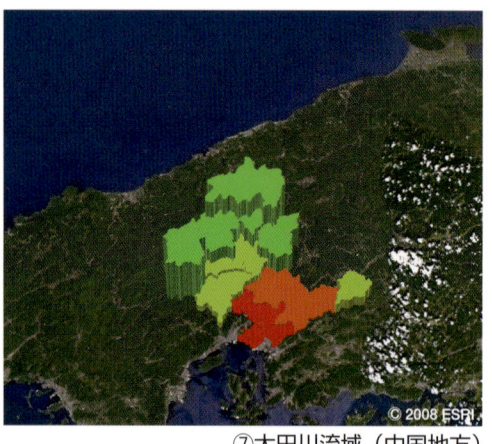

⑦太田川流域（中国地方）

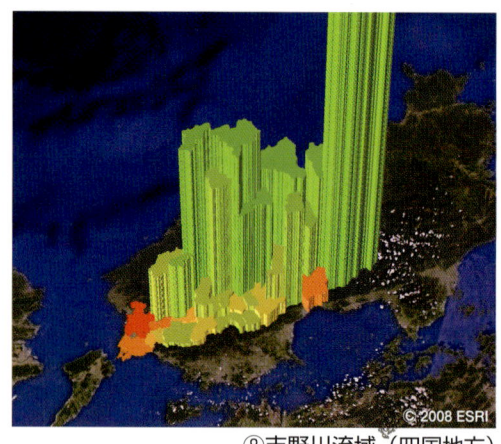

⑧吉野川流域（四国地方）

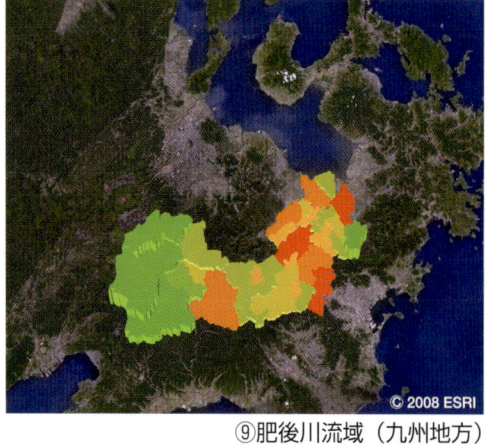

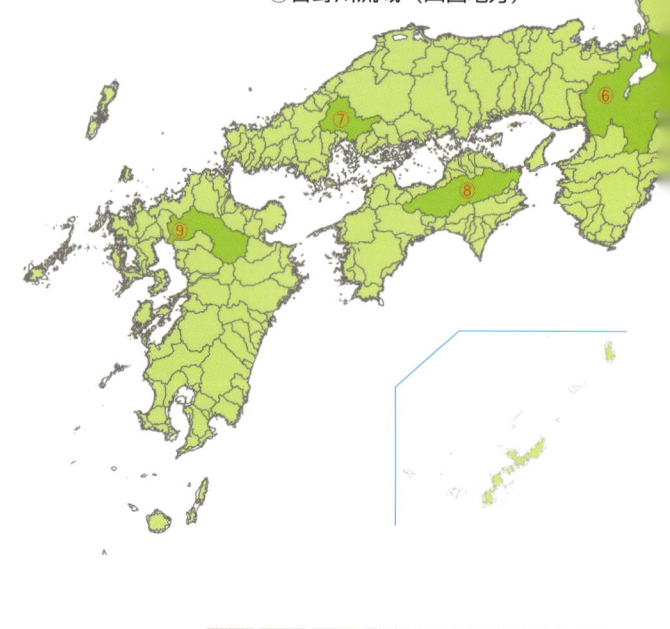

⑨肥後川流域（九州地方）

凡例　2000年値　0　20　40　60　80　100　200　300％-

3D-GIS 全国9流域 環境容量マップ

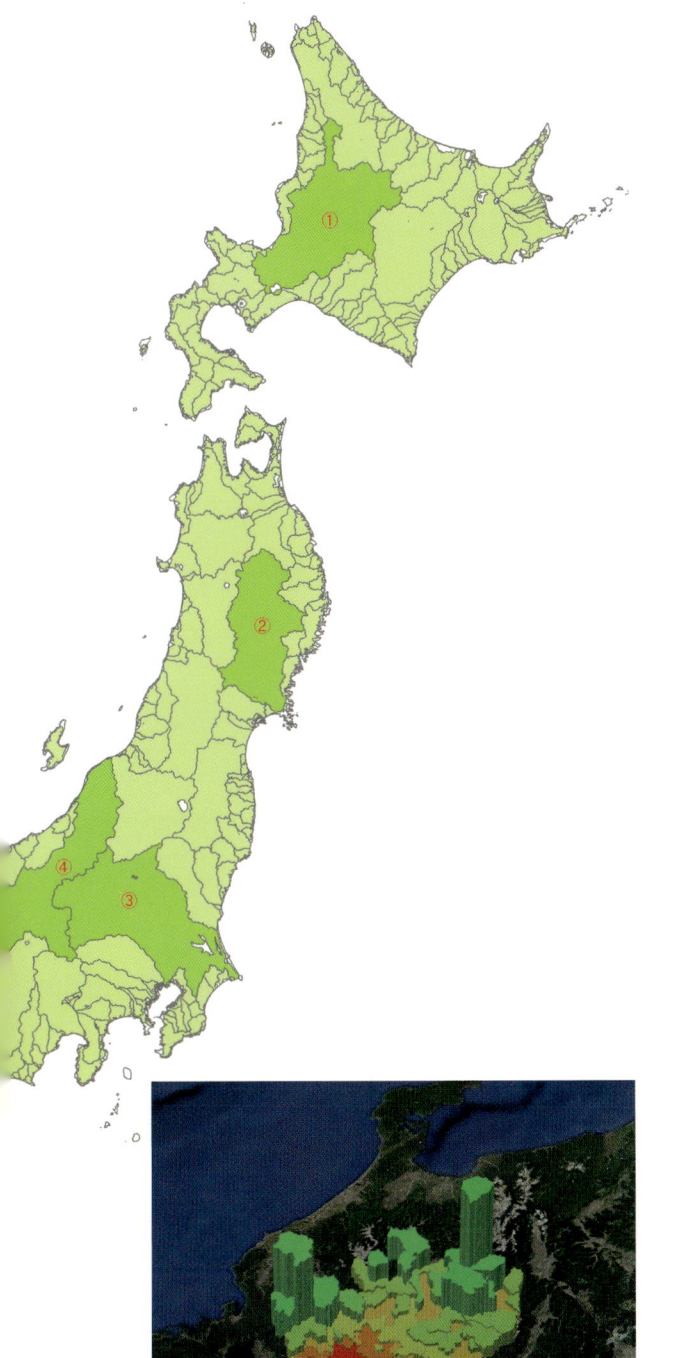

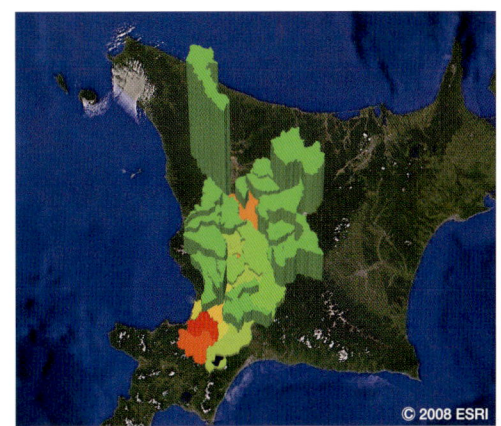

3D-GIS 全国9流域 生活容量

①石狩川流域（北海道地方）

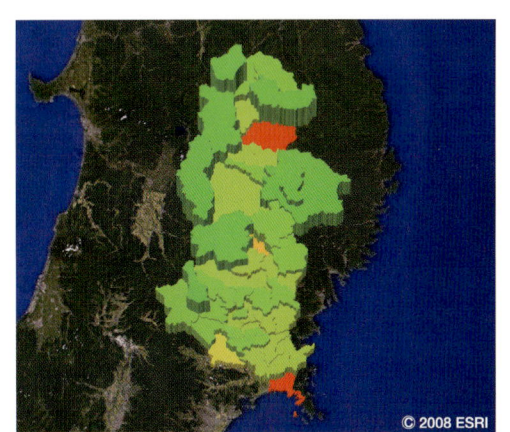

②北上川流域（東北地方）

⑤木曽川流域（東海地方）

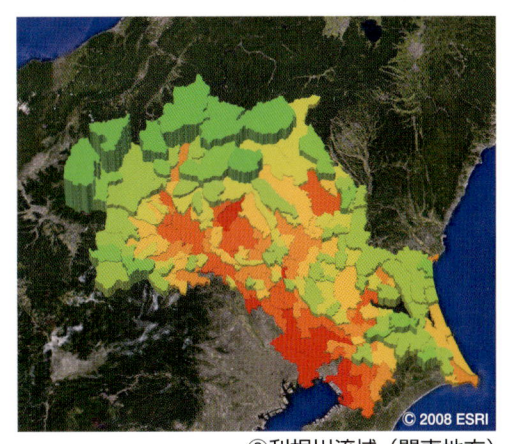

③利根川流域（関東地方）

3D-GIS 全国9流域 環境容量マップ

4．3D-GIS 全国9流域 水資源容量

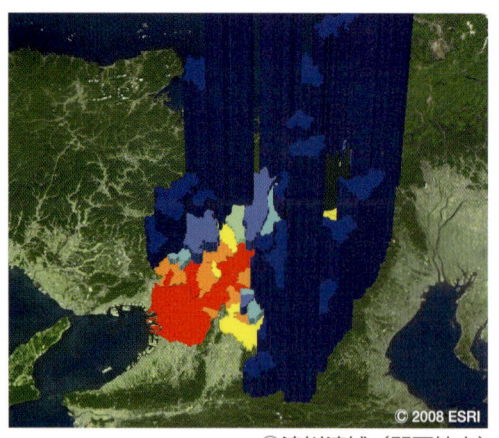

⑥淀川流域（関西地方）

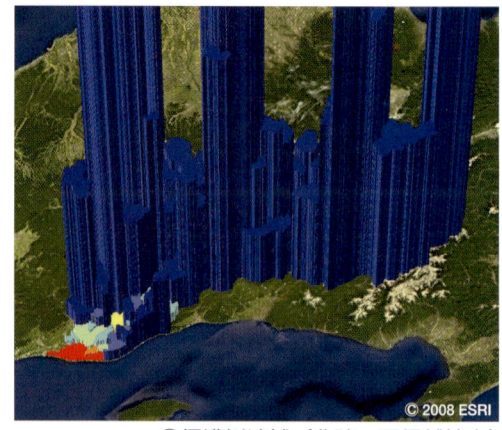

④信濃川流域（北陸・甲信越地方）

⑦太田川流域（中国地方）

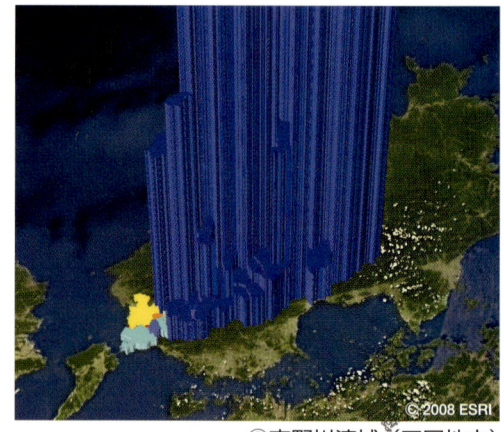

⑧吉野川流域（四国地方）

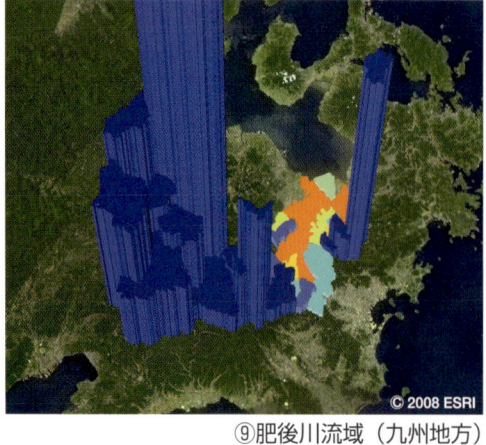

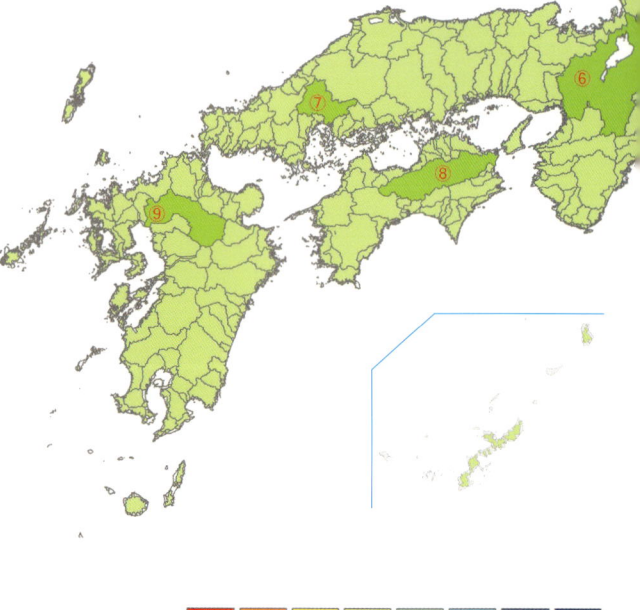

⑨肥後川流域（九州地方）

凡例　2000年値

0　20　40　60　80　100　200　300％-

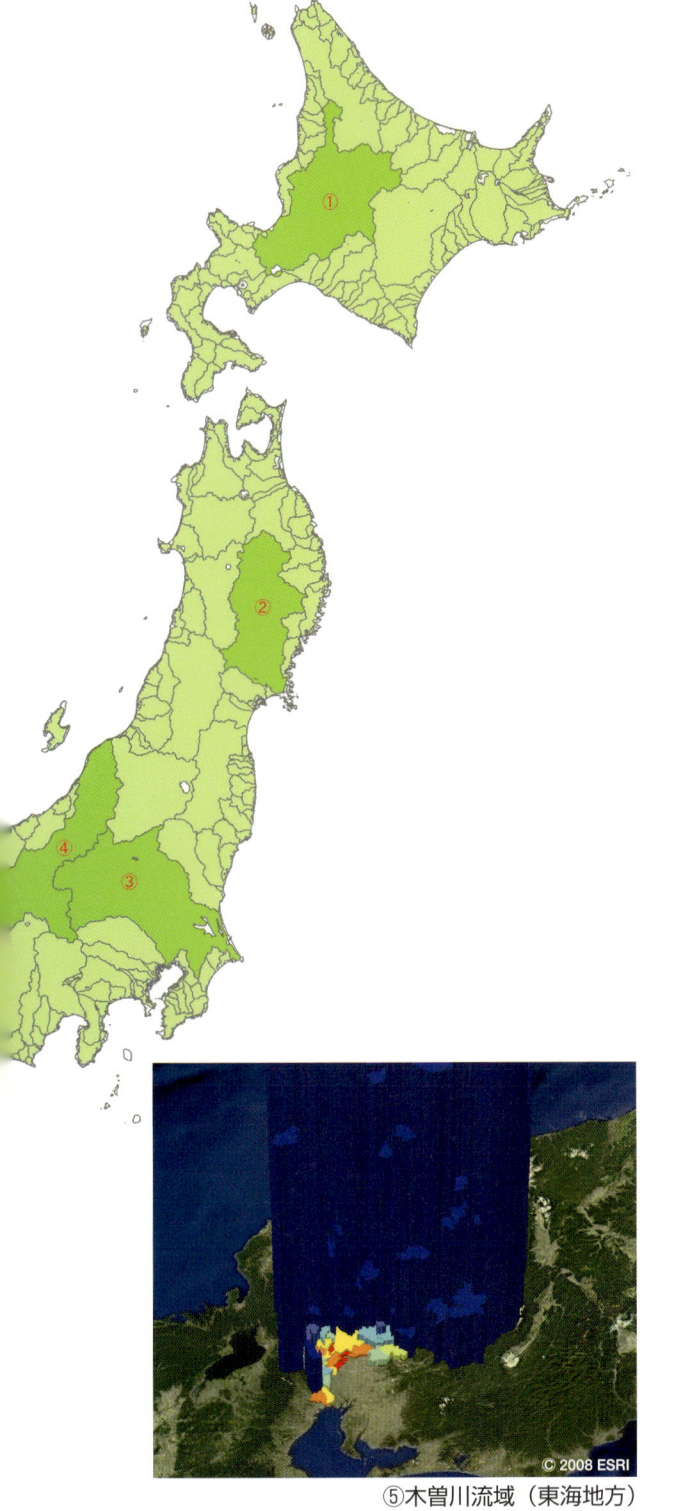

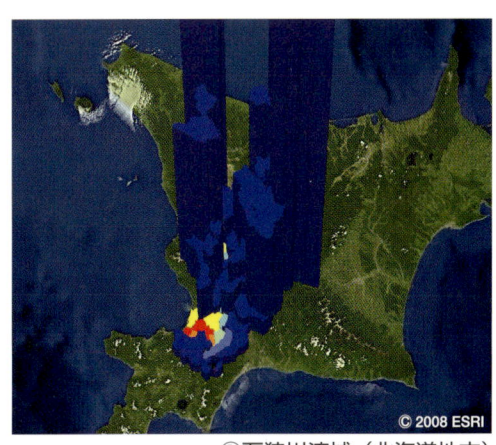

3D-GIS 全国9流域 水資源容量

①石狩川流域（北海道地方）

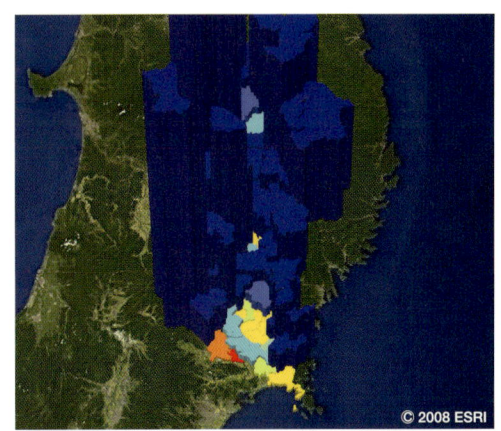

②北上川流域（東北地方）

⑤木曽川流域（東海地方）

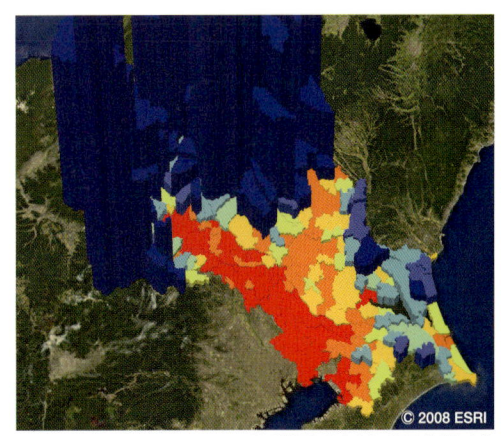

③利根川流域（関東地方）

3D-GIS 全国9流域 環境容量マップ

3D-GIS 全国9流域 木材資源容量

5．3D-GIS 全国9流域 木材資源容量

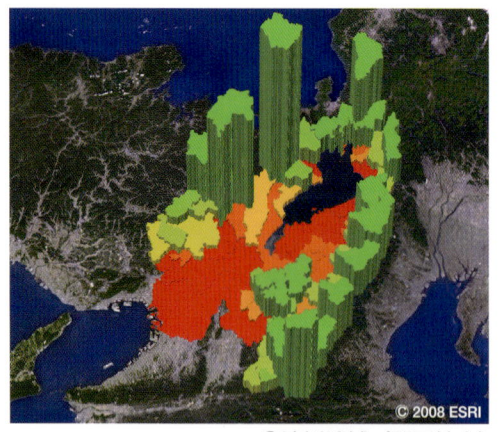

⑥淀川流域（関西地方）

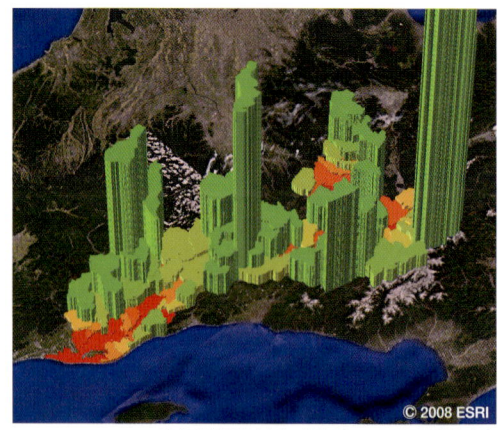

④信濃川流域（北陸・甲信越地方）

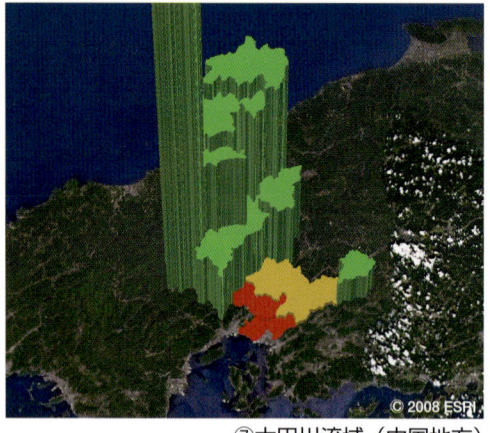

⑦太田川流域（中国地方）

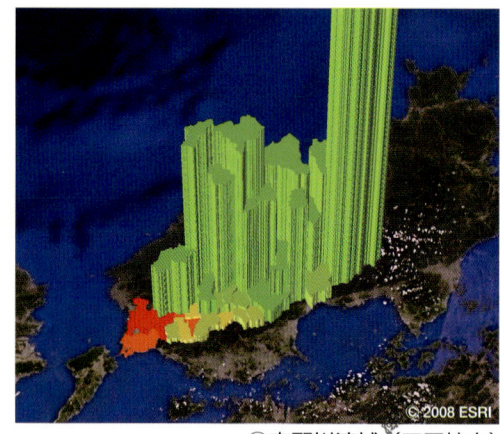

⑧吉野川流域（四国地方）

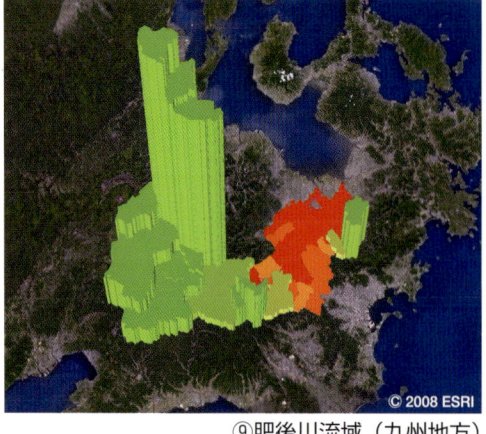

⑨肥後川流域（九州地方）

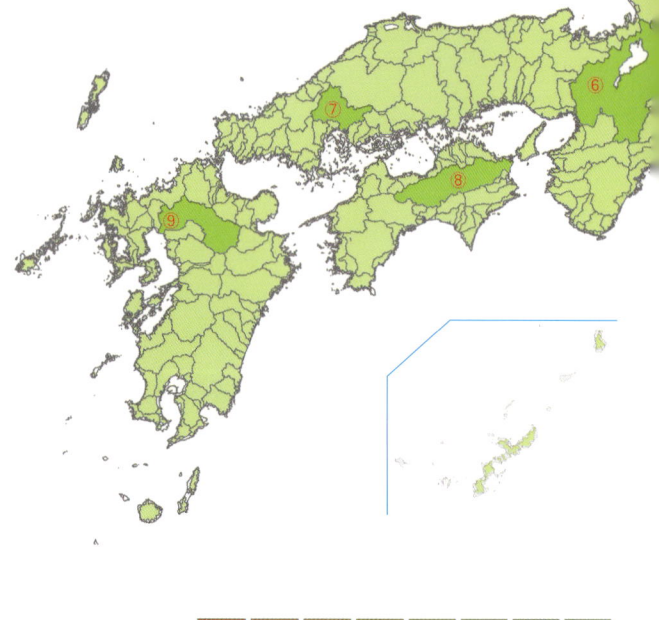

凡例　2000年値　0　20　40　60　80　100　200　300％-

3D-GIS 全国9流域 環境容量マップ

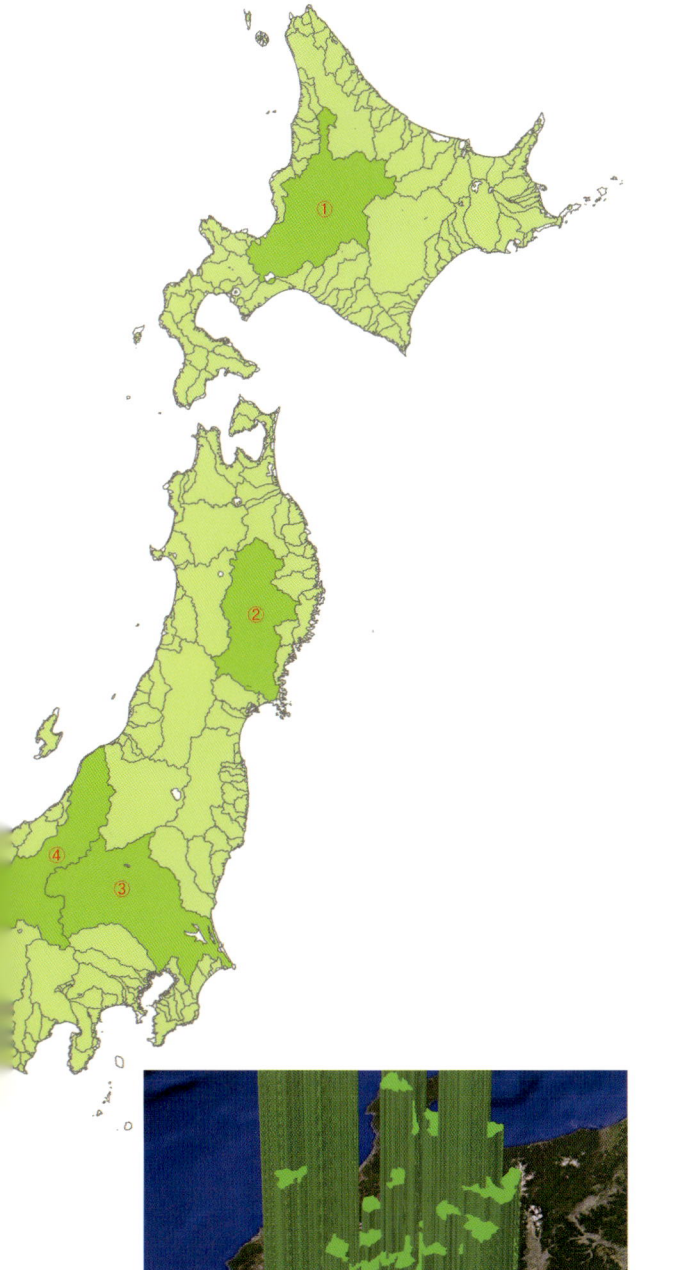

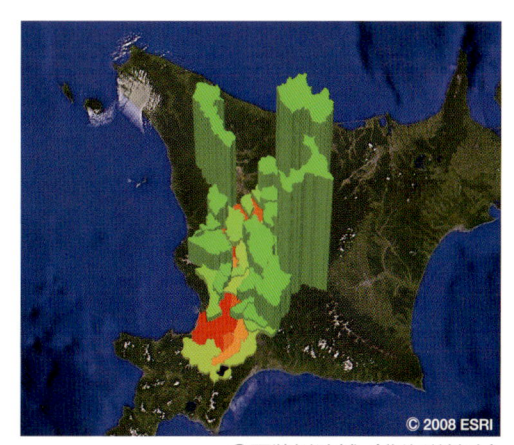

3D-GIS 全国9流域 木材資源容量

①石狩川流域（北海道地方）

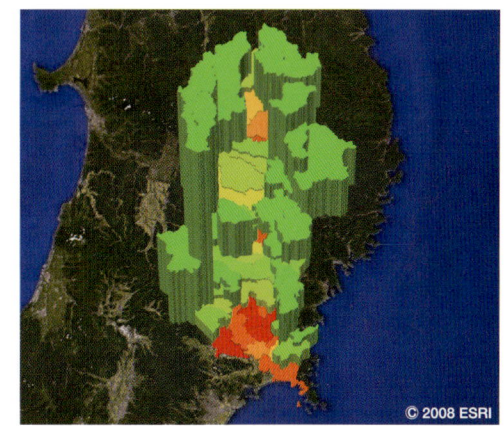

②北上川流域（東北地方）

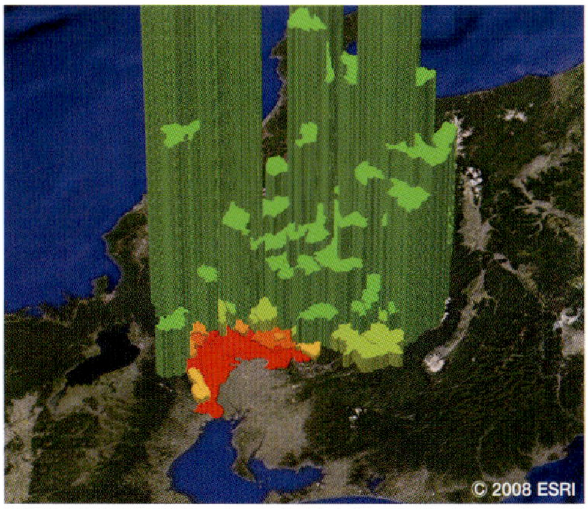

⑤木曽川流域（東海地方）

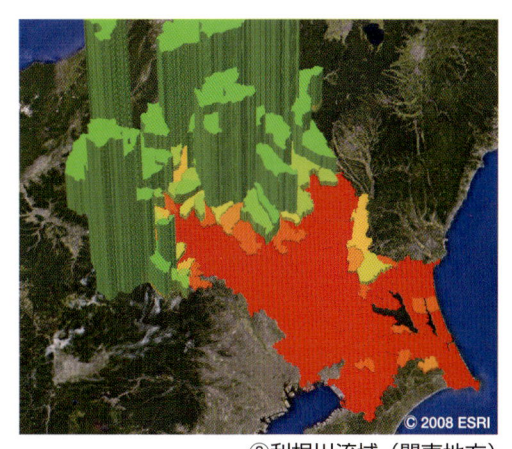

③利根川流域（関東地方）

3D-GIS 全国9流域 環境容量マップ

参考文献

秋道智彌編（2007）『図録メコンの世界』弘文堂
秋道智彌編（2007）『水と世界遺産』小学館
安仁屋政武・佐藤亮訳（1990）『地理情報システムの原理』古今書院
ビオシティ（1995～2008）『BIO-City』No.1～36，ビオシティ
ブラウン，レスター・R.編著／浜中裕徳監訳（1996）『地球白書』ダイヤモンド社
Burrough, P. A.（1986）Principles of Geographical Information Systems for Land Resources Assessment, Oxford University Press.
Downing, A. J.（1976）A Treatise on the Theory & Practice of Landscape Gardening Adapted to North America, Theophrastus.
Echbo, G.（1950）Landscape for Living, F. W. Dodge Corporation.
ESRI（1996）Arc View GIS ユーザーズ・ガイド，Environmental Systems Research Institute, Inc.
ESRI（1996）Understanding GIS, The ARC/INFO Method, Environmental Systems Research Institute, Inc.
ESRI（2004）ArcGIS 3D Analystユーザーズ・ガイド，Environmental Systems Research Institute, Inc．ESRIジャパン
ESRI（2006,2007,2008）ESRI Map Book Vol:21,22,23.
ESRI（2007）ArcGIS Desktopユーザーズ・ガイド，Environmental Systems Research Institute, Inc．ESRIジャパン
フレイヴィン，クリストファー編（2007）『地球環境データブック　2007-2008』ワールドウォッチジャパン
フレイヴィン，クリストファー編（2007）『地球白書　2007-2008』ワールドウォッチジャパン
Fuller, Buckminster／東野芳明訳（1972）『宇宙船地球号』ダイヤモンド社
Graham, Edward H.（1944）Natural Principles of Land Use，Oxford Univ. Press／上野福男・山本正三訳（1974）『土地利用の生態学』農林統計協会
Halprin, Lawrence（1969）The RSVP Cycles, George Braziller Inc.
日高敏隆編（2005）『生物多様性はなぜ大切か？』昭和堂
日高敏隆・秋道智彌（2007）『森はだれのものか？』昭和堂
日高敏隆・総合地球環境学研究所編（2006）『子どもたちに語るこれからの地球』講談社
Hough, M.（1984）City Form & Natural Process, Van Nostrand Reinhold
Hubbard, H. V. & T．Kimball（1917）An Introduction to the study of Landscape Design, Macmillan.
IPCC（2007）IPCC Fourth Assessment Report (AR4),"Climate Change 2007", IPCC, IPCC The AR4 Synthesis Report.
石橋多聞・手束羔一（1975）『生活用水と水資源』地人書館
石光亭（1976）『人類と資源』日本経済新聞社
磯村英一（1972）『人間にとって都市とは何か』日本放送出版協会
自治省行政局編（1992）「1991年版全国人口・世帯数表人口動態表」国土地理協会
Johnson, M.（1997）Ecology & the Urban Aesthetics
環境省（2002, 2007）『我が国の温室効果ガス排出量』環境省ホームページ
環境省（2003）『環境白書』平成15年版
環境庁（1992）「地球温暖化対策技術評価検討会報告」環境庁
環境庁（1995）「気候変動枠組条約国別報告書調査」環境庁
環境庁（1997）『環境白書』大蔵省印刷局
環境庁編（1989）『日本の河川環境』大蔵省印刷局
環境庁企画調整局編（1990）『首都圏・その保全と創造に向けて』大蔵省印刷局
環境庁企画調整局編（1994）『環境基本法の策定に向けて』大蔵省印刷局
環境庁企画調整局編（1996）『環境影響評価制度の現状と課題について』大蔵省印刷局
環境庁企画調整局環境計画課（1997）『地域環境計画実務必携（計画編）』ぎょうせい
環境庁企画調整局環境計画課（1997）『地域環境計画実務必携（指標編）』ぎょうせい
川口武夫（1973）『森林物理学　気象編』地球社
川崎昭如・吉田聡（2006）『図解ArcGIS Part2 GIS実践に向けてのステップアップ』古今書院
建設省河川局監修（1994）『'95河川ハンドブック』日本河川協会
建設省河川局監修（1995）『1995河川ハンドブック』日本河川協会
建設省国土地理院（1991）「国土数値情報（KS-200-1)」
建設省国土地理院（1992）『数値地図ユーザーズガイド』日本地図センター
建設省国土地理院（1995）「50万分の１地方図／関東甲信越, 中部近畿」
建設省国土地理院（1995）「数値地図25000（海岸線・行政界)」
菊池誠編著（1976）『適正規模論』日本放送出版会
Kim, Ke Chung & Robert D. Weaver（1994）Biodiversity And Landscape, Cambridge University Press.
吉良竜夫（1971）『生態学から見た自然』河出書房新社
吉良竜夫（1990）『地球環境のなかの琵琶湖』人文書院
気象庁大阪管区気象台（1992）「メッシュ気候値による管内気候図表」
気象庁仙台管区気象台（1991）「東北地方のメッシュ気候値による気候図表」

気象庁東京管区気象台（1992）「メッシュ降水量気候値表」
国土交通省国土計画局（2007）「国土数値情報, 流域界・非集水域（面）（W12-52A）昭和52年」
国土交通省国土計画局（2007）「国土数値情報, 標高・傾斜度メッシュ（G04-56M）昭和56年」
国土交通省国土計画局（2007）「国土数値情報, 気候値メッシュ（G02-62M）昭和62年」
国土交通省国土計画局（2007）「国土数値情報, 河川・水系域テーブル（表）（W03-52T, W03-07T）昭和52年, 平成7年」
国土交通省国土計画局（2007）「国土数値情報, 土地利用メッシュ（L03-09M）平成9年」
国土交通省国土計画局（2007）「国土数値情報, 行政界・海岸線（面）（N03-11A）平成11年」
国土交通省（2007）「日本の川」国土交通省ホームページ
国土交通省 土地・水資源局水資源部（2008）「日本の水資源 平成20年版」
国土庁・経済企画庁（1973, 1975, 1976）「大阪府・京都府・滋賀県・三重県土地分類図」
国土庁計画・調整局総務課 国土情報整備室編（1994）『国土情報画報』大蔵省印刷局
国土庁計画・調整局編（1990）『山村地域における新しい国土管理システムの構築に向けて』大蔵省印刷局
国土庁計画・調整局編（1993）「第4次全国総合開発計画総合的点検中間報告」大蔵省印刷局
国土庁水資源局編（1983）『21世紀の水需要』山海堂
国土庁長官官房水資源部（1993）『水資源白書』大蔵省印刷局
国土庁長官官房水資源部（1995）『日本の水資源（水資源白書）』山海堂
木平勇吉・西川匡英・田中和博・龍原哲（1998）『森林GIS入門―これからの森林管理のために』日本林業技術協会
黒岩俊郎（1976）『資源問題入門』日本経済新聞社
Lewin, Kurt（1951）Field theory in Social Science, New York Harper／猪俣佐登留訳（1974）『社会科学における場の理論』誠信書房
Lyle, J. T.（1985）Design for Human Ecosystems，Van Nostrando Reinhold Company
Lyle, J. T.（1994）Regenerative Design for Sustainable Development, John Wily
Maguire, David J., Michael F Goodchild & David W Rhind（1991）Geographic Information Systems, Longman Group UK Limited／小方登・長谷川一之・碓井照子・酒井高正訳（1998）『GIS原典』古今書院
槙村久子（1986）『お墓と家族』朱鷺書房
マップインテグレーション研究会（1992）『都市と地理情報システム』講談社
丸山利輔・冨田正彦・三野徹・渡辺紹裕（1996）『地域環境工学』朝倉書店
正井泰雄・吉良竜夫・岩城英夫（1972）『都市の環境』三省堂
松井健・岡崎正規編（1993）『環境土壌学』朝倉書店
増田昇（1991）「河川空間の整備効果に関する研究」『造園雑誌』54(5)
Mcharg, I. L.（1969）Design With Nature. The Natural History Press／下河辺淳・川瀬篤美総括監訳（1994）『デザイン・ウィズ・ネーチャー』集文社
Meadows, D. H.（1972）The Limits To Growth, Universe Books／大来佐武朗訳（1972）『ローマクラブレポート―成長の限界』ダイヤモンド社
三島次郎（1992）『トマトはなぜ赤い―生態学入門』東洋館出版社
三寺光雄（1976）『環境大気と生態』共立出版
宮脇昭（1967）『原色現代科学大辞典3-植物』学習研究社
森下郁子（1977）『川の健康診断』日本放送出版協会
森下郁子（1986）『指標生物学』山海堂
望月欣二（1975）『環境の科学』日本放送出版協会
Munn, R. E.／島津康男訳（1975）『環境アセスメント』環境情報科学センター
村井俊治・宮脇昭・柴崎亮介編（1995）『リモートセンシングからみた地球環境の保全と開発』東京大学出版会
中村勉（2007）「Reality, Criticality and Quality」『建築ジャーナル』
中野秀章（1976）『森林水文学』共立出版
中尾正義編（2007）『ヒマラヤと地球温暖化―消えゆく氷河』昭和堂
中尾正義ほか編（2007）『中国辺境地域の50年―黒河流域の人びとから見た現代史』東方書店
中澤かずと（1974）『水資源の話』日本経済新聞社
日本計画行政学会編（1986）『環境指標』学陽書房
日本河川資料調査会（1973）『河川総合ハンドブック』日本河川資料調査会
日本建築家協会環境行動委員会（2007）『環境建築ガイドブック』建築ジャーナル
日本建築家協会環境行動委員会（2007）『2050年から環境をデザインする』彰国社
日本林業調査会（1989）『森林・林業と自然保護』日本林業調査会
農林水産技術情報協会（1980）『人間環境としての農林生態系』
農林水産省（1990）「1990年世界農林業センサス・林業地域調査報告書」
農林水産省（2000）「2000年世界農林業センサス・林業地域調査報告書」
農林水産省大臣官房食料安全保障課（2008）「食糧需給表 平成19年度」
農林水産省大臣官房統計部（2008）「木材需給報告書 平成18年」農林統計協会

農林水産省統計情報部（1995）「木材需給累年報告書」
農林統計協会編（1973）『土地利用区分の手法と方法』
沼田眞編（1982）『生態学読本』東洋経済新報社
沼田眞編（1996）『景相生態学』朝倉書店
Odum, E. P.（1971）Fundamentals of Ecology, W. B. Saunders Company／三島次郎訳（1974）『オダム生態学の基礎』Ⅰ・Ⅱ、培風館
Odum, E. P.／水野寿彦訳（1973）『オダム生態学』菊池書館
尾島俊雄（1975）『熱くなる大都市』日本放送出版協会
岡本眞一・市川陽一・長沢伸也（1996）『環境学概論』産業図書
岡本芳美（1974）『河川工学解説』工学出版
沖大幹（2003）『世界の水危機, 日本の水問題』沖大幹研究室ホームページ
奥野忠一（1975）『21世紀の食糧・農業』東京大学出版協会
大野秀敏（2008）『シュリンキング・ニッポン』鹿島出版会
大阪営林局内資料による実績値
大阪営林局（1991）『緑のガイドブック』大阪営林局
大阪府・京都府・兵庫県・奈良県・和歌山県・三重県・大阪営林局（1975, 1991）「森林計画書森林資源表」
リジオナル・プランニング・チーム（1975, 1977）「特集エコロジカルプランニング地域生態計画の方法と実践」Ⅰ・Ⅱ、『建築文化』Vol.30, No.344／Vol.32, No.367
林業教育研究会編（1975）『森林水文』農林出版
林野庁（2008）「平成19年　木材需給表」
Rogers, Peter P., Kazi F. Jalal & John A.Boyd（2006）, An Introduction to Sustinable Development, Harvard University.
Ryn, Van der & S. Cowan（1996）Ecological Design, Island Press
Samuel, Pierre（1973）Ecologie, Union Generale d'Edition／辻由美訳（1976）『エコロジー』東京図書
瀬戸昌之（1992）『生態系』有斐閣
四出井綱夫[外山2]（1973）『森林の価値』共立出版
島津康男（1975）『国土科学』日本放送出版協会
新城明久（1986）『生物統計学入門』朝倉書店
総合地球環境学研究所（2006, 2007, 2008）「総合地球環境学研究所要覧」
総合地球環境学研究所編（2008）『地球の処方箋―環境問題の根源に迫る』昭和堂
総務省統計局（2000）『平成12年国政調査』
総務省（2009）「合併相談コーナー」総務省ホームページ
総理府統計局（1975）「昭和50年国政調査報告：1, 人口総数」
総理府統計局（1990）国政調査結果
Spirn, A. W.（1984）The Granite Garden, HarperCollins Publishers Inc., 高山啓子訳（1995）『アーバン エコシステム』公害対策技術同友会
Star, Jeffrey & John Estes（1990）Geographic Information Systems, Prentice-Hall, Inc. ／岡部篤之・貞広幸雄・今井修訳（1992）『入門地理情報システム』共立出版株式会社
Steinitz, C. & P. Rogers（1970）A Systems Analysis Model of Urbanization and Change, MIT Press／阿部統訳（1973）『都市環境のシステム分析』鹿島出版会
末石富太郎（1975）『都市環境の蘇生』中公新書
末石富太郎（2001）『環境学ノート』世界書院
高橋浩一郎（1975）『災害の科学』日本放送出版協会
高山茂美（1975）『河川地形』共立出版
武内和彦・恒川篤史編（1994）『環境資源と情報システム』古今書院
武内和彦（1991）『地域の生態学』朝倉書店
武内和彦（1994）『環境創造の思想』東京大学出版会
玉井虎雄（1975）『飢える地球』日本経済新聞社
館稔・濱英彦・岡崎陽一（1975）『未来の日本人口』日本放送出版協会
辰巳修三（1975）『緑地環境機能論』地球社
Thompson, G. & F. Steiner, eds.（1997）Ecological Design & Planning, John Wily
地球環境関西フォーラム都市環境分科会（1994）「持続可能な関西都市圏づくり」地球環境関西フォーラム
地理情報システム学会（GISA）（1993〜2008）『GIS-理論と応用』Vol.1.〜Vol.16
地理情報システム学会（GISA）（1993〜2008）『地理情報システム学会　講演論文集』Vol.1.〜Vol.17
地理情報システム学会・建設省国土地理院（1996）『空間データ基盤整備事業とGIS』
東京農工大学農学部林学科編（1993）『林業実務必携』朝倉書店
Turner, Monica G. & Robert H. Gardner（1991）Quantitative Methods in Landscape Ecology, Springer-Verlag.
土屋巌（1975）『自然改造の報復』日本経済新聞社

堤利夫編（1989）『森林生態学』朝倉書店
宇田川満（1991）「赤外線映像装置による地表面温度分布―公園緑地周辺」東京都環境科学研究所報
上杉武夫（1998）「有機的環境システムとライフスタイルによる自然共生生活の回復と創成」平成10年度日本造園学会全国大会　シンポジウム・分科会講演集, 日本造園学会
渡辺光（1975）『地形学』古今書院
ワット, E. F. ／伊東嘉昭監訳（1972）『生態学と資源管理』菊地書館
Watt, E. F.（1973）Principles of Environmental Science, MaGraw－Hill Book Company／沼田真監訳（1975）『ワット環境科学』東海大学出版会
Whittaker, Robert. H.（1970）Communities and Ecosystems The Macmillan Company／望月欣二訳（1974）『ホイッタカー生態学概説』培風館
山本荘毅（1975）『水文学総論』共立出版
横山秀司（1995）『景観生態学』古今書院
吉村元男（1977）『都市に生きる方途』日本放送出版協会
Young, Roy Haines, David R. Green & Steven Cousins（1993）Landscape ecology and geographic information systems, Taylor & Francis Ltd.

〈大西文秀の著作・抜粋〉

大西文秀（1975）「北山川水系林間学舎計画」神戸大学農学部, 卒業論文
（1977）「集水域を系とした生態学的環境計画への試論」大阪府立大学大学院, 修士論文
（1989）「マイホビー, カヌー」『日経アーキテクチュア』339号, 日経BP社
（1991）「ユニークな環境イベントを企画」『週刊ビーイング関西版』No.17, リクルート
（1994）「環境と共存した創造に向けて」KIIS, No.92, 関西情報センター
（1996）『地域環境, 森林資源そしてGIS－エコロジカルサポートシステムと森林資源』森林GISシンポジウム, 期待される森林GIS像報告書, 地理情報システム学会, 森林計画分科会
（1996）「都市を育むツールとしてのエコロジカルサポートシステム」『建築設備士』第28巻・第11号・通巻330号, 建築設備技術者協会
（1999）「集水域を基調とした環境容量の概念構成と定量化および変動構造に関する基礎的研究」学位論文, 大阪府立大学
（2002）『もうひとつの宇宙船をたずねて』Operating Manual for Spaceship River Basin by GIS, 遊タイム出版
（2003）「集水域環境を客観的に」『建設通信新聞』2003年2月17日
（2003）「集水域を系としたGISによる3大都市圏の環境容量の試算」陸水学会第68回岡山大会シンポジウム, 日本陸水学会
（2004）「学際研究を視点にした流域管理モデルの試行とGISの応用」日本地理学会発表要旨集, Vol.2004f, 日本地理学会
（2004）「集水域から見たヒトと自然」第16回研究会, 地理情報システム学会　バイオリージョン分科会
（2005）「流域圏を視点にしたヒト・自然系モデルの構築とGISの活用に関する研究」CSIS DAYS 2005, 東京大学空間情報科学研究センター
（2005）「流域を単位としたCO2固定容量の試算とGISの活用」第13回地球環境シンポジウム, 土木学会地球環境委員会
（2006）「流域圏を視点にした持続可能な人口規模の試算とGISの活用に関する　研究」CSIS DAYS 2006, 東京大学空間情報科学研究センター
（2007）「流域圏を視点にした水資源容量の試算とGISの活用」第15回地球環境シンポジウム, 土木学会地球環境委員会
（2007）「流域から見たヒト・自然系」、『2050年から環境をデザインする』に収録。日本建築家協会環境行動委員会編、88-98、彰国社
（2008）「流域圏を視点にしたクーリング容量の試算とGISの活用」第16回地球環境シンポジウム, 土木学会地球環境委員会

〈英語文献〉

Onishi, Fumihide（2005）Fundamental study on creation of Human-Nature System Model from the point of view of river basin by using GIS, The 11Th JAPAN-U.S. Workshop on Global Change.
(2006) Approach to Enlightenment of Watersheds by the Environmental Event of the Water System, RIHN-IC2006, RIHN.
(2006) Creation of "Human-Nature System Model" Based on River Basin by Using GIS, ICEM2006, ICEM.
(2006) Creation of Human-Nature Model Based on Watershed Using GIS, ESRI-UC2006, ESRI.
(2006) Creation of Human-Nature System Model Based on Watershed by Using GIS, ICEB2006, ICEB.
(2006) Creation of Human-Nature System Model Based on Watershed Using GIS, RIHN-IC2006, RIHN.

〈共著〉

大西文秀・増田昇・安部大就ら（1995）「集水域を単位とした環境容量を求める新しい試み」『環境情報科学』24-1
大西文秀・増田昇・安部大就（1997）「GISを用いた地域環境容量の3大都市圏比較」地理情報システム学会, 講演論文集, Vol.6
大西文秀・増田昇・下村康彦・山本聡・安部大就（1998）「淀川水系, 大和川水系での地域環境容量の変動に関する基礎的研究」ランドスケープ研究, 研究発表論文集、61(5)、日本造園学会
（2007）「流域から見たヒト・自然系」、『2050年から環境をデザインする』日本建築家協会環境行動委員会編、88-98、彰国社

View Point
5

164

謝辞

この本の出版に際しましては、次の機関から、多くのご指導、ご支援をいただきました。厚くお礼申し上げます。

大学共同利用機関法人 人間文化研究機構 総合地球環境学研究所	研究、出版支援
Environmental Systems Research Institute, Inc.（ESRI）	ArcGIS支援
ESRIジャパン株式会社	ArcGIS支援
株式会社 竹中工務店	研究、出版支援

また、たくさんの貴重なあたたかい序文やコラムを寄稿していただきました。

GIS Foreword
Jack Dangermond氏　　正木 千陽 氏

環境コラム
松岡 譲 先生　　大野秀敏 先生　　中村 勉 先生
槇村久子 先生　　立本成文 先生　　秋道智彌 先生
日高敏隆 先生　　中尾正義 先生　　渡邉紹裕 先生
吉岡崇仁 先生　　関野 樹 先生

みなさまに厚くお礼申し上げます。

また、遠くからご支援、ご指導をいただいた
Peter Rogers先生　　Brian Collett氏　　Michael Dangermond氏　　Akiyuki & Akiko Kawasaki氏
にお礼申し上げます。

また、地球研環境意識プロジェクトのコアメンバー、地球研スタッフのみなさまにも、ご指導、支援をいただきました。みなさまに厚くお礼申し上げます。

コアメンバー
大手信人 先生　　木庭啓介 先生　　柴田英昭 先生　　高原 光 先生
鄭 躍軍 先生　　徳地直子 先生　　中田喜三郎 先生　　永田素彦 先生
日野修次 先生　　藤平和俊 先生　　安江 恒 先生　　吉岡崇仁 先生
関野 樹 先生

地球研スタッフ
勝山正則 先生　　林 直樹 先生　　松川太一 先生　　斎藤 晋 先生

さらに、平素よりご指導いただいております次の組織の先生方にもお礼申し上げます。
環境情報科学センター、地理情報システム学会、日本都市計画学会、日本造園学会、土木学会、日本地理学会、日本景観生態学会、応用生態工学会、日本陸水学会、陸水物理研究会、日本生態学会、土木学会地球環境委員会、地理情報システム学会バイオリージョン分科会、地理情報システム学会森林計画分科会、日本建築家協会環境行動委員会、日本建築学会低炭素社会特別委員会、淀川さくら街道ネットワーク、地球環境フロンティア研究センター、東京大学空間情報科学研究センター、東京農工大学21世紀COEプログラム、法政大学大学院エコ地域デザイン研究所、京都大学大学院地球環境学堂、京都大学フィールド科学研究センター、京都大学生態学研究センター、京都大学生存圏研究所、京都大学防災研究所、北海道大学北方圏フィールド科学センター、大阪府立大学大学院生命環境科学研究科、滋賀県琵琶湖環境科学研究センター、兵庫県立人と自然の博物館

そして、編集をあたたかく見守って頂いた竹中工務店プロジェクト開発推進本部のみなさまにお礼申し上げます。

大西文秀

おわりに

「もうひとつの宇宙船をたずねて」を上梓して6年余りになります。流域はもうひとつの宇宙船かも知れないとの想いで、3大都圏の環境容量をGISを用い解析したこの本には、多くのみなさまに関心を持っていただけ、ご指導やご交流をいただくことができました。今回、これらがきっかけになり、「GISで学ぶ日本のヒト・自然系」を上梓することになりました。

この本の準備中には、世界中でいろいろなことが起こりました。ガソリン価格の高騰、バイオエタノール推進による穀物市場の混乱と食糧危機、サブプライムローン問題に端を発した世界同時金融危機、経済危機による雇用情勢の悪化など、また、アメリカでは、オバマ大統領の就任で、グリーン・ニューディール政策が打ち出され、環境重視の政策へ舵が切られました。わが国でも、ゲリラ豪雨やヒートアイランド現象の頻発、食の安全性の混乱、大型地震の頻発、人口減少や少子高齢化の顕在化など、いろいろなことがありました。つねに緊張した準備期間でした。

ふり返れば、ずいぶんながくこのテーマと関わってきました。スタートした35年ぐらい前は、はじめて地球環境の保全が言われだしたころでした。ローマクラブのレポート「成長の限界」や、マックハーグ先生の「Design with Nature」、吉良竜夫先生の「生態学から見た自然」、スタイニッツ先生とロジャーズ先生の「A systems Analysis Model of Urbanization and Change」、ハルプリン先生の「The RSVP Cycles」、オダム先生の「Fundamentals of Ecology」、ワット先生の「Principles of Environmental Science」、フラー先生の「Operating Manual for Spaceship Earth」など魅力的な書籍が出版された時代でもありました。また、ジャックさんのESRIができたのもこの頃でした。私は、小さい頃から、あまご釣りに源流域によく連れられ、魚や川や森林の自然に興味を持ちはじめたこともあり、学生時代には、自然のなかで感じる心地よさや厳しさを環境計画に還元できないものかと考えていました。当時はまだ多くの科学的な知見も定性的でありましたが、1975年の卒業論文では、あまご釣りによく行った熊野川の源流のひとつであり、奈良県の大台山系にある北山川の流域を対象に、林間学舎計画のための適地選定をオーバーレイ法により行いました。1977年の修士論文では、近畿地方を流域区分し、環境容量の試算を試みました。今回も使った生活容量の指標は、この時に吉良先生のご研究をヒントに思いついたものです。生態学的な空間解析を進めるには、多くの分野の学際的な研究成果の統合が不可欠で、当時私にはこれ以上進展できませんでした。しかし、いつか再開したいと想っていました。

ふたたび地球環境の保全が叫ばれる時代になり、友人たちとはじめたカヌーツーリングから1989年に淀川水系を再考する「淀川水系三川合流聖水リレー」(聖水リレー)と題した環境イベントを思いつきました。近

畿2府4県をはじめ、大阪市、京都市、大津市や旧建設省近畿地方建設局、大阪21世紀協会、国際花と緑の博覧会協会、河川環境管理財団などのご理解と後援、また、竹中工務店やサントリーの協賛をいただき、数100名の参加のもと実施しました。この催しは、多くのメディアにも紹介され、第6回日本イベント大賞を受賞し、環境系イベントの草分けとして評価をいただきました。

　これを機に、流域が持つ多元的な魅力を改めて体感でき、その展開を考えるようになりました。また、この頃、リオの地球環境サミットが開催され、再度、地球環境保全への機運が高まり、テーマを再開するきっかけを得ました。15年の歳月が経ち、科学的知見の定量化が進み、地理情報システム・GISも進化していました。また、社会に多岐に亙るデータが蓄積されていることを知り、「流域を系とし、自然の持つ包容力とヒトの活動の集積との関係を環境容量という概念で計る方法の開発」が可能であると考えるようになりました。「もうひとつの宇宙船をたずねて」はこの時期のまとめとして上梓したものでした。初代所長の日高先生が率いる地球研もこの頃発足され、この本がきっかけでお世話になることになりました。

　そして今回、IPCCの報告などを受け、地球環境保全の3度目の時代が訪れたなか、念願でありました日本全国の環境容量の試算を通して「GISで学ぶ日本のヒト・自然系」を上梓することができました。貴重な機会を与えていただいた中尾正義先生にお礼申し上げます。やさしい先生のご指導をいただけ実現できました。また、貴重な寄稿をいただきました先生方にもお礼申し上げます。また、平素よりご指導いただいている先生方にもお礼申し上げます。編集出版に際しては、弘文堂の鯉渕友南社長、三德洋一さんにお世話になりました。三人四脚で駆け抜けた、弘文堂編集部の外山千尋さん、エンタイトル出版の打越保編集長、シンプルにレイアウトデザインをまとめていただいた西村吉彦さんにもお礼申し上げます。外山さんの東京スタイルと打越さんの浪速スタイルのコラボレーションは、あたかも文理融合を進める地球研の研究スタイルを思い浮かべるものがあり、未来のありかたを垣間見る想いがしました。

　CO_2の排出削減目標についても、10年前には、6％でしたが、今回はひとケタ増えています。たとえ100％削減できたとしても、もう手遅れでは、と心配に思うこともありますが、未来を信じてひとりひとりが努力することが大切です。想えば叶うものです。明日の地球と子どもたちのためにも。

　本書の風景写真は、学生時代に撮ったものが多く、想いや発想の源になった自然の風景で、いつかまたたずねたいと思っています。読みづらく硬い文章を少しでも和らげ、みなさまにも楽しんでいただけましたら幸いです。このGISマップブックが、先人の想いを継ぎ、みなさまのお役にたち、ヒトと自然の再生につながることを、心より願っております。

大西　文秀：おおにし　ふみひで　ONISHI Fumihide

1951年	大阪府生まれ
1964年	大阪市立真田山小学校卒業
1967年	大阪市立高津中学校卒業
1970年	大阪府立高津高等学校卒業
1975年	神戸大学卒業
1977年	大阪府立大学大学院修士課程修了
1977年	竹中工務店入社現在に至る
1999年	大阪府立大学大学院博士後期課程修了
	（社会人入学）
現　在	竹中工務店プロジェクト開発推進本部

富士山・吉田大沢　Photo：高橋保男

専門分野
環境科学：流域圏を視点にしたヒト・自然系モデルの構築とGISの活用
　Ph.D.：博士（学術）

社会活動
総合地球環境学研究所　環境意識プロジェクト　コアメンバー
土木学会　地球環境委員会　幹事
土木学会　温暖化対策特別委員会　幹事
日本建築家協会　環境行動委員会　オブザーバー
NPO法人　淀川さくら街道ネットワーク　理事
環境省　環境カウンセラー（市民部門）
プロジェクト・ワイルド　ファシリテーター
宇宙船とカヌー　カヌークラブツーリングリーダー
聖水リレーの会　代表

所属学会
環境情報科学センター、地理情報システム学会、日本都市計画学会、日本造園学会、土木学会、日本地理学会、日本景観生態学会、応用生態工学会、日本陸水学会、陸水物理研究会、日本生態学会

趣　味
山登り、沢登り、山スキー、林道ツーリング、オートキャンプ、カヌーツーリング、ドライブ、車

GISで学ぶ日本のヒト・自然系

平成21年3月31日　初版第1刷発行

著　者	大西　文秀
発行者	鯉渕　友南
発行所	株式会社　弘文堂　　101-0062　東京都千代田区神田駿河台1の7 TEL 03（3294）4801　　振替00120-6-53909 http://www.koubundou.co.jp
デザイン	西村　吉彦
制　作	エンタイトル出版
印　刷	図書印刷
製　本	牧製本印刷

Ⓒ 2009　Fumihide Onishi. Printed in Japan.
Ⓡ 本書の全部または一部を無断で複写複製（コピー）することは、著作権法上での例外を除き、禁じられています。本書からの複製を希望される場合は、日本複写権センター（03-3401-2382）にご連絡ください。

ISBN 978-4-335-75012-0